有機合成のための
フリーラジカル反応
基礎から精密有機合成への応用まで

東郷秀雄 著

丸善出版

はじめに

　有機フリーラジカル反応は，反応を制御しにくい，官能基選択性が低く複数の副生成物を生じる，厳しい (drastic) 反応条件を要する，などの理由から，有機合成化学的利用は難しいと先入観をもってしまう方も少なくないと思う．しかし，それは正しい結論ではない．最近は，温和で官能基選択性の高い種々のラジカル反応が開発され，ヒドロキシ基，エステル基，カルボニル基，あるいはアミノ基などの官能基を保護する必要もなく，さらに糖鎖，ヌクレオシド，ヌクレオチド，ペプチド類，あるいは複雑な天然物など，デリケートな官能基を有する基質にも広く適用できることから，有機フリーラジカル反応の特異性，機能性，および機動性が注目されてきている．

　また，有機フリーラジカル反応には1,5-水素原子移動反応（1,5-Hシフト）による不活性水素原子の遠隔官能基化などの特異的反応や，速やかな 5-*exo-trig* 環化反応があり，今日の有機合成における必須手法の一つとなってきている．たとえば，トリブチルスズヒドリド (Bu_3SnH) を用いた還元的反応や炭素-炭素結合形成反応，*O*-アシル-*N*-ヒドロキシ-2-チオピリドンのラジカル脱炭酸反応を用いたカルボキシ基の官能基変換反応や炭素-炭素結合形成反応が有機合成へ頻繁に利用されている．トリブチルスズヒドリド以外にも，トリス（トリメチルシリル）シラン $\{[(CH_3)_3Si]_3SiH\}$ やテトラフェニルジシラン $[(Ph_2SiH)_2]$ のような毒性の少ない還元的ラジカル反応試剤，あるいは SmI_2 のような一電子還元剤や Ce^{4+} のような一電子酸化剤が開発され，有機合成に活用されるようになってきた．本書は有機ラジカル反応の基礎と合成化学的利用，および最新の研究成果を系統的にまとめたものであり，有機合成の現場において必須の書籍となることを念頭に作成したものである．

本書が有機化学や有機合成化学を研究されている方々に，有益な専門書となることを願っている．

　本書の作成において，始終，助言を頂き，出版へ導いて下さった丸善出版 企画・編集部の熊谷 現氏に心から御礼申し上げる．

　また，本書を，著者の偉大な恩師である故 Sir Derek H. R. Barton に捧げる．

2014 年 11 月　千葉大学にて

東 郷 秀 雄

目　　次

1 **フリーラジカルとは**　*1*
　1.1　フリーラジカルの特徴　*1*
　　　1.1.1　有機フリーラジカルのタイプ　*3*
　　　1.1.2　極性反応とラジカル反応の反応様式の比較　*4*
　　　1.1.3　極性付加反応とラジカル付加反応の付加配向の比較　*7*
　　　1.1.4　ラジカルの反応性　*9*
　　　1.1.5　ラジカル反応の反応様式　*9*
　　　1.1.6　ラジカルの発生　*12*
　1.2　身近なフリーラジカル　*16*
　1.3　安定な合成フリーラジカル　*22*
　1.4　フリーラジカルの物理化学的特性　*27*
　　　1.4.1　軌道間の相互作用　*27*
　　　1.4.2　Baldwin 則　*28*
　　　1.4.3　各種反応速度定数　*31*

2 **官能基変換反応**　*47*
　2.1　ラジカルの二量化反応　*47*
　2.2　還元反応　*50*
　　　2.2.1　ハライドやカルコゲニドの還元反応　*51*
　2.3　アルコールへの変換　*56*

2.4 その他の官能基への変換反応　*57*

実験項　*61*

3 分子内環化反応　*67*

3.1 小員環への環化反応　*68*

3.1.1 sp^3 炭素ラジカルによる環化反応　*68*

3.1.2 sp^2 炭素ラジカルによる環化反応　*86*

3.1.3 sp 炭素ラジカル　*96*

3.1.4 sp^3 炭素ラジカルによるカルボニル基への付加環化反応　*96*

3.1.5 その他の環化反応　*101*

3.2 中大員環への環化反応　*106*

3.3 環拡大反応　*110*

3.4 骨格構築反応　*119*

3.4.1 スピロ体構築反応　*119*

3.4.2 多環系構築反応　*124*

実験項　*130*

4 付加反応　*141*

4.1 アルケンへの付加反応　*141*

4.1.1 非酸化的条件系　*141*

4.1.2 還元的反応　*142*

4.1.3 酸化的反応　*150*

4.1.4 光化学反応　*152*

4.1.5 付加–脱離反応　*154*

4.2 アリル化反応　*157*

4.3 付加–環化反応　*162*

4.4 カルボニル化反応　*172*

4.5 アルキンへの付加反応　*174*

実験項　*177*

5 芳香環のアルキル化反応　*185*

5.1 酸化的条件　*185*

目次　*v*

    5.2　非酸化的条件　*191*
    5.3　光化学反応　*196*
    5.4　その他　*198*
  実験項　*200*

6　**分子内水素引抜き反応**　*205*

    6.1　Barton 反応　*205*
    6.2　アルコキシルラジカルの β 開裂反応　*210*
    6.3　Hofmann–Löffler–Freytag 反応　*212*
    6.4　炭素ラジカルの 1,5-H シフト反応　*215*
  実験項　*219*

7　**核酸や糖質ヒドロキシ基の還元反応**　*223*

    7.1　Barton-McCombie 反応　*223*
    7.2　Barton-McCombie 脱アミノ化反応　*232*
  実験項　*233*

8　**Barton 脱炭酸反応**　*237*

    8.1　還元反応　*238*
    8.2　ハライドへの変換反応　*240*
    8.3　カルコゲニドへの変換反応　*241*
    8.4　その他の官能基への変換反応　*242*
    8.5　炭素–炭素結合形成反応　*243*
        8.5.1　分子内環化反応　*243*
        8.5.2　分子間ラジカルカップリング反応　*244*
        8.5.3　分子間付加反応　*244*
        8.5.4　置換反応　*247*
        8.5.5　その他　*249*
  実験項　*251*

9　**Wohl–Ziegler 反応と Fenton 反応**　*255*

    9.1　Wohl–Ziegler 反応　*255*

9.2　Fenton 反応　*257*
実験項　*258*

10　金属水素化物によるラジカル反応　*259*

11　フリーラジカルの立体制御反応　*265*

11.1　還元反応　*265*
11.2　炭素–炭素結合形成反応　*267*
実験項　*276*

12　生体関連のフリーラジカル　*279*

12.1　ビタミン B_{12}　*279*
12.2　エン・ジイン反応　*282*
12.3　1,2-転位反応　*288*
実験項　*293*

13　医薬や天然物合成への利用　*297*

索　引　*309*

略語・略号一覧

化合物

AIBN	2,2′-azobis(isobutyronitrile)	$(CH_3)_2C-N=N-C(CH_3)_2$ の両C下に CN
DMSO	dimethyl sulfoxide	$CH_3-S(=O)-CH_3 \longleftrightarrow CH_3-\overset{+}{S}(-O^-)-CH_3$
DMAP	4-(dimethylamino)pyridine	ピリジン環に $-N(CH_3)_2$
HMPA	hexamethylphosphoric triamide	$(CH_3)_2N-P(=O)(-N(CH_3)_2)-N(CH_3)_2$
LDA	lithium diisopropylamide	$((CH_3)_2CH)_2N^- Li^+$
mCPBA	m-chloroperbenzoic acid	3-クロロ安息香酸の $-C(=O)-O-OH$
NBS	N-bromosuccinimide	スクシンイミドの $N-Br$

略語・略号一覧

NCS	N-chlorosuccinimide	
PDC	pyridinium dichromate	$Cr_2O_7^{2-}$
PCC	pyridinium chlorochromate	CrO_3Cl^-
Py	pyridine	
TBAF	tetrabutylammonium fluoride	$(CH_3CH_2CH_2CH_2)_4N^+F^-$
TEMPO	2,2,6,6-tetramethylpiperidine 1-oxyl free radical	
$O_2^{-\bullet}$	superoxide anion radical	

保護基

Ac	acetyl (CH_3CO-)
Ar	aryl
Bn	benzyl ($PhCH_2-$)
Boc	t-butoxycarbonyl [$(CH_3)_3COC(O)-$]
Bu	butyl [$CH_3(CH_2)_3-$]
^{i}Bu	isobutyl [$(CH_3)_2CHCH_2-$]
^{s}Bu	s-butyl [$CH_3CH_2(CH_3)CH-$]
^{t}Bu	t-butyl [$(CH_3)_3C-$]
Bz	benzoyl ($PhCO-$)
Cy	cyclohexyl ($c-C_6H_{11}-$)
Et	ethyl (CH_3CH_2-)
Me	methyl (CH_3-)
Ns	o-nitrobenzenesulfonyl ($o-O_2NC_6H_4-$)
Ph	phenyl (C_6H_5-)
Pr	propyl ($CH_3CH_2CH_2-$)
^{i}Pr	isopropyl [$(CH_3)_2CH-$]
Py	2-pyridyl (C_5H_4N-)
TBS	t-butyldimethylsilyl [$(CH_3)_3C(CH_3)_2Si-$]
TBDPS	t-butyldiphenylsilyl [$(CH_3)_3C(C_6H_5)_2Si-$]
TES	triethylsilyl [$(C_2H_5)_3Si-$]
THP	tetrahydropyran-2-yl ($c-C_5H_9O-$)
Ts	p-toluenesulfonyl ($p-CH_3C_6H_4-$)

記　号

Δ	溶媒還流
E_a	活性化エネルギー
Hg-$h\nu$	水銀灯照射
k	反応速度定数
r.t.	室　温
W-$h\nu$	タングステンランプ光照射

1

フリーラジカルとは

1.1 フリーラジカルの特徴

普通の分子やイオンは,結合に関与している結合電子対や,結合に関与していない孤立電子対(lone pair;非共有電子対:unshared electron pair)をもっている.この電子対を形成する二つの電子は一つの軌道に収容され,Pauliの排他原理に基づいて,スピン方向は互いに逆向きになっている.共有結合やイオン結合を形成することによりオクテット則を満たして安定な化合物ができる.一方,対になる相手をもたない電子を不対電子(unpaired electron)といい,不対電子をもつ化学種(あるいは分子種)をフリーラジカルという.図1.1に簡単なメチル基を基本に,共有結合分子としてエタン,イオン結合分子種としてメチルアニオンやメチルカチオン,そしてフリーラジカルとしてメチルラジカルをあげた.

メチルカチオン(メチルカルベニウムイオン)の炭素はsp^2混成なので平面構造(それぞれの結合角は120°)であり,メチルアニオンの炭素はsp^3混成で約109.5°と,正四面体に近い構造である.一方,メチルラジカルはこれらの中間構造となり,図1.1に示したようにそれぞれの水素原子が平面より10°ほどずれ,かなりつぶれたピラミッド

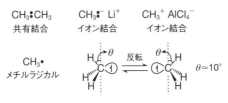

図1.1 メチルラジカルの構造

形で,しかも,非常に速やかに反転運動が生じている.この反転は,極低温マトリックス中で測定しない限り止められない.なお,不対電子は磁気モーメントをもつので,磁性と密接に関係している.

こうしてみると,フリーラジカルは特殊な化学種で,特殊な条件下でしか観測されないように判断されがちであるが,実は,非常に身近な存在でもある.我々が何気なく呼吸している酸素分子はビラジカル(ジラジカル)であり(これは,酸素分子の表現として,O=O は正しくないことを意味する),通常,安定型の三重項状態(Hund 則に従い,二つの不対電子は,エネルギー的に等価な二つの軌道に 1 電子ずつ入り,同じスピン方向をもつ)にある.また,一酸化窒素や二酸化窒素もラジカルである.一方,我々の生体内で日々営まれている免疫反応も活性酸素の発生を伴い,そのほとんどが活性酸素ラジカルである.

歴史的に有機フリーラジカルが最初に報告されたのは,Gomberg による 1900 年の報告である[1].トリフェニルメチルハライド(Ph_3CX)に銀や亜鉛を作用させることにより,トリフェニルメチルラジカル($Ph_3C\cdot$)(**A**)が得られるというものである(式 1.1).これは,今日,ESR (electron spin resonance:電子スピン共鳴)を用いて観測でき,その ESR スペクトルからスピンカップリング定数を調べることにより,トリフェニルメチルラジカルの詳細な構造が解析されている.

$$\text{(式 1.1)}$$

当初は生成したトリフェニルメチルラジカルがヘキサフェニルエタンと平衡にあるとされてきたが,1950 年代,NMR(核磁気共鳴)の測定により,ヘキサフェニルエタンでなく,一方のトリフェニルメチルラジカルが他方のトリフェニルメチルラジカルのベンゼン環 p 位で二量化した構造(**B**)であることがわかった.一方,$(p\text{-}CH_3C_6H_4)_3C\cdot$ ではほとんど二量化せず,フリーラジカルとして存在することから,ラジカルは電子的効果の影響を非常に受けやすいことがわかる.ここで紹介したフリーラジカルは,共役系などの電子的効果により安定化されているものばかりであるが,有機合成で使用する一般のフリーラジカルは非常に不安定で,反応性の高い化学種である.たとえば,生成したエチルラジカルは,エチルラジカル同士のカップリング反応でブタンを生成したり,エチルラジカル同士での水素原子のやりとりによるエチレンとエタンへ

の不均化反応を生じたり，エチルラジカルによる溶媒からの水素原子引抜き反応が生じたり，エチレンなどへの付加によるオリゴマー化，ポリマー化反応を生じやすい．これが，多くの有機化学者や学生に有機フリーラジカル化学を毛嫌いさせてきた大きな原因となっている．しかし，現在ではフリーラジカルの特性を考慮した優れた有機フリーラジカル反応試剤が開発されてきており，有機合成化学の有効な手段となってきている．

それらについては別の章で詳しく触れるが，ここでは有機フリーラジカルの種類，反応の様式などの基本的特徴について述べていこう．

1.1.1 有機フリーラジカルのタイプ

不対電子をもつラジカルは常磁性であり，大半はきわめて短寿命の不安定化学種である．また，大半の有機フリーラジカルは $CH_3\cdot$ や $(CH_3)_3C\cdot$ のように電気的に中性であるが，図1.2に示したようなカチオンラジカルやアニオンラジカルもある．電気的に中性の炭素ラジカルは $CH_3\cdot < CH_3CH_2\cdot < (CH_3)_2CH\cdot < (CH_3)_3C\cdot$ の順に相対的に安定化していくが，実質的にはいずれも反応性の高い化学種である．

また，ラジカルの不対電子が σ 軌道にあるか，π 軌道にあるかで σ ラジカルと π ラジカルがある（図1.3）．図1.2のカチオンラジカルやアニオンラジカル，ベンジルラジカル（$C_6H_5CH_2\cdot$），そして t-ブチルラジカル［$(CH_3)_3C\cdot$］などは π ラジカルである．一般に，π ラジカルは共鳴効果や超共役効果により安定化されている．たとえば，ベンジルラジカルは図1.4上に示したような共鳴効果が生じ，不対電子はベンジル位とベンゼン環 o 位および p 位に非局在化している．つまり，真のベンジルラジカルはこ

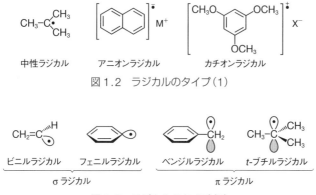

図1.2 ラジカルのタイプ(1)

図1.3 ラジカルのタイプ(2)

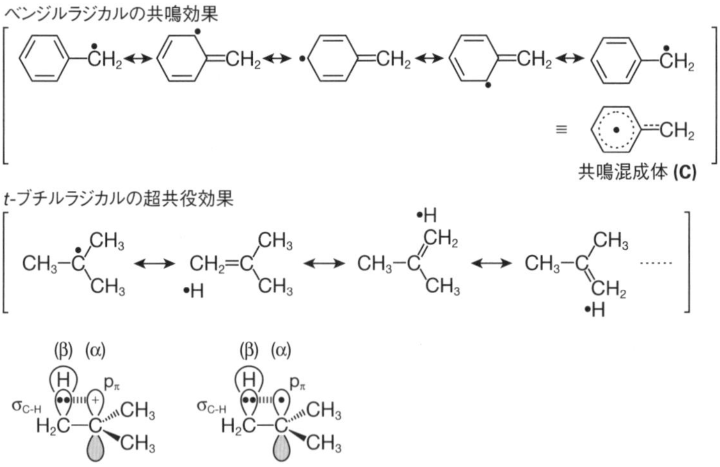

図 1.4　σ_{C-H}–p_π 軌道間相互作用による超共役効果

れらの共鳴混成体 (**C**) で存在し，比較的安定化している．また，t-ブチルラジカルは超共役効果により比較的安定化している．超共役効果は図 1.4 下に示したように，ラジカル中心の p_π 軌道と α 位 C–H 結合軌道との相互作用（σ_{C-H}–p_π 軌道間相互作用）による安定化効果である．一方，σ ラジカルはそのような安定化効果がないため反応性がきわめて高く，その代表的化学種であるビニルラジカルやフェニルラジカルは非常に反応性が高い．

このことは次の観点から理解できる．つまり，$(CH_3)_3C-H$ と C_6H_5-H の各 C–H の結合解離エネルギーはそれぞれ 92 kcal mol^{-1} および 112 kcal mol^{-1} であり，ベンゼンの C–H 結合の方が 20 kcal mol^{-1} 強く結合している*．これは生成熱を反映したものあり，もとのフェニルラジカルは 20 kcal mol^{-1} ほど，より不安定であるといえる．

1.1.2　極性反応とラジカル反応の反応様式の比較

極性反応では非対称（不均一）的な結合開裂および結合生成が伴うのに対し，ラジカル反応では対称（均一）的な結合開裂および結合生成が伴う（図 1.5）．

フリーラジカルの代表的反応は置換反応と付加反応であり，簡単な例を図 1.6 に示した．

前者の例としてメタンと塩素分子の光照射（$h\nu$）によるラジカル置換反応（S_H2：

---

*　1 kcal = 4.18 kJ．本書ではエネルギーは kcal で統一した．

1.1 フリーラジカルの特徴

極性反応
R–X ⟶ R⁺ + X⁻　　不均一結合開裂反応
R⁺ + X⁻ ⟶ R–X　　不均一結合形成反応

ラジカル反応
R–X ⟶ R• + X•　　均一結合開裂反応
R• + X• ⟶ R–X　　均一結合形成反応

図 1.5　極性反応とラジカル反応

分子間ラジカル置換反応　R• + Cl–Cl ⟶ R–Cl + Cl•
分子間ラジカル付加反応　R• + CH$_2$=CHCN ⟶ RCH$_2$ĊHCN

図 1.6　ラジカル反応

bimolecular homolytic substitution）があげられる．工業的にも，この手法で不活性な炭化水素のハロゲン化が行われている．メタンと塩素分子の光照射反応はラジカル連鎖反応（radical chain reaction）で，式 1.2 に示した反応機構で進行する．つまり，結合の弱い塩素分子は光照射により塩素原子を生じ，メタンの水素原子を引き抜いて，結合の強い HCl と反応性の高いメチルラジカルを生じる（開始段階）．メチルラジカルは塩素分子と反応して，塩化メチルと塩素原子を再生する（成長段階）．このことから，反応はわずかの塩素原子を生じれば，連鎖反応で進行し，生成物の塩化メチルを効率的に生じる．

メタンの塩素化反応
$$CH_4 + Cl_2 \xrightarrow{h\nu} CH_3Cl + HCl \tag{1.2}$$

反応機構
Cl$_2$ $\xrightarrow{h\nu}$ 2 Cl•　　⎫ 開始段階
CH$_4$ + Cl• ⟶ •CH$_3$ + HCl　⎬
•CH$_3$ + Cl$_2$ ⟶ CH$_3$Cl + Cl•　⎭ 成長段階
•CH$_3$ + Cl• ⟶ CH$_3$Cl　　⎫ 停止段階
2 Cl• ⟶ Cl$_2$　　⎭

　この反応の原動力は，生成熱，つまり反応前後における化学種の結合解離エネルギーの相違にある．塩素分子とメタンの Cl–Cl および C–H の結合解離エネルギーは，それぞれ 58 kcal mol^{-1} および 104 kcal mol^{-1} で，合計 162 kcal mol^{-1}（原系）なのに対し，生成物の塩化水素および塩化メチルの H–Cl および C–Cl の結合解離エネルギーはそれぞれ 103 kcal mol^{-1} および 84 kcal mol^{-1} で，合計 187 kcal mol^{-1}（生成系）ある．このことから，生成系のほうが 25 kcal mol^{-1} 結合解離エネルギー和が大きく，この分，

安定であることがわかる．これが反応の原動力である．ここで，メチルラジカルと塩素分子の反応は，塩素原子上でのメチルラジカルによるラジカル置換反応である．そのため，このような反応はラジカル二分子置換反応であることから S_H2 (bimolecular homolytic substitution) といわれ，ラジカル反応における基本的反応である．また，開始段階，成長段階，および停止段階からなる連鎖反応で反応は進行する．塩素分子の代わりに臭素分子やヨウ素分子を用いた場合，臭素分子とヨウ素分子の結合解離エネルギーは，それぞれ 46 kcal mol^{-1} および 36 kcal mol^{-1} に低下するが，生成系の C–Br，C–I，H–Br，および H–I の結合解離エネルギーもそれぞれ 70 kcal mol^{-1}，56 kcal mol^{-1}，88 kcal mol^{-1}，および 71 kcal mol^{-1} に大きく低下するため，ラジカル置換反応は円滑に進行しない．とくにヨウ素分子ではまったく反応しない．つまり，ラジカル反応では反応前後の結合解離エネルギー和の相違が反応の駆動力となる．

プロパンを塩素分子と臭素分子でそれぞれを光照射下で反応させると，プロパンには異なった水素が二つあるため，式 1.3a と式 1.3b に示したように塩化プロピルと臭化プロピルがそれぞれ 2 種類生じる．しかし，その割合は大きく異なる．

$$CH_3CH_2CH_3 \xrightarrow{Cl_2, h\nu} \underset{\underset{45\%}{Cl}}{CH_3CH_2CH_2} + \underset{\underset{55\%}{Cl}}{CH_3CHCH_3} \quad (1.3a)$$

$$CH_3CH_2CH_3 \xrightarrow{Br_2, h\nu} \underset{\underset{3\%}{Br}}{CH_3CH_2CH_2} + \underset{\underset{97\%}{Br}}{CH_3CHCH_3} \quad (1.3b)$$

これは生じる塩素原子と臭素原子の反応性の相違からくる．つまり，塩素原子は反応性が非常に高いため，プロパンの第一級 C–H と第二級 C–H のいずれからも水素原子を無差別に引き抜くため，$CH_3CH_2CH_2\cdot$ と $(CH_3)_2CH\cdot$ を同程度に生じ，結果として $CH_3CH_2CH_2Cl$ と $(CH_3)_2CHCl$ を同程度に生成する．一方，相対的に穏やかな臭素原子は，プロパンの 2 種類の水素原子の中で，より結合の弱い水素原子を優先的に引き抜き，より安定な $(CH_3)_2CH\cdot$ を生じ，結果として $(CH_3)_2CHBr$ が主生成物として生じる．これは，C–H の結合解離エネルギーが $CH_3CH_2CH_2$–H（第一級 C–H）> $(CH_3)_2HC$–H（第二級 C–H）> $(CH_3)_3C$–H（第三級 C–H）の順に低下することが反映しており，加えて，誘起効果や超共役効果により，$CH_3CH_2CH_2\cdot$（第一級炭素ラジカル）< $(CH_3)_2CH\cdot$（第二級炭素ラジカル）< $(CH_3)_3C\cdot$（第三級炭素ラジカル）の順に，生じる炭素ラジカルはより安定化されることが反映している（図 1.7）．とくに，t-ブチルラジカルのような第三級炭素ラジカルは，t-ブチルカチオンと同様で図 1.8 に示したようにメチル基の誘起効果や超共役効果で，より安定化している．

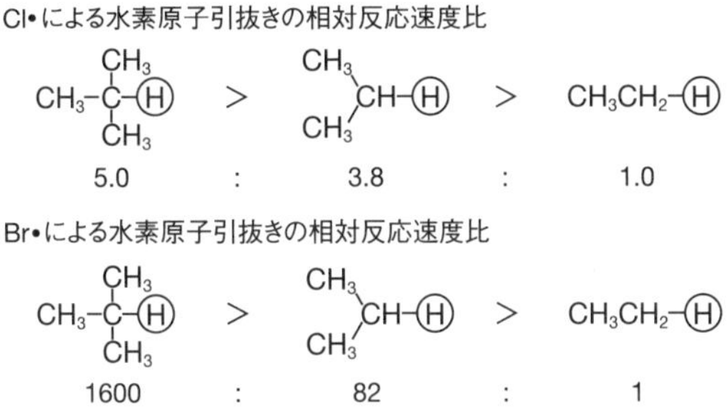

Cl• による水素原子引抜きの相対反応速度比

$$CH_3\text{-}\underset{CH_3}{\overset{CH_3}{C}}\text{-}\textcircled{H} \quad > \quad \underset{CH_3}{\overset{CH_3}{CH}}\text{-}\textcircled{H} \quad > \quad CH_3CH_2\text{-}\textcircled{H}$$

$$5.0 \quad : \quad 3.8 \quad : \quad 1.0$$

Br• による水素原子引抜きの相対反応速度比

$$CH_3\text{-}\underset{CH_3}{\overset{CH_3}{C}}\text{-}\textcircled{H} \quad > \quad \underset{CH_3}{\overset{CH_3}{CH}}\text{-}\textcircled{H} \quad > \quad CH_3CH_2\text{-}\textcircled{H}$$

$$1600 \quad : \quad 82 \quad : \quad 1$$

図 1.7 C-H 結合のラジカル反応性

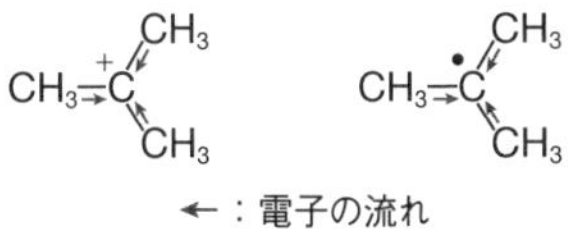

←：電子の流れ

図 1.8 t-ブチルカチオンと t-ブチルラジカルの誘起効果

1.1.3 極性付加反応とラジカル付加反応の付加配向の比較

　イソブテンへの臭化水素の付加反応を例に，極性付加反応とラジカル付加反応の配向の相違を図 1.9 に示した．

　極性付加反応では，最初にプロトン（H^+）がイソブテンの二重結合に付加して，より安定な第三級炭素カチオン（**D**）を中間に生じ，対イオンである臭素アニオンと反応して臭化 t-ブチルを生成する．つまり，臭化水素の水素原子は置換基の少ない炭素側に付加したことになる．これは Markovnikov（マルコフニコフ）則に従った生成物である．他方，ラジカル付加反応では，開始剤により臭化水素の水素原子が引き抜かれ，生じた臭素原子がイソブテンの置換基の少ない二重結合炭素に付加して，中間体（**E**）を生じ，この中間体（**E**）が臭化水素と反応するために，臭化イソブチルを生成する．反応は連鎖反応で進行する．結果的に極性反応とは逆の配向体を与えるために，反 Markovnikov（*anti*-Markovnikov）則に沿った化合物を生じる．つまり，ラジカル反応では，極性反応とは逆の配向を示す．ただし，ここで大切なことは，どちらの反応も，より不安定な中間体（**D'**）（第一級炭素カチオン）や（**E'**）（第一級炭素ラジカル）を形成せず，より安定な中間体（**D**）（第三級炭素カチオン）や（**E**）（第三級炭素ラジカル）を形成して，対応する付加体を生成するという事実である．

　ここで，なぜ中間体（**D**）や（**E**）が，中間体（**D'**）や（**E'**）より安定なのか．これはアルキル基の σ 結合を通しての電子供与効果（誘起効果）が中間体カチオン（**D**）やラジカ

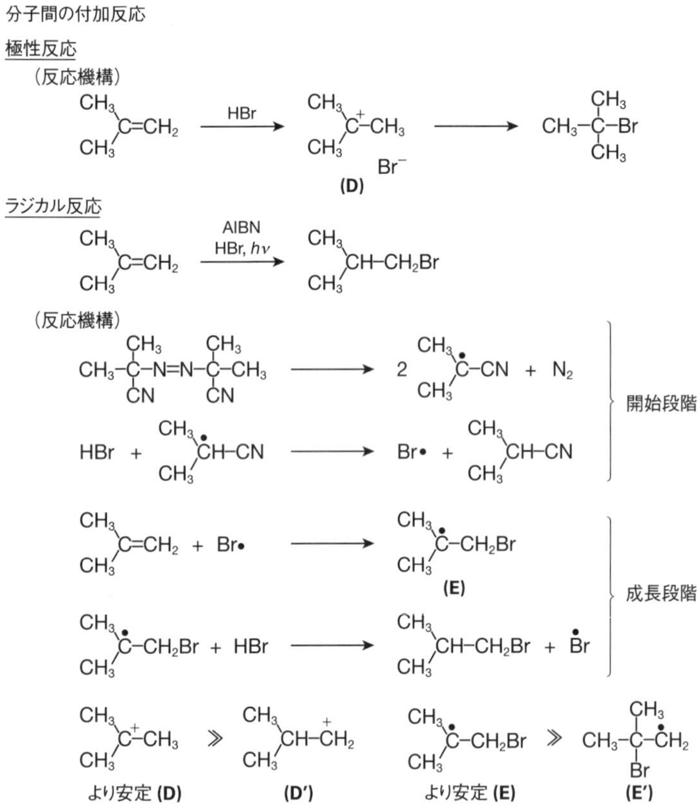

分子間の付加反応
極性反応
（反応機構）

[反応式: (CH₃)₂C=CH₂ + HBr → (CH₃)₃C⁺ Br⁻ (D) → CH₃-C(CH₃)(Br)-CH₃]

ラジカル反応

[反応式: (CH₃)₂C=CH₂ + HBr, AIBN, hν → (CH₃)₂CH-CH₂Br]

（反応機構）

開始段階:
- (CH₃)₂C(CN)-N=N-C(CN)(CH₃)₂ → 2 (CH₃)₂C•-CN + N₂
- HBr + (CH₃)₂C•-CN → Br• + (CH₃)₂CH-CN

成長段階:
- (CH₃)₂C=CH₂ + Br• → (CH₃)₂C•-CH₂Br (E)
- (CH₃)₂C•-CH₂Br + HBr → (CH₃)₂CH-CH₂Br + Br•

安定性比較:
(CH₃)₃C⁺ ≫ (CH₃)₂CH-CH₂⁺ 　　(CH₃)₂C•-CH₂Br ≫ CH₃-C•(CH₂Br)(CH₃)
より安定 (D)　　(D')　　　　　　より安定 (E)　　(E')

図1.9　極性付加反応とラジカル付加反応

ル (**E**) をより安定化させているためである．ラジカルもカチオンと同様に以下の順に安定化する．

$$CH_3\cdot < 1°\text{-}R\cdot < 2°\text{-}R\cdot < 3°\text{-}R\cdot$$

(1°：第一級，2°：第二級，3°：第三級，R：アルキル基)

また，図1.10に示した超共役効果も寄与している．

誘起効果は原子や原子団の電気陰性度に依存して，σ結合を通して電子を供与したり，求引したりする効果である．一方，超共役効果は図1.10に示したように，隣接α位C-Hのσ結合軌道とカチオンあるいはラジカル中心のp_π軌道との$\sigma_{C\text{-}H}$-p_π軌道間相互作用である．この軌道間相互作用により，カチオンやラジカルが安定化される．

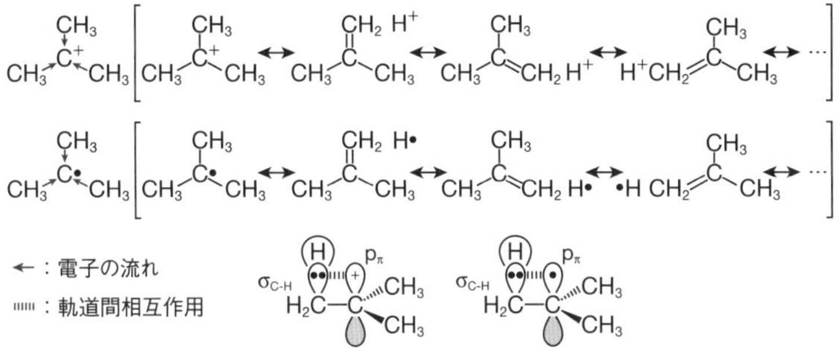

図 1.10　超共役効果

1.1.4　ラジカルの反応性

　極性反応には陰性を帯びた求核性のイオン種や，陽性を帯びた求電子性のイオン種があるように，一見，中性にみえるラジカルにも求核的なラジカル種や求電子的なラジカル種がある．この相違は，ラジカルのエネルギー状態の反映でもある．たとえば，t-ブチルラジカルはラジカル中心の電子密度も高く，アルケンと反応するときは求核的に振舞う．そのため，二重結合の電子密度が少ないアクリル酸エチルとは反応するが，その電子密度が高いビニルエーテルとは反応しない．他方，電子求引基により共鳴安定化したマロニルラジカルはラジカル中心の電子密度が低く，アルケンと反応するときは求電子的に振舞う．そのため，二重結合の電子密度が高いビニルエーテルとは反応するが，その電子密度が低いアクリル酸エチルとは反応しない（図 1.11）．

　このように，中性に思えるラジカルも，そのラジカル中心の電子密度は置換基により大きく変わってくる．高分子のラジカル共重合は，このようなラジカルの求核的性質と求電子的性質を利用している．図 1.12 に示した反応は，アクリル酸エチルとビニルエーテルのポリマー化における共重合の反応機構を示した．求核的ラジカル付加反応と求電子的ラジカル付加反応が交互に生じていることがわかる．

1.1.5　ラジカル反応の反応様式

　ラジカル反応特有の反応として，おもに以下の3種の反応様式がある．

a.　β開裂反応

　この反応はおもに酸素ラジカルに多くみられるが，窒素ラジカルや炭素ラジカルでもひずみをもつラジカル種ではβ開裂反応が生じる．β開裂反応の典型例として，カルボン酸塩の電解酸化によるアルキルラジカルの生成とそのカップリング反応（Kolbe 電

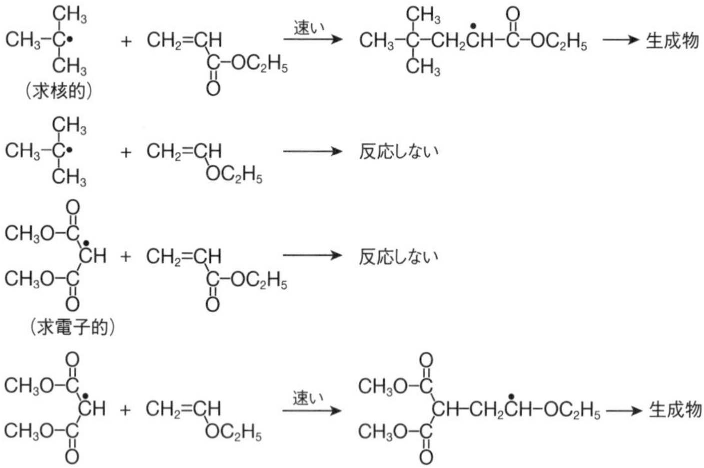

図 1.11 ラジカル付加反応の反応性

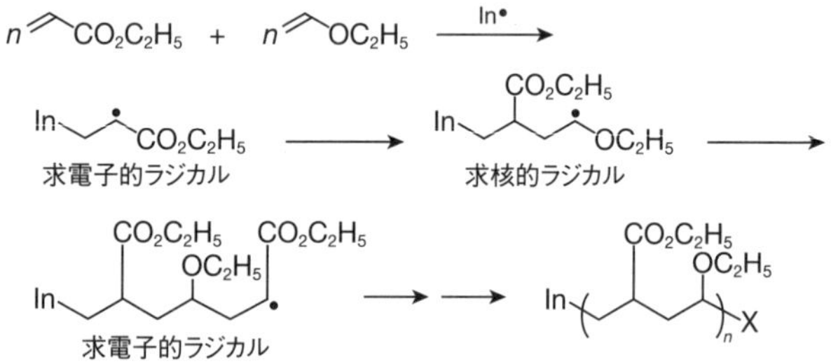

図 1.12 ラジカル共重合

解酸化反応)やカルボン酸銀塩と臭素の反応による臭化アルキルの合成 (Hunsdiecker 反応) があげられる．これらはいずれもカルボキシルラジカルを発生し，その β 開裂反応により脱炭酸して，アルキルラジカルと二酸化炭素を発生する (式 1.4a)．

$$R-C(=O)-O• \xrightarrow{\beta 開裂} R• + CO_2 \qquad (1.4a)$$

$$(CH_3)_3C-O• \xrightarrow{\beta 開裂} •CH_3 + CH_3-C(=O)-CH_3 \qquad (1.4b)$$

$$\text{cyclopropyl-CH}_2• \xrightarrow{\beta 開裂} \text{allyl•} \qquad (1.4c)$$

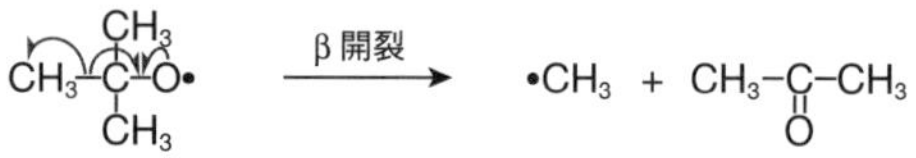

アルコキシルラジカルでは，とくに第三級アルキル鎖のとき β 開裂反応が生じて，

アルキルラジカルとケトン類を生成する(式1.4b).また,シクロプロピルメチルラジカルは,三員環のひずみのために速やかにβ開裂反応が生じて3-ブテニルラジカル(3-buten-1-yl radical)を発生する(式1.4c).これらの反応はいずれも速やかに進行する.

b．環化反応

環化反応の典型例として,5-ヘキセニルラジカル(5-hexen-1-yl radical)からシクロペンチルメチルラジカルやシクロヘキシルラジカルの形成がある(式1.5a).一般にラジカル種は不安定なので,速度論的支配で反応が進行し,前者が生成物となる.この環化反応も非常に速く,ラジカル反応の間接的証明としてもたびたび利用されている(式1.5aおよび式1.5b).

$$\text{(1.5a)}$$

$$\text{(1.5b)}$$

c．5位および6位水素引抜き反応

おもに反応性の高い酸素ラジカルや窒素ラジカルのときに生じる反応である.反応は酸素ラジカルや窒素ラジカルにより,分子内側鎖5位あるいは6位の水素原子が六員環遷移状態あるいは七員環遷移状態を経て引き抜かれ,より安定な炭素ラジカルと,より強い結合を有するO-HやN-H結合が生じる(式1.6).この種の反応は,まさにラジカル反応特有の反応である.

$$\text{X = O, NR} \quad n = 1 \; 1,5\text{-H シフト} \quad n = 2 \; 1,6\text{-H シフト} \quad \text{(1.6)}$$

酸素ラジカル(アルコキシルラジカル)の場合はBarton反応といい,窒素ラジカル(おもにアミニウムラジカル)の場合はHofmann-Löffler-Freytag反応という.これらの反応により,不活性な5位あるいは6位に官能基を導入したり,環化によりテトラヒドロフラン環($X = O$, $n = 1$),ピラン環($X = O$, $n = 2$),ピロリジン環($X = NH$, $n = 1$),あるいはピペリジン環($X = NH$, $n = 2$)を構築できる.

1.1.6 ラジカルの発生

有機フリーラジカルの発生法は種々知られているが，おもな生成法を以下に述べる．

a. 過酸化物やアゾ化合物の熱分解

過酸化物やアゾ化合物を加熱して酸素ラジカルや炭素ラジカルを発生させる手法は古くから知られている．現在では，過酸化物である過酸化ベンゾイル［benzoyl peroxide, BPO：$(C_6H_5CO_2)_2$］やアゾ化合物であるアゾビス（イソブチロニトリル）［$2,2'$-azobis(isobutyronitrile), AIBN：$(CH_3)_2(CN)C-N=N-C(CN)(CH_3)_2$］をラジカル反応の開始剤として用いている．たとえば，トルエンを四塩化炭素溶媒で触媒量の過酸化ベンゾイルと N-ブロモスクシンイミド（NBS）を加えて加熱すると，臭化ベンジルが得られる．この反応は Wohl–Ziegler 反応という（図 1.13）．

触媒量の AIBN と Bu_3SnH の系で，種々のハロゲン化アルキルやキサンテートエステル［R-O-C(=S)SCH$_3$］をベンゼン還流すると，対応するアルキルラジカルを経て還元体を生じる（図 1.14）．Bu_3SnH/AIBN 系は今日，有機合成でハロゲン化物の還元反応にもっとも頻繁に用いられている手法である．

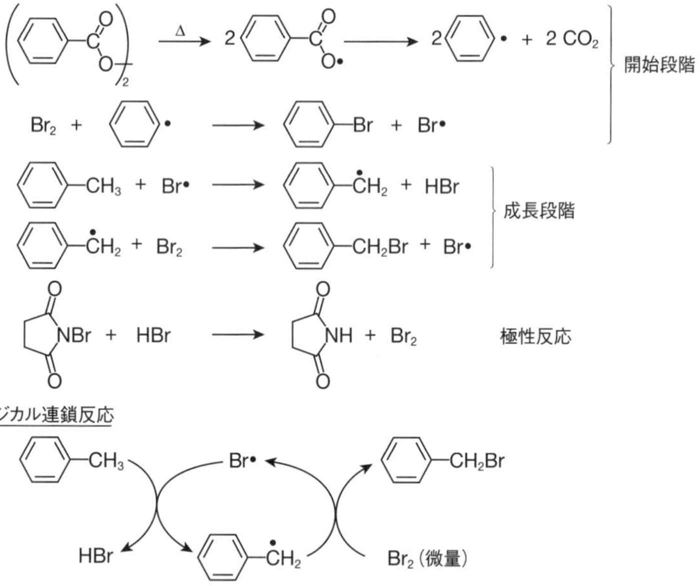

図 1.13 Wohl–Ziegler 反応

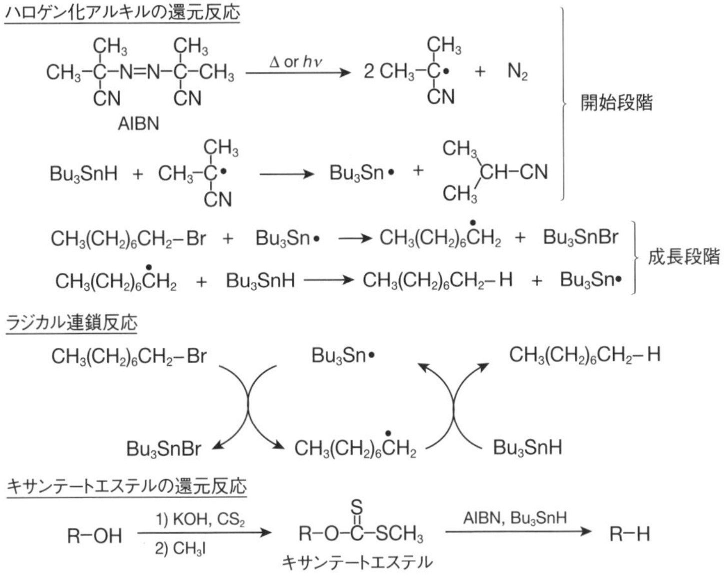

ハロゲン化アルキルの還元反応

$$CH_3\text{-}\underset{CN}{\underset{|}{\overset{CH_3}{\overset{|}{C}}}}\text{-N=N-}\underset{CN}{\underset{|}{\overset{CH_3}{\overset{|}{C}}}}\text{-}CH_3 \xrightarrow{\Delta \text{ or } h\nu} 2\ CH_3\text{-}\underset{CN}{\underset{|}{\overset{CH_3}{\overset{|}{C}}}}\cdot + N_2$$

AIBN

$$Bu_3SnH + CH_3\text{-}\underset{CN}{\underset{|}{\overset{CH_3}{\overset{|}{C}}}}\cdot \longrightarrow Bu_3Sn\cdot + \underset{CH_3}{\underset{|}{\overset{CH_3}{\overset{|}{}}}}CH\text{-}CN$$

開始段階

$$CH_3(CH_2)_6CH_2\text{-}Br + Bu_3Sn\cdot \longrightarrow CH_3(CH_2)_6\dot{C}H_2 + Bu_3SnBr$$

$$CH_3(CH_2)_6\dot{C}H_2 + Bu_3SnH \longrightarrow CH_3(CH_2)_6CH_2\text{-}H + Bu_3Sn\cdot$$

成長段階

ラジカル連鎖反応

$$CH_3(CH_2)_6CH_2\text{-}Br \quad Bu_3Sn\cdot \quad CH_3(CH_2)_6CH_2\text{-}H$$

$$Bu_3SnBr \quad CH_3(CH_2)_6\dot{C}H_2 \quad Bu_3SnH$$

キサンテートエステルの還元反応

$$R\text{-}OH \xrightarrow[\text{2) } CH_3I]{\text{1) KOH, } CS_2} R\text{-}O\text{-}\overset{S}{\overset{\|}{C}}\text{-}SCH_3 \xrightarrow{AIBN, Bu_3SnH} R\text{-}H$$

キサンテートエステル

図 1.14 還元反応

b．カルボン酸の脱炭酸反応

古くは，Kolbe 電解酸化反応や Hunsdiecker 反応が知られている．Hunsdiecker 反応はおもに脂肪族カルボン酸銀塩に臭素を作用させることにより，図 1.15 に示した脱炭酸を伴ったラジカル連鎖反応で，臭化アルキルを生じる．しかしながら，汎用性からみると，図 1.16 に示した Barton 脱炭酸反応のほうが機能的で優れている．この反応の原動力は，N-O の弱い結合から二酸化炭素という安定な化合物を放出することにある．80℃に加熱，あるいは室温下でタングステンランプ光照射（W-$h\nu$）という温和な条件下でカルボキシ基の官能基変換や炭素-炭素結合形成反応を遂行できる．

c．カルボニル基の光反応

ケトンやアルデヒドを光照射（おもに可視光線・紫外線領域）すると，HOMO (highly occupied molecular orbital) にあるカルボニル酸素の孤立電子対（n 電子対）の 1 電子が LUMO (lowest unoccupied molecular orbital) である π^*_{CO}（π 反結合性軌道）に電子遷移する．この孤立電子対の入っていた軌道と π^*_{CO} とは軌道が直行しているので，n-π^*_{CO} 電子遷移は基本的に禁制である．しかし，不可能ではない．電子遷移確率が小さいだけである．この電子遷移により，カルボニル基はビラジカルとなり，図 1.17 に示した Norrish I あるいは II の経路で反応が進行する．

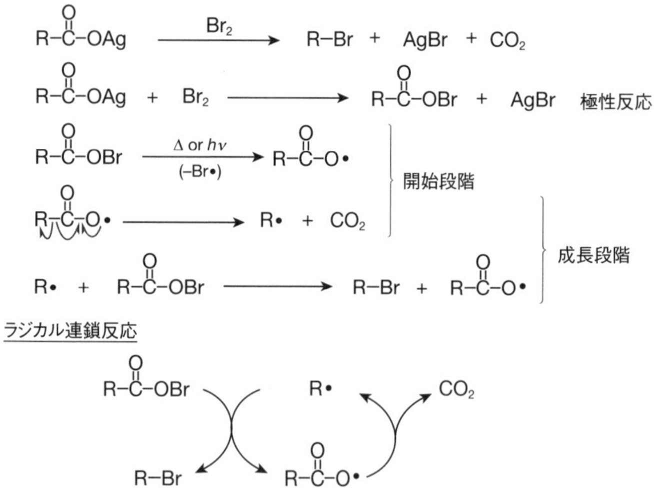

1 フリーラジカルとは

$$R-\underset{\underset{O}{\|}}{C}-OAg \xrightarrow{Br_2} R-Br + AgBr + CO_2$$

$$R-\underset{\underset{O}{\|}}{C}-OAg + Br_2 \longrightarrow R-\underset{\underset{O}{\|}}{C}-OBr + AgBr \quad \text{極性反応}$$

開始段階:
$$R-\underset{\underset{O}{\|}}{C}-OBr \xrightarrow[(-Br\cdot)]{\Delta \text{ or } h\nu} R-\underset{\underset{O}{\|}}{C}-O\cdot$$

$$R-\underset{\underset{O}{\|}}{C}-O\cdot \longrightarrow R\cdot + CO_2$$

成長段階:
$$R\cdot + R-\underset{\underset{O}{\|}}{C}-OBr \longrightarrow R-Br + R-\underset{\underset{O}{\|}}{C}-O\cdot$$

ラジカル連鎖反応

図 1.15 Hunsdiecker 反応

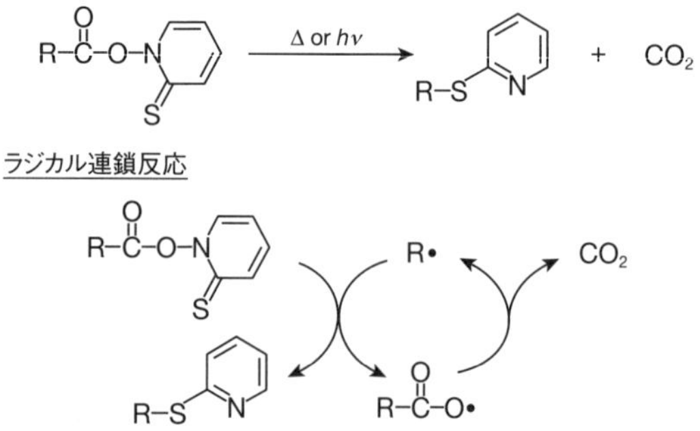

$$R-\underset{\underset{O}{\|}}{C}-O-\underset{S}{\overset{N}{\bigcirc}} \xrightarrow{\Delta \text{ or } h\nu} R-S-\underset{}{\overset{N}{\bigcirc}} + CO_2$$

ラジカル連鎖反応

図 1.16 Barton 脱炭酸反応

その他、第三の反応として、ビラジカルのカップリング反応によるピナコールの生成がある。これは、イソプロピルアルコールのような水素原子供与体が共存するなかで、ケトン類を光照射することにより、生じたビラジカルがイソプロピルアルコールのα水素原子を引き抜いて、α-ヒドロキシルラジカルを生じ、そのカップリング反応からピナコールを生成する (図 1.18).

この反応の合成化学的利用は、光照射により発生したベンゾフェノンビラジカルを用い、基質の活性水素原子を引き抜いて、新たな炭素ラジカルを発生させることにある。

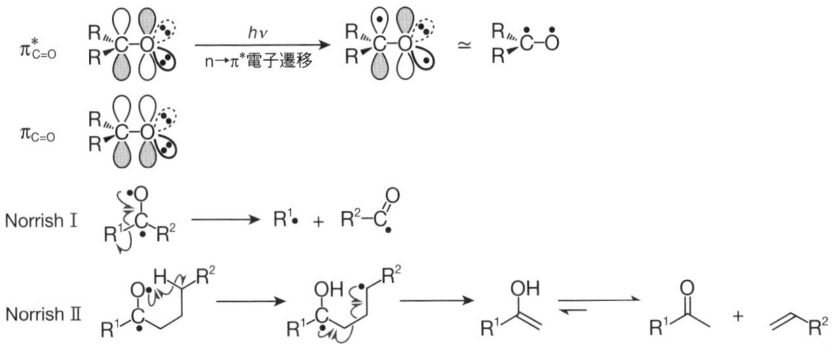

1.1 フリーラジカルの特徴

図1.17 カルボニル基の光反応

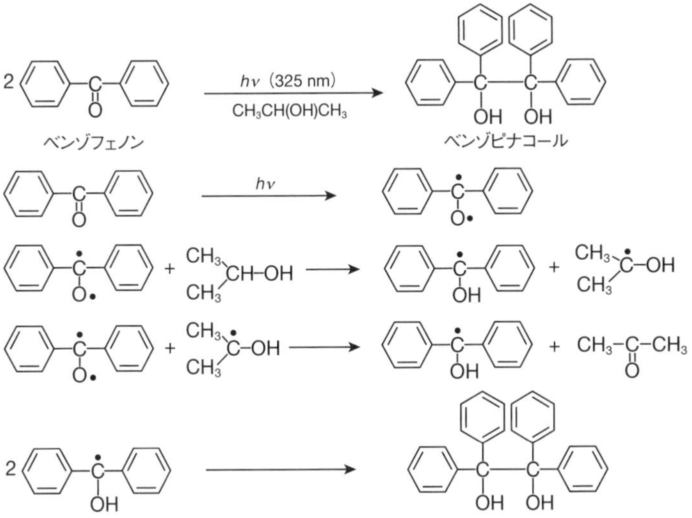

図1.18 ベンゾフェノンの光反応によるベンゾピナコール形成反応

d. 酸化的条件下の反応

Mn^{3+}, Cu^{2+}, あるいは Fe^{3+} のような一電子酸化剤を用いて，基質から酸化的に炭素ラジカルを発生させる手法がある．たとえば，式1.7に示したようにアセチルアセトンに $Mn(OAc)_3$ を作用させると，求電子的な α-ジアセチルメチルラジカルを生じる．

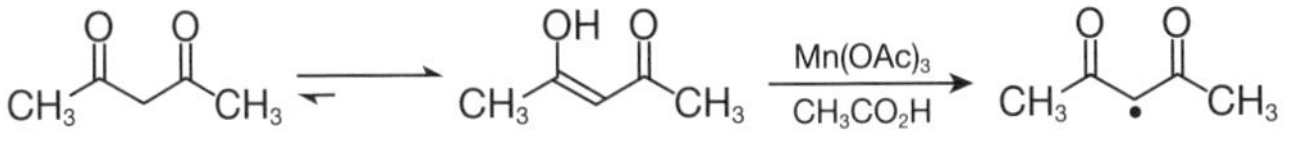

$$\text{（式 1.7）}$$

Fe^{2+} と過酸化水素水を用いた系は Fenton 系といい,過酸化水素が一電子還元されることにより,反応性の高いヒドロキシルラジカル (HO•) が発生して,基質の水素原子を引き抜いて,炭素ラジカルを発生させる.実質的には酸化的条件である.

e. 還元的条件下の反応

Fe^{2+},Cu^+,Ti^{3+},あるいは Sm^{2+} のような一電子還元剤を用いて,基質から還元的に炭素ラジカルを発生させる手法である.たとえば,ケトンに Sm^{2+} を作用させると,ケトンが一電子還元されてケチルラジカルを生じ,そのカップリング反応からピナコールを生成する(式 1.8).

$$2\ CH_3\text{-CO-}CH_3 \xrightarrow{SmI_2 \text{ or } Mg, Zn} 2\ CH_3\text{-}\overset{OSmI_2}{\underset{\bullet}{C}}\text{-}CH_3 \longrightarrow CH_3\text{-}\underset{OH}{\overset{CH_3}{C}}\text{-}\underset{OH}{\overset{CH_3}{C}}\text{-}CH_3 \quad (1.8)$$

このようにラジカル反応をみてくると,通常,ラジカル種は電気的に中性なので,溶媒の影響は受けにくい.つまり,極性反応に比べ溶媒効果が少ない.また,反応部位が電気的に中性の場合が多く,しかも反応前後の結合解離エネルギーの相違が反応の原動力となるため,カルボニル基,エステル基,アミノ基,そしてヒドロキシ基など種々の官能基に影響を与えることはない.このことは,糖鎖,核酸,そしてペプチド類にも問題なくラジカル反応が適用できることを示唆している.

1.2 身近なフリーラジカル

私たちの生活の中でもっとも身近なフリーラジカルは酸素分子である.酸素分子はラジカルだからこそ,呼吸によりヘモグロビンのヘム鉄(不対電子をもつ)に結合し [Fe(II)-O_2 結合],血液を通して,体全体に酸素分子を運搬できる.通常の酸素分子はビラジカルで,図 1.19 左に示したように,Hund 則に従い,二つの不対電子は二つの縮重した軌道 π_{2p}^* に 1 個ずつ,同じスピン方向(三重項状態)で入っており,$^3O_2$ とも表され,基底状態では T_0(三重項基底状態)にある.酸素分子,一酸化窒素,二酸化窒素などは例外的に安定なラジカルであるが,一般にラジカルは不安定で,反応性に富んでいる.

生体内の免疫や発がんに関係しているとして,最近,話題となっているラジカル種はおもに活性酸素ラジカルであり,活性酸素分子やスーパーオキシドアニオンラジカル ($O_2^{\bullet-}$) がある.図 1.19 中央に示したように,活性酸素分子は二つの不対電子が縮重した二つの軌道 π_{2p}^* に 1 個ずつ,逆スピン方向(一重項状態)で入っていて,$^1O_2$ と表される.当然,Hund 則に反するわけであるから,$^3O_2$ に比べ不安定であり,反応性は

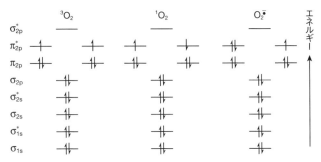

図1.19 酸素分子と関連化合物の電子配置

高い．さらに，酸素分子は親電子性が高く，一電子還元されやすい．この一電子還元された化学種をスーパーオキシドアニオンラジカル（$O_2^{-\bullet}$，図1.19右）といい，免疫反応などに関与する重要な活性酸素ラジカルである．これらの電子配置を図1.19に示してある．

$^1O_2$や$O_2^{-\bullet}$のような活性酸素ラジカルは生体の免疫反応（生体内での殺菌）や物質代謝に重要な働きをしている．しかし，それらが発生すべき環境や舞台が異なると，悪い反応，いわゆる炎症や病気を引き起こすことになる．前者は善玉フリーラジカル，後者は悪玉フリーラジカルとして機能する．つまり，活性酸素ラジカルは善玉フリーラジカルとして機能するとともに，悪玉フリーラジカル（老化の促進や発がん）としても機能する．生体内での善玉活性酸素ラジカルは細胞系の白血球，マクロファージ，酵素系のNADPHオキシターゼやP450，タンパク質系のヘモグロビンやミオグロビンから，必要に応じて$O_2^{-\bullet}$や$^1O_2$を発生する．悪玉フリーラジカルは，図1.20に示したように脂質成分である高度不飽和脂肪酸のアリル位を過酸化脂質に酸化し，脂質機能を破壊する．その他，活性酸素ラジカルはタンパク質のアミノ基酸化，アミド結合の開裂，核酸であるDNA，RNAの一次構造の破壊，塩基部の修飾などを引き起こし，本来の機能を破壊する．これが，炎症，動脈硬化，老化，ひいてはがんを引き起こすことになる[2]．

では，体内でこれら活性酸素ラジカルが悪玉フリーラジカルとして発生した場合は，どうすればよいのか？　ここに，ビタミンC（親水性），ビタミンE（親油性），フラボノイド，カテキン類，アントシアニン類，およびタンニンなどが抗酸化剤として関わってくる．これらは基本的にフェノール誘導体である．フェノールはラジカル種に水素原子を容易に与えるので，ラジカル捕捉剤あるいはラジカル反応阻害剤となる．これは，式1.9に示したように，活性酸素ラジカルによりフェノールから水素原子を

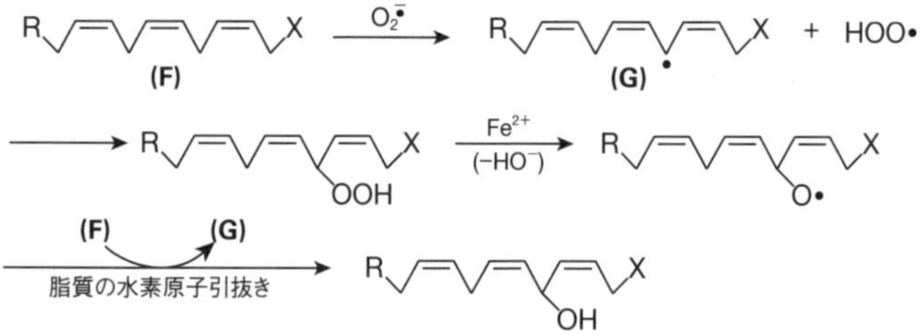

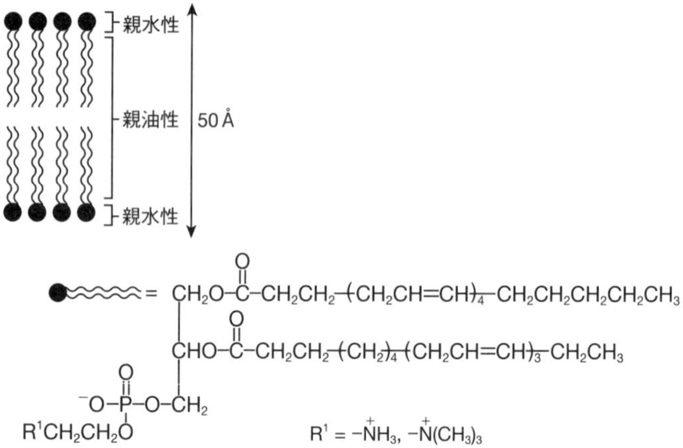

図 1.20 リノレン酸（C_{18}）とアラキドン酸（C_{20}）からなる脂質の例

引き抜かれて生じるフェノキシルラジカルが，共鳴効果により安定化するためである．つまり，これらフェノール誘導体は活性酸素ラジカルの消去剤である．実験室でラジカル反応を阻止するときに，フェノールを少し添加することがあるが，この種の化学反応が，実際に我々の体内で生命維持のために日夜行われている．親水場に存在するビタミンC（L-アスコルビン酸）は，近くで活性酸素ラジカルが発生すると，式1.10に示したような反応機構で活性酸素ラジカルを消去していく．ビタミンCの第一酸化電位は +0.13 V と非常に小さい．

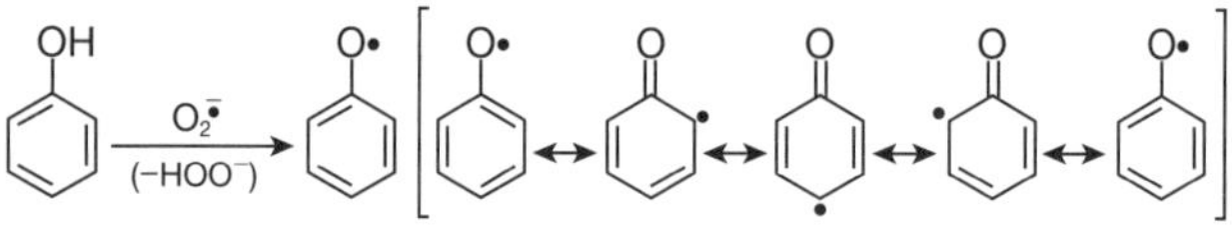

(1.9)

$$\text{L-アスコルビン酸} \xrightarrow[(-\text{HOO}^-)]{\text{O}_2^{\cdot-}} \text{モノデヒドロアスコルビン酸} \xrightarrow[(-\text{HOO}^-)]{\text{O}_2^{\cdot-}} \text{デヒドロアスコルビン酸} \quad (1.10)$$

親油性のビタミンE（トコフェロール）はクロマン環にフェノール性ヒドロキシ基をもち，式 1.11 に示したような機構で，活性酸素ラジカルを消去していく．ここで生成する H_2O_2 は体内のカタラーゼにより水と酸素分子に分解される．

$$\text{ビタミンE} \xrightleftharpoons[\text{L-アスコルビン酸}]{\text{O}_2^{\cdot-}} \quad (1.11)$$

具体的には，ビタミンEは親油性場である細胞膜のリン脂質に含まれるリノール酸やアラキドン酸のような高度不飽和脂肪酸の抗酸化剤として機能している．つまり，ビタミンEは膜脂質の過酸化脂質化を防いでいる．生体内では，活性酸素ラジカルにより酸化されたビタミンEは，ビタミンCにより再生されている．一方，ビタミンCが酸化されたデヒドロアスコルビン酸は体外へ排出される．このため，活性酸素ラジカルに対し，健全な体内を維持するためにはつねにビタミンCを補充する必要がある．

図 1.21 に代表的なフラボノイド，アントシアニン類，カテキン類，およびタンニン（植物性多価フェノール），そして尿酸の構造を示した．これらの構造を見れば，いずれもフェノール性ヒドロキシ基をもっており，体内で抗酸化剤として機能することがわかる．こうしたフェノール誘導体の抗酸化作用を利用したのが，図 1.22 にあげた人工合成した BHT や BHA のようなフェノール誘導体であり，菓子や饅頭などの抗酸化剤として利用されている．

構造的に異色のグルタチオン（GSH，図 1.21）はシステイン由来のトリペプチドでチオール（SH）基が還元能を有し，自らはジスルフィドになる．チオール基とジスルフィド基は生体内での重要な酸化還元反応に関わっている[3]．グルタチオンは大根などに含まれている．図 1.23 に生体内の活性酸素ラジカルであるスーパーオキシドア

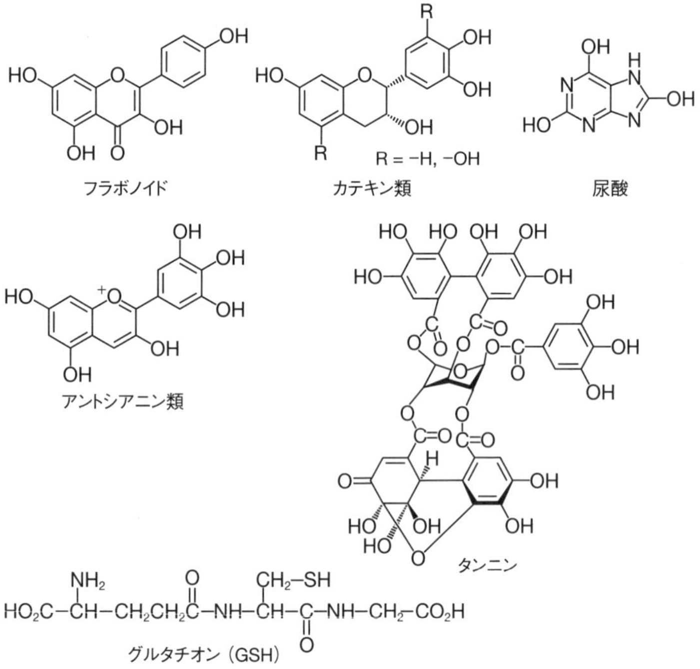

図 1.21　天然の多価フェノール類とグルタチオン

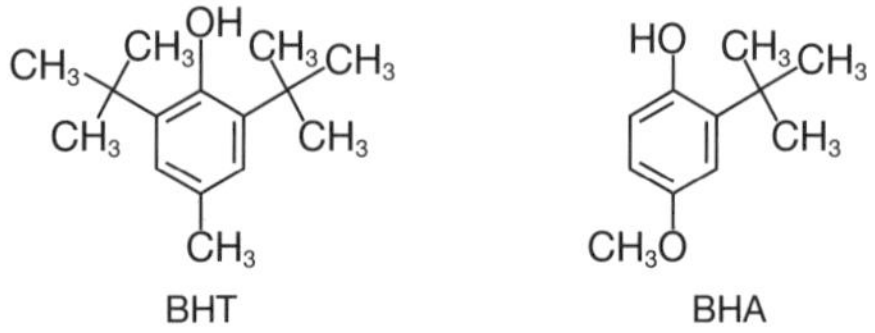

図 1.22　食品に添加されているフェノール誘導体

ニオンラジカル（$O_2^{-\bullet}$）とその消去機構を示した．

　一酸化窒素や二酸化窒素もラジカルである．生体内では微量の一酸化窒素が情報伝達に関与していることが知られているが，基本的に，これらラジカルが必要以外のところで発生すれば，有害な活性酸素ラジカルの仲間として生体に悪影響を与える．

　最近，お茶や赤ワインが健康飲料として注目されているが，お茶にはカテキン類，赤ワインにはアントシアニン類（色素）が含まれている．これらはフェノール性ヒドロキシ基をもっているために，悪玉フリーラジカル（活性酸素ラジカル）の捕捉剤として

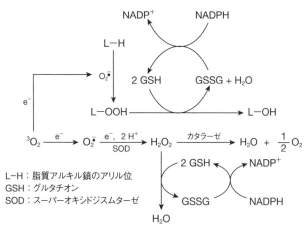

図 1.23 生体内の活性酸素とその消去スキーム

機能し,老化の抑制やがんの抑制に寄与している.

最後に,生体内で,ビタミン C やビタミン E により還元された活性酸素ラジカルは O_2^{2-}(H_2O_2 と等価体)となる.ここで生成した H_2O_2 はカタラーゼ酵素(Fe を含むタンパク質錯体)やグルタチオンペルオキシダーゼ(チオールによる還元)により還元されて失活する.全体のプロセスを図 1.24 に示した.代表的な活性酸素である HO•,HOO•,および O_2^{-} の反応性は,HO• ≫ HOO• > O_2^{-} の順に低下する.

O_2^{-} は SOD(スーパーオキシドジスムターゼ;Cu,Zn 金属を含むタンパク質錯体)によっても無毒化(失活)される.しかしながら,生体内にはもっとも反応性の高いヒドロキシルラジカル(HO•)の消去酵素がないので,発生したら大変である.ちなみに,放射線被曝障害は,体内の 70% 以上を占める水から HO• が発生し,DNA やタンパク質を無差別に破壊してしまった結果である.

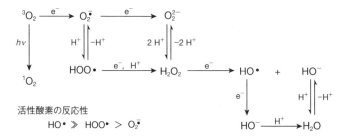

図 1.24 活性酸素の還元プロセス

1.3 安定な合成フリーラジカル

現在,市販されている安定な合成フリーラジカルには図1.25に示したような化学種がある.大半はニトロキシルラジカルであり,通常の条件下では長期間にわたって安定な粉体である.

図1.26の化合物も安定な合成フリーラジカルとして最近報告されている.歴史的にもっとも古くから知られているラジカルはトリフェニルメチルラジカル($Ph_3C \cdot$)であるが,上記のものに比べると不安定である.図1.25および図1.26の化合物を見ると,安定なフリーラジカルといわれる化合物は,酸素や窒素のように電気陰性度の大きいヘテロ原子にスピンが集中し(酸素分子や一酸化窒素のように),しかも,立体効果や共鳴効果による安定化寄与が含まれていることがわかる.実際,不安定なラジカル化合物を手に取れるほどに安定化させるためには,熱力学的に安定化(thermodynamic control)させるか,速度論的に安定化(kinetic control)させるかしかない.その意味で,共鳴効果は熱力学的安定化に,立体効果は速度論的安定化に寄与し,上記化合物を安定化させている.こうした安定ラジカルはESR(電子スピン共鳴)を通したフリーラジカルの研究に重要である.しかし,有機合成化学的観点からは,これら安定なフ

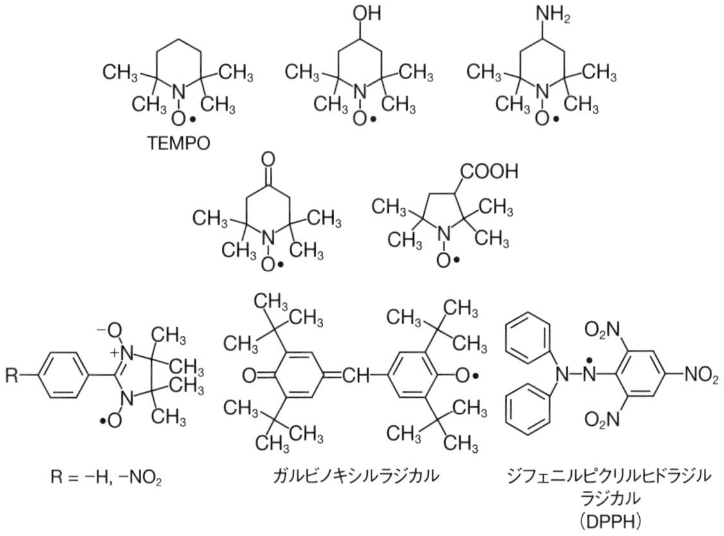

図1.25 市販されている安定フリーラジカル

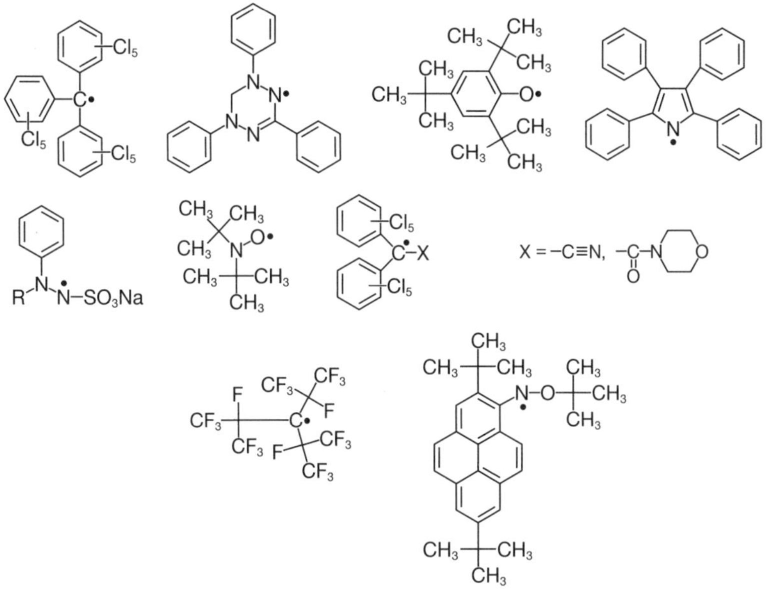

図 1.26　最近報告された安定フリーラジカル

　リーラジカルはあまり魅力ある化合物ではない．安定ラジカルは，その名のごとく，安定しすぎており，種々の基質との反応性はなく，有機合成的価値はない．あえていえば，系内で発生した不安定ラジカル種のラジカル捕捉 (radical scavenger; radical trapping) であろう．しかしながら，本項ではこの安定ラジカルを扱う．それは安定ラジカルと不安定ラジカルは，対照的でありながらも共通するところがあり，これが不安定ラジカルの性質を知るうえでの基本となるからである．

　フリーラジカルの直接観測には，ESR を用いた分光学的手法を採る．ESR はマイクロ波領域の波長を使用しており，一般に，その波長は 3.2 cm 程度である．通常の結合 (電子対) を形成している分子は，その二つの電子が互いに逆向きのスピンで磁気モーメントを打ち消し合うので，閉殻構造になる．一方，フリーラジカルは一方向のスピンからなる不対電子をもった開殻構造で，必ず磁気モーメントをもっている．この磁気モーメントをもつ分子を常磁性分子という．ESR は不対電子の一方の電子スピン方向から他方の電子スピン方向への遷移に伴うエネルギー吸収 (ΔE) を観測している (図 1.27)．この点は，核スピンのスピン変換を観測する核磁気共鳴 (NMR) とまったく同じ原理である．ESR は不対電子をもつ常磁性分子しか観測できない．通常，ESR は，周波数 (ν) を一定にして，外部磁場 (H_0) を変化させる．そこには以下のような関係式

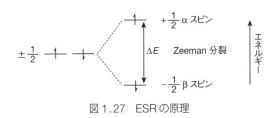

図 1.27　ESR の原理

がある.

$\Delta E = h\nu = g\beta H_0$

h：プランク定数，6.63×10^{-34} J s，

β：電子の磁気モーメント，9.27×10^{-28} J G^{-1}

H_0：外部磁場（gauss：G）

g：そのラジカル種の g 因子

（通常，π ラジカルは 2.00 付近の値をもつが，σ ラジカルや金属では変化する）

ESR 測定から，g 値がわかり，ラジカルの性質が予想される．たとえば，メチルラジカルを ESR 測定すると，不対電子は核磁気モーメントをもつ等価な 3 個の水素原子核とスピンカップリングが生じ 4 本線（強度は 1：3：3：1）のスペクトルが得られ，そのカップリング定数 a は 23 G となる．この a は電子スピン密度 φ と $a = Q\varphi$（McConell の式）の関係があり（Q は比例定数），有機フリーラジカルの炭素上のスピン密度を求めるのに役に立つ．これらの詳細は ESR の専門書を参照されたい[4]．

以下に，炭素，酸素，窒素の安定ラジカル種について，ESR 測定から得られたカップリング定数 a および g 値について簡単に見てみよう．最初に炭素の安定ラジカルとして，最近報告された興味深い R–C$_{60}$• をあげる．かつて，Gomberg は Ph$_3$C• の安定な二量体をヘキサフェニルエタンと推測したが，後年に訂正された．しかし，R–C$_{60}$• の二量体は，まさにヘキサフェニルエタンの二量体に対応するものであり，head-to-head で結合している．式 1.12 からわかるように，R 基が大きくなるほど，その立体障害により R–C$_{60}$• が生成しやすくなってくる．R 基がペルフルオロアルキルでも同様である[5]．なお，ESR の g 値，2.00…は，このラジカル種の π ラジカル性を示唆している．

1.3 安定な合成フリーラジカル

$$C_{60} \xrightarrow[RI, (Bu_3Sn)_2]{h\nu} R-C_{60}^{\bullet} \rightleftharpoons \frac{1}{2} R-C_{60}-C_{60}-R \quad (1.12)$$
50〜60%

R	g 値
$(CH_3)_2CH$	2.00223
CCl_3	2.00341
CBr_3	2.00910
C_3F_7	2.00289

式 1.13 に示した α-エステルラジカルは電子的効果だけなので，ラジカルの安定性は低下し，室温で不安定であるが，−30℃くらいで発生させると ESR 測定が可能となる[6]．

$$CH_3-\underset{\underset{CH_3}{|}}{\overset{\overset{CH_3}{|}}{C}}-\underset{\underset{H}{|}}{\overset{\overset{R^1}{|}}{C}}-\underset{\underset{CO_2R^3}{|}}{\overset{\overset{R^2}{|}}{C}}-Br \xrightarrow{(Bu_3Sn)_2,\ h\nu} CH_3-\underset{\underset{CH_3}{|}}{\overset{\overset{CH_3}{|}}{C}}-\underset{\underset{H}{|}}{\overset{\overset{R^1}{|}}{\underset{\beta}{C}}}-\underset{\underset{CO_2R^3}{|}}{\overset{\overset{R^2}{|}}{\underset{\alpha}{C^{\bullet}}}} \quad (1.13)$$

$\theta \simeq 20°$ が最安定

R^1	R^2	R^3	a (G)				g 値
			H_α	H_β	$H_{\beta'}$	H_δ	
$CO_2C_2H_5$	H	C_2H_5	20.4	7.6	–	1.54	2.0035
CH_3	CH_3	CH_3	–	4.8	21.9	–	2.0034

今日，安定ラジカルは数多く合成されているが，冒頭に紹介したように，その大半はニトロキシルラジカル（$R_2N-O\bullet$）である．これは，自然界に酸素分子や一酸化窒素が安定なフリーラジカルとして大量に存在することの反映でもある．ニトロキシルラジカルの生成法として，かつてはアミンやヒドロキシルアミン誘導体の PbO_2 による酸化法を用いたが，現在は，式 1.14 および式 1.15 に示したように，Oxone（$2\ KHSO_5 \cdot KHSO_4 \cdot K_2SO_4$），$Cu(OAc)_2$，あるいは mCPBA などの酸化剤を用いた，より安全な方法が利用されている[7]．第三級アルキル鎖のニトロ化合物に Grignard 試薬を作用させてもニトロキシルラジカルを生じる（式 1.16）．

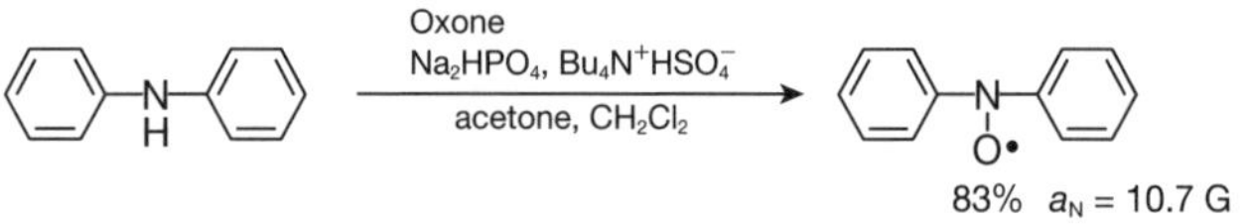

26   1 フリーラジカルとは

$$\text{(1.14)}$$

ジフェニルアミン + Oxone, Na$_2$HPO$_4$, Bu$_4$N$^+$HSO$_4^-$, acetone, CH$_2$Cl$_2$ → ジフェニルニトロキシド 83% a_N = 10.7 G

$$\text{(1.15)}$$

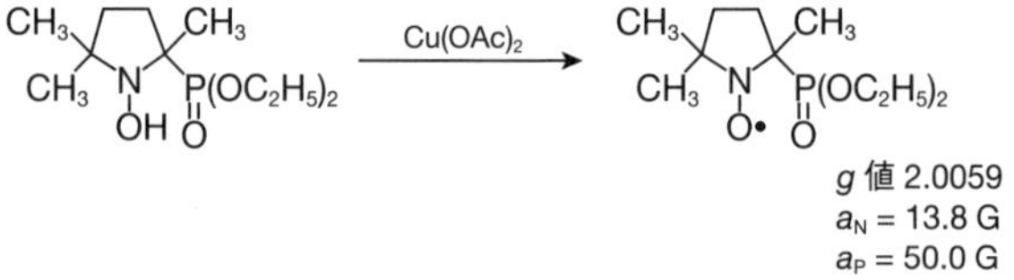

Cu(OAc)$_2$

g 値 2.0059
a_N = 13.8 G
a_P = 50.0 G

$$\text{(1.16)}$$

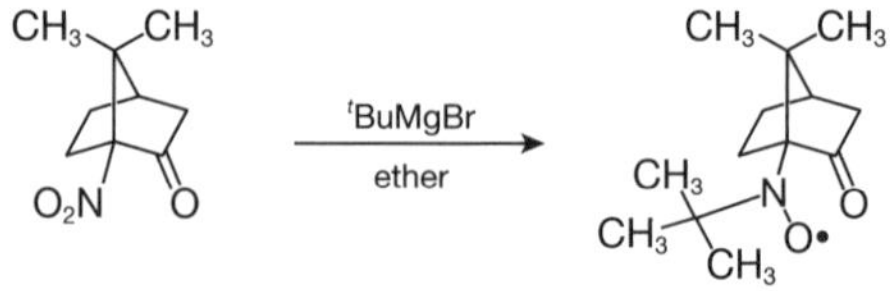

^{t}BuMgBr, ether

さらに，ニトロ化合物をラジカル種と反応させることにより，安定なニトロキシルラジカル誘導体を生成する．たとえば，ニトロ t-ブタンに Bu$_3$SnH や [(CH$_3$)$_3$Si]$_3$SiH を反応させると，式 1.17 に示したように t-ブチルニトロキシルラジカルを生じる．これはニトロ基への Bu$_3$Sn• や [(CH$_3$)$_3$Si]$_3$Si• の付加体である[8]．ここで得られた g 値は，これらのラジカルが π ラジカルであることを示唆している．

$$CH_3{-}C(CH_3)_2{-}NO_2 + R_3M\bullet \longrightarrow CH_3{-}C(CH_3)_2{-}N(O\bullet)(OMR_3) \quad (1.17)$$

R$_3$M•	a_N (G)	g 値
Bu$_3$Sn•	27.9 (三重線)	2.0050
[(CH$_3$)$_3$Si]$_3$Si•	29.0 (三重線)	2.0053

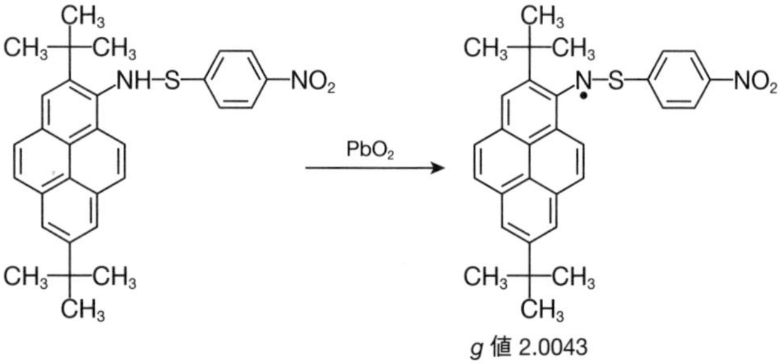

$$\text{(1.18)}$$

PbO$_2$

g 値 2.0043

窒素ラジカルは一般に反応性は高いが，式 1.18 に示したような多縮環系芳香族ス

ルフェンアミジルラジカルは長期間保存可能な安定ラジカルとなる[9]．

1.4 フリーラジカルの物理化学的特性

1.4.1 軌道間の相互作用

ラジカルは不対電子をもち，一つの軌道に一つの電子が入っている．当然，この電子はすべての被占軌道にある電子より，エネルギーの高い軌道に入っている．通常，SOMO（singly occupied molecular orbital）といわれる軌道である．この軌道は，反応する相手分子のHOMOあるいはLUMOと軌道間相互作用をして，反応していく．このSOMOが（つまり，ラジカルが），相手分子のHOMOとLUMOのどちらと強く相互作用するかで，このSOMOが求電子的ラジカル種か，あるいは求核的ラジカル種かがわかる．どちらの軌道と強く相互作用するかは，SOMOとHOMOの軌道間エネルギー差と，SOMOとLUMOの軌道間エネルギー差のいずれが小さいかで決まり，軌道間エネルギー差のより小さいほうと強く相互作用して反応は進行していく．これはフロンティア軌道理論に基づく考え方であり，明快に実験事実が説明できる．図1.28に，炭素ラジカル[$(CH_3)_3C\cdot$ および $\cdot CH(CO_2C_2H_5)_2$]がアルケンに付加するときの軌道間相互作用を示す．

左側の図で，電子密度の高い$(CH_3)_3C\cdot$ はSOMOのエネルギーも高く，求核的性質をもつ．このようなラジカルは，フェニルビニルスルホンやアクリル酸エチルのよう

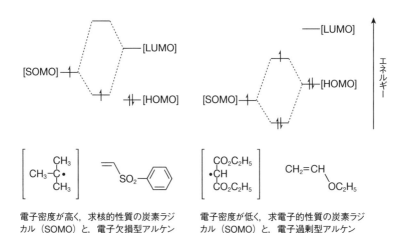

図1.28 炭素ラジカルのアルケンへの付加反応における軌道間相互作用

なπ電子欠損型アルケンと反応させることにより，SOMOとLUMOの軌道間相互作用が有利に生じて，付加反応が円滑に進行する．一方，右側の図の・CH($CO_2C_2H_5$)$_2$は共鳴安定化によりエネルギーも低く，電子求引基を有するために求電子的性質をもつ．このようなラジカルは，エチルビニルエーテルのようなπ電子過剰型アルケンと反応させることにより，SOMOとHOMOの軌道間相互作用が有利に生じて，付加反応が円滑に進行する．一般に，SOMOのエネルギー準位が高くなると求核的性質をもち，SOMOのエネルギー準位が下がると求電子的性質をもつ．ラジカル付加反応を円滑に進めるためには，これらのことを念頭に試剤を組み合わせる必要がある．このことは，ラジカル付加反応ばかりでなく，通常のラジカル置換反応（S_H2）でも同じように考えることができる．図1.29に求核的なシクロヘキシルラジカル（c-C_6H_{11}・）と電子密度の異なったアルケン誘導体との相対反応性を，および求電子的なマロニルラジカル［・CH($CO_2C_2H_5$)$_2$］と電子密度の異なったスチレン誘導体との相対反応性を示した．これらの結果からも，図1.28の傾向が理解できる．

1.4.2 Baldwin則

ラジカル反応の代表的反応として環化反応があり，ラジカル反応の間接的証明として利用されたり，環状化合物構築の機動的手法としても用いられている．この環化反応における経験則がBaldwin則である[10]．これは，SOMOと環化部位の軌道論的立

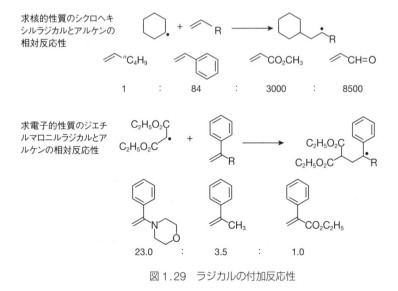

図1.29 ラジカルの付加反応性

体条件（立体電子的条件）により，*exo* で環化するか，*endo* で環化するかが決まってくる．さらには，環化部位の混成状態（sp³ 混成，sp² 混成，sp 混成），つまり結合角により，その傾向が決まってくるという経験則である．一連の環化のモードを図 1.30 に示した．

つまり，内側で環化すれば "*exo*" となり，外側で環化すれば "*endo*" となる．さらに，環化部位の混成状態から，sp³ 混成炭素上で環化すれば "*tet*"（tetrahedral：109.5°）となり，sp² 混成炭素上で環化すれば "*trig*"（trigonal：120°）となり，sp 混成炭素上で環化すれば "*dig*"（digonal：180°）となる．ラジカル環化反応は，そのほとんどが炭素-炭素二重結合あるいは三重結合への反応である．たとえば，5-hexen-1-yl ラジカルの環化は，上記により分類すると，*exo-trig* と *endo-trig* の 2 通りがある．*exo-trig* 環化から生成するのは五員環なので 5-*exo-trig* 環化という．他方，*endo-trig* 環化から生成するのは六員環なので 6-*endo-trig* 環化という．実際には，この環化反応は 5-*exo-trig* 環化体が優先して生じる．これが Baldwin 則である．5-*exo-trig* 環化からは第一級炭素であるシクロペンチルメチルラジカル，6-*endo-trig* 環化からは第二級炭素であるシクロヘキシルラジカルを生じるが，前者が優先することは，この環化反応が速度論的支配（活性化エネルギーの大小で決まる反応）であることを意味している．ラジカルは非常に不安定な化学種なので，寿命は極端に短く，一般に速度論的支配で反応してい

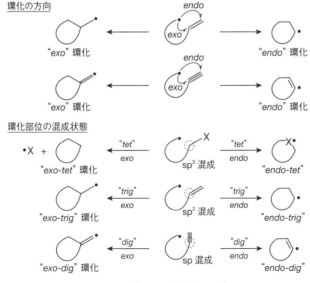

図 1.30　環化モード

く．SOMOと炭素-炭素多重結合部位の軌道間相互作用を，SOMOの進入角度(α)ごとに量子化学的に計算し，その最適進入角度を図1.31に示した．つまり，sp^2混成炭素上には垂直面から$\alpha = 109°$でラジカルが攻撃(付加)してくるのが好ましく，sp混成炭素上には垂直面から$\alpha = 120°$でラジカルが攻撃(付加)してくるのが好ましい．

図1.32に示したように，5-hexen-1-ylラジカルや3-buten-1-ylラジカルから対応する5-*exo-trig*や3-*exo-trig*環化体が主生成物として得られてくるのは，これらの*exo-trig*環化の遷移状態が$\alpha = 109°$に近い進入角度をとれるからである．図1.33に5-hexen-1-ylラジカルにおける5-*exo-trig*環化反応と6-*endo-trig*環化反応の各遷移状態図を示した．5-*exo-trig*環化の遷移状態は$\alpha = 109°$の進入角度をとるが，

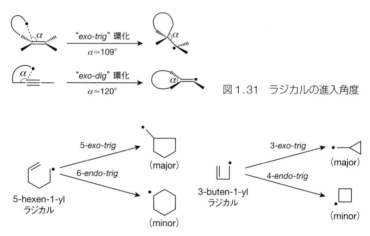

図1.31 ラジカルの進入角度

図1.32 5-hexen-1-ylラジカルと3-buten-1-ylラジカルの環化反応

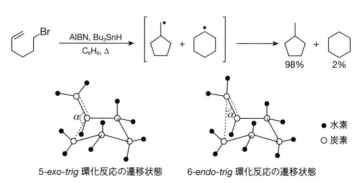

図1.33 5-hexen-1-ylラジカルの環化における遷移状態

6-*endo-trig* 環化の遷移状態では α が 109°より小さい角度を取らざるをえないことがわかる．実際，5-hexenyl-1-bromide に Bu_3SnH を用いた通常条件下での還元的環化反応を行うと，メチルシクロペンタンとシクロヘキサンの生成比は 98：2 となる．

ただし，Baldwin 則は炭素鎖からなり，側鎖置換基のないラジカル種の場合に適用されるものであり，側鎖置換基を有するものや，炭素鎖にヘテロ原子をもつ場合は，5-*exo-trig* より 6-*endo-trig* が優先する場合もある．この原因は，側鎖置換基やヘテロ原子の導入により，立体障害や結合長の変化が加わり，環化反応における最適立体配座が変化し，exo 環化における遷移状態と endo 環化における遷移状態の各軌道間相互作用のしやすさが変化することにある．しかしながら，この場合でも，sp^2 混成炭素上への進入角度は $\alpha=109°$ に近い角度で起こることに変わりはない．

1.4.3 各種反応速度定数

a．環化反応

表 1.1 に種々の sp^3 炭素ラジカルの環化反応速度定数を示してある[11]．表からわかるように 5-hexen-1-yl ラジカルの 5-*exo-trig* 環化反応部位に CH_3 基が置換された 5-methyl-5-hexen-1-yl ラジカルは 6-*endo-trig* 環化が有利になる．また，その環化反応部位が CO_2CH_3 基で置換されても，6-*endo-trig* が優先した主生成物となる．前者は，この CH_3 基の導入により立体障害が生じ，Baldwin 則に従った 5-*exo-trig* 環化反応における遷移状態のエネルギーが増加するため，結果的に 6-*endo-trig* が有利となる．後者は，6-*endo-trig* の遷移状態における分子内 SOMO-LUMO 軌道間相互作用が，エステル基の電子求引効果により有利になったためである．表 1.1 を見ると，Baldwin 則の一般性および例外がはっきり理解できる．また，ペルフルオロアルケニル鎖のように高い求電子性 sp^3 炭素ラジカルの場合は，環化反応速度定数が大きく向上する．

また，同じ 5-*exo-trig* 環化でも，表 1.2 に示したように sp^2 炭素ラジカルであるフェニルラジカルでは，sp^3 炭素ラジカルに比べて反応性が大きく増加するため，環化反応速度定数も著しく大きくなる．これは sp^2 炭素ラジカルの環化により生成した $(sp^2)C-C(sp^3)$ 結合の生成熱 (ΔH) が，sp^3 炭素ラジカル環化により生成した $(sp^3)C-C(sp^3)$ 結合の生成熱より大きいことの反映でもある[12]．

環化主鎖に酸素や窒素のようなヘテロ原子を導入すると，exo 環化の割合が増加する傾向にあるが，ヘテロ原子の位置もその割合に影響を与える（表 1.3 および表 1.4）．

図 1.34 に示したように，炭素ラジカルと，酸素ラジカルおよび窒素ラジカルの環化反応を比較すると，求電子的な酸素ラジカルの環化反応は非常に速い．さらに窒素

表 1.1　sp^3 炭素ラジカルの環化反応速度定数（25 ℃）

基質	k_{exo} [s^{-1}]	k_{endo} [s^{-1}]
ヘキセニル	2.3×10^5	4.1×10^3
ヘプテニル	5.4×10^3	7.5×10^2
オクテニル	< 0.7	1.2×10^2
2-メチル置換	5.3×10^3	9.0×10^3
t-Bu末端	3.5×10^5	6.0×10^3
gem-ジメチル	3.6×10^6	1×10^5
gem-ジメチル	5.1×10^6	1×10^5
gem-ジメチル	3.2×10^6	1×10^5
エーテル	8.5×10^6	1×10^5
エーテル	5×10^4	–
シリル	8.7×10^2	1.8×10^3
ビニルシリル	7.4×10^4	5.0×10^3
アルキニル	2.8×10^4	6×10^2
CH_3O_2C 置換	2.9×10^5	2.2×10^6
Ph, Ph 置換	5×10^7	–
オキシ	4×10^8	8×10^6 (30 ℃)
CF_2 エーテル	3.8×10^7	–
ペルフルオロ	4.4×10^7	5.2×10^6
ペルフルオロ	2.0×10^7	–

1.4 フリーラジカルの物理化学的特性

表1.2 sp² 炭素ラジカルの環化反応速度定数 (25℃)

	k_{exo} [s⁻¹]	k_{endo} [s⁻¹]
(allyl-phenyl radical)	3.1×10^8	6×10^6
(allyloxy-phenyl radical)	5.3×10^9	5×10^7
(methallyloxy-phenyl radical)	1.7×10^9	3.6×10^7

表1.3 環化反応における3位原子団Xの効果

X	exo : endo
CH₂	40 : 60
O	98 : 2
NTs	100 : 0

表1.4 環化反応における2位原子団Xの効果

X	exo : endo
CH₂	99 : 1 (70℃)
O	100 : 0 (80℃)
S	84 : 16 (80℃)
SO₂	76 : 24 (80℃)
Si(CH₃)₂	33 : 67 (80℃)

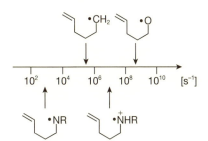

図1.34 炭素ラジカル,窒素ラジカル,および酸素ラジカルの 5-exo-trig 環化反応速度定数

ラジカルでも，プラスの電荷をもったアミニウムラジカルは求電子性が高いため，中性のアミニルラジカルより環化反応は速い．

天然物のなかには中大環状のラクトンやケトンが数多く存在する．このような中大環状化合物も，ラジカル環化反応により合成することができる．反応速度定数は 10^4〜10^5 s^{-1} 程度で進行し，一般に endo 環化で進行する．これは，中大環状における遷移状態では，exo 環化と endo 環化の遷移状態における環のひずみエネルギーがほとんど同じであるため，より安定な第二級炭素ラジカルを生じる endo 環化が優先するためである．また，環内に酸素原子があると環化速度は 10〜30 倍も大きくなる（表 1.5）[13]．

通常，カルボニル基のような炭素-ヘテロ原子多重結合へのラジカル環化反応はうまく進行せず，最近までほとんど研究されてこなかった．しかし，最近になり炭素-酸素および炭素-窒素二重結合へのラジカル環化反応が調べられはじめた．その結果，反応速度定数は炭素-炭素二重結合への環化と同程度であることがわかってきた．しかしながら，両者の逆反応には大きな相違がある．つまり，表 1.6 に示したように，ホルミル基への環化から生じたシクロアルコキシルラジカルの開環反応速度（逆反応：β 開裂反応）が非常に速いことである．したがって，炭素-酸素あるいは炭素-窒素多重結合への環化反応を有利にするためには，シクロアルコキシルラジカル（酸素ラジカル）あるいはシクロアルキルアミニルラジカル（窒素ラジカル）が生成するやいなや，その β 位がゲルミルラジカル（$Ph_3Ge\bullet$）やシリルラジカル（$^tBuMe_2Si\bullet$）として抜けやすくし（ラジカル β 脱離反応），安定な環状ケトンを生じるなど，基質デザインの工夫が必要となる[14]．

b．開環反応

炭素-炭素多重結合への分子内環化反応から生じた五員環や六員環は熱力学的に安定

表 1.5 中大員環状化合物形成反応速度定数

員数	k_c [s^{-1}]
12	1.5×10^5
15	1.3×10^5
18	5.1×10^4
21	1×10^4
24	3×10^4

員数	k_c [s^{-1}]
11	2.8×10^3
12	4.8×10^3
15	1.2×10^4
16	1.5×10^4
20	2.1×10^4

1.4 フリーラジカルの物理化学的特性

表 1.6 カルボニル基およびイミノ基への環化反応速度定数 (80 ℃)

反応物	反応	生成物	速度定数
ペンタナール型ラジカル	k_1 / k_{-1}	シクロペンチルオキシラジカル	$k_1 = 8.7 \times 10^5 \text{ s}^{-1}$ $k_{-1} = 4.7 \times 10^8 \text{ s}^{-1}$
ヘキサナール型ラジカル	k_1 / k_{-1}	シクロヘキシルオキシラジカル	$k_1 = 1.0 \times 10^6 \text{ s}^{-1}$ $k_{-1} = 1.1 \times 10^7 \text{ s}^{-1}$
アシルゲルマン型	$k_{5\text{-}exo}$ / $k_{6\text{-}exo}$	環状 GePh$_3$	$n = 1$ $k_{5\text{-}exo} = 6.4 \times 10^6 \text{ s}^{-1}$ $n = 2$ $k_{6\text{-}exo} = 1.3 \times 10^6 \text{ s}^{-1}$
アシルシラン型 SiMe$_2$Bu^t	$k_{5\text{-}exo}$	環状 SiMe$_2$^{t}Bu	$k_{5\text{-}exo} = 5.0 \times 10^6 \text{ s}^{-1}$
N–OBn イミン型	$k_{5\text{-}exo}$	N–OBn 環状	$k_{5\text{-}exo} = 4.2 \times 10^7 \text{ s}^{-1}$
N–Bn イミン型	$k_{5\text{-}exo}$	N–Bn 環状	$k_{5\text{-}exo} = 6 \times 10^6 \text{ s}^{-1}$
R^1–N–NMe$_2$ イミン型	$k_{5\text{-}exo}$	R^1 置換 N–NMe$_2$ 環状	$k_{5\text{-}exo} = 3.5 \times 10^7 \text{ s}^{-1}$ (cis) $k_{5\text{-}exo} = 1.8 \times 10^7 \text{ s}^{-1}$ (trans)

R^1 = CH$_2$CH=NNPh$_2$

なので, 逆の開環反応は起こりにくい. しかし, 三員環や四員環化合物の場合は, そのひずみ解消のために開環反応 (ラジカル β 脱離反応) は起こりやすくなる. 表 1.7 にシクロプロピルメチルラジカル関連の開環反応の速度定数を示してあるが, いずれにおいても 10^8 s^{-1} 以上で開環反応が起こる. これは, いわゆる拡散速度に匹敵する速さである[15]. さらに, エステル基やフェニル基, あるいはフッ素原子などが導入されて生じたラジカルが安定化されると, 開環反応の速度定数はさらに増加する.

表 1.8 に示したように, 無置換のシクロブチルメチルラジカルの開環反応速度定数は 10^3 s^{-1} 程度であり, さほど大きくないが, フェニル基が開環部位に置換されるとベンジルラジカル種を生じるので, 開環反応速度定数は 10^6 s^{-1} 程度に増加する[16]. 表 1.8 では, 参考にシクロブチルメチルアニオンのイオン反応による β 開裂反応速度定数と比較してある. つまり, シクロブチルメチルリチウムのようなアニオンの開環反応速度は著しく遅く, 対応する Grignard 試薬では開環反応が室温で起こらず, 90 ℃

表1.7 ひずみのあるシクロプロピルメチルラジカルの開環反応速度定数

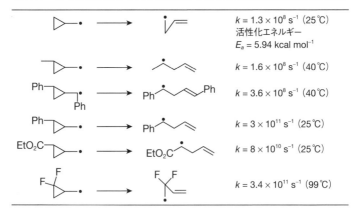

表1.8 ひずみのあるシクロブチルメチルラジカルとシクロブチルメチルアニオンの開環反応速度定数

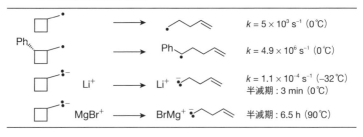

加熱で,ゆっくり開環する程度である.このことからもラジカル開環反応の高い反応性が理解できる.

c. 還元反応

合成化学上,頻繁に利用されるアルキルラジカル($R\cdot$)のBu_3SnHによる還元反応速度定数は,表1.9に示したように10^6 s^{-1}以上で進行する.さらに反応性の高いフェニルラジカルやビニルラジカルに至っては10^8 s^{-1}オーダー以上にもなる[17].

チオールやセレノールも優れた水素原子供給剤で,$10^{7\sim9}$ s^{-1}程度の反応速度定数で還元反応が進行する.また,表1.10に示したように,ペルフルオロアルキルラジカル($R_f\cdot$)になると,Bu_3SnH,$[(CH_3)_3Si]_3SiH$およびEt_3SiHからの水素原子引抜き反応速度定数は,$R\cdot$に比べて$10^2\sim10^3$倍も増大する[18].これは結合解離エネルギー由来の生成熱(ΔH)の反映でもある.最近の興味ある研究として,$R\cdot$による水素原子引抜き反応が,水の添加により数倍加速されるという報告がある[19].

1.4 フリーラジカルの物理化学的特性

表 1.9 炭素ラジカルによる Bu_3SnH からの水素原子引抜き反応速度定数

$$R\bullet + Bu_3SnH \xrightarrow[27\,℃]{k} RH + Bu_3Sn\bullet$$

sp³ 炭素ラジカル		sp² 炭素ラジカル	
R•	$k\,[M^{-1}\,s^{-1}]$	R•	$k\,[M^{-1}\,s^{-1}]$
$\overset{\bullet}{C}H_3$	1×10^7	$H_5C_6\bullet$ (Ph•)	5.9×10^8
$CH_3\overset{\bullet}{C}H_2$	2.3×10^6	$(CH_3)_2C=\overset{\bullet}{C}H$	3.5×10^8
$CH_3CH_2CH_2\overset{\bullet}{C}H_2$	2.4×10^6		
$(CH_3)_2\overset{\bullet}{C}H$	2.1×10^6		
$(CH_3)_3C\bullet$	1.8×10^6		
▷•	8.5×10^7		

表 1.10 $^nC_7F_{15}\bullet$ と $^nC_7H_{15}\bullet$ の水素供与体からの水素原子引抜き反応速度定数 (30 ℃)

	Bu_3SnH	$[(CH_3)_3Si]_3H$	Et_3SiH	$PhSH$
$^nC_7F_{15}\bullet$	2×10^8	5.1×10^7	7.5×10^5	2.8×10^5
$^nC_7H_{15}\bullet$	2.7×10^6	4.6×10^5	8.5×10^2	1.5×10^8

　ビタミンEやビタミンCも，生体内の水素原子供与体である．R•や生体の老化に関連する活性酸素ラジカルの仲間であるアルコキシルラジカル（RO•）のビタミンEとの反応速度定数は，それぞれ $1.7 \times 10^6\,M^{-1}\,s^{-1}$ および $3.8 \times 10^9\,M^{-1}\,s^{-1}$ と，非常に速い[20]．$(CH_3)_3CO\bullet$ による炭化水素類，シラン，およびスタナンからの水素引抜き反応速度定数を表 1.11 に示した．また，$(CH_3)_3CO\bullet$ による炭化水素[sp²(C)-H, sp³(1°-C)-H, sp³(2°-C)-H, sp³(3°-C)-H]からの水素引抜き反応の相対反応速度比を表 1.12 に示した．それらの結合エネルギーに反映し，この順で水素引抜きの反応速度定数は増加する．また，ベンジル位の sp³(1°-C, 2°-C, 3°-C)-Hの水素原子は，生じるベンジルラジカル種の安定性が反映し，より引き抜かれやすい．

　合成化学で頻繁に用いられる Bu_3SnH 由来の $Bu_3Sn\bullet$ と種々のハライドやカルコゲニドの反応速度定数を表 1.13 に示した．これらも見ると，ヨウ化物，臭化物，セレノ化合物では 10^5 以上の k を有するために，これらの系は合成化学的に十分使用できることを示唆している[21]．

　$Bu_3Sn\bullet$ と種々のハライドやカルコゲニドの反応速度定数を大雑把に分類すると，以下のようになる．

表 1.11 $(CH_3)_3CO\cdot$ の水素原子供与体からの水素原子引抜き反応速度定数

$$(CH_3)_3C-O\cdot + R-H \xrightarrow{k} (CH_3)_3C-OH + R\cdot$$

R–H	k [M^{-1} s^{-1}]	T [℃]
シクロペンテニル-H	8.6×10^5	27
シクロヘキセニル-H	5.8×10^6	27
シクロヘキサジエニル-H	6.8×10^7	50
テトラヒドロフリル-H	8.3×10^6	27
Et$_3$SiH	5.7×10^6	22
Bu$_3$SnH	5.0×10^8	30
Cl$_3$CH	4.6×10^5	27

表 1.12 $(CH_3)_3CO\cdot$ による水素原子引抜きの相対反応速度比 (135 ℃, R = –CH$_3$)

Ph–H	0.03		PhCH$_2$–H	12
RCH$_2$–H	1.0		PhCHR–H	32
R$_2$CH–H	7.0		PhCR$_2$–H	51
R$_3$C–H	28			

ラジカルの相対安定性

$$Ph\overset{\cdot}{C}R_2 > Ph\overset{\cdot}{C}HR > R_3C\cdot > Ph\overset{\cdot}{C}H_2 > R_2\overset{\cdot}{C}H > R\overset{\cdot}{C}H_2 > \overset{\cdot}{C}H_3 \gg Ph\cdot$$

表 1.13 Bu$_3$Sn· とヘテロ原子化合物の反応速度定数

R–X	k [M^{-1} s^{-1}]		R–X	k [M^{-1} s^{-1}]	
^{n}BuOCH$_2$–SPh	1×10^3	⎫	^{n}C$_{10}$H$_{21}$–Cl	7×10^3	⎫
^{n}BuOCH$_2$–SePh	3×10^7	⎪	^{n}C$_8$H$_{17}$–Br	3×10^7	⎬ 25 ℃
EtO$_2$CCH$_2$–SPh	2×10^5	⎬ 25 ℃	C$_6$H$_5$CH$_2$–Cl	2×10^6	⎭
EtO$_2$CCH$_2$–SePh	1×10^8	⎪	C$_6$F$_5$–Br	1×10^8	⎫
EtO$_2$CCH$_2$–Cl	1×10^6	⎪	CH$_3$OC$_6$H$_4$–Br	1×10^6	⎬ 80 ℃
^{n}BuOCH$_2$–Cl	1×10^5	⎭	CH$_3$OC$_6$H$_4$–I	8.8×10^6	⎪
			tBu-シクロヘキセニル–Br	3.4×10^6	⎭

表 1.14　Et$_3$Si• とハロゲン化合物の反応速度定数（27 ℃）

R–X	k [M^{-1} s^{-1}]	R–X	k [M^{-1} s^{-1}]
(CH$_3$)$_2$CH–I	1.4×10^{10}	CCl$_3$–Cl	4.6×10^9
CH$_3$CH$_2$–I	4.3×10^9	CH$_2$=CHCH$_2$–Cl	2.4×10^7
CH$_3$–I	8.1×10^9	C$_6$H$_5$CH$_2$–Cl	2.0×10^7
C$_6$H$_5$–I	1.5×10^9	(CH$_3$)$_3$C–Cl	2.5×10^6
CH$_2$=CHCH$_2$–Br	1.5×10^9	CH$_3$(CH$_2$)$_4$–Cl	3.1×10^5
C$_6$H$_5$CH$_2$–Br	2.4×10^9	C$_6$H$_5$–Cl	6.9×10^5
(CH$_3$)$_3$C–Br	1.1×10^9		
CH$_3$(CH$_2$)$_4$–Br	5.4×10^8		
C$_6$H$_5$–Br	1.1×10^8		

約 10^9 M^{-1} s^{-1}：ヨウ化アルキル（R-I）

約 10^8〜10^7 M^{-1} s^{-1}：臭化アルキル（R-Br），ヨウ化アリール（Ar-I）

約 10^6〜10^5 M^{-1} s^{-1}：アルキルフェニルセレニド（R-SeAr），
　　　　　　　　　　　　臭化アリール（Ar-Br），臭化ビニル，
　　　　　　　　　　　　α-クロロエステル（Cl-CH$_2$CO$_2$R），
　　　　　　　　　　　　α-チオフェニルエステル（PhS-CH$_2$CO$_2$R）

約 10^4〜10^2 M^{-1} s^{-1}：α-クロロおよび α-チオフェニルエーテル（Cl-CH$_2$OR，
　　　　　　　　　　　　PhS-CH$_2$OR），塩化アルキル（R-Cl），
　　　　　　　　　　　　アルキルフェニルスルフィド（R-SAr）

一方，表 1.14 に示したように，シリルラジカル（Et$_3$Si•）のハライドやカルコゲニドへの反応性はより高く，より大きい反応速度定数を有する．ただし，Et$_3$Si• の場合，官能基選択性は低く，しかも生成した炭素ラジカルの Et$_3$SiH による還元反応が遅いため，連鎖反応が短く，還元反応そのものが円滑に進行しない[22]．

[(CH$_3$)$_3$Si]$_3$Si• は同じケイ素ラジカルでも反応性は穏やかとなり，Bu$_3$Sn• に似てくる．これは，[(CH$_3$)$_3$Si]$_3$SiH の Si-H と Bu$_3$SnH の Sn-H の各結合解離エネルギーが 79 kcal mol^{-1} と 74 kcal mol^{-1} で互いに近い値を有することから，反応性も似てきた結果である．[(CH$_3$)$_3$Si]$_3$Si• とイソニトリル，キサンテートエステル，カルコゲニド，およびハライドの反応速度定数を表 1.15 に示した．

以上のことから，今日，Bu$_3$SnH，[(CH$_3$)$_3$Si]$_3$SiH，および関連の (Ph$_2$SiH)$_2$ がラジカル反応試剤としてよく用いられている[22]．

d．付加反応

炭素ラジカルのアルケンへの付加反応は，炭素–炭素結合形成反応として合成化学的に重要である．代表的な求核的ラジカルである (CH$_3$)$_3$C• は，アクリロニトリルのような π

表 1.15 [(CH$_3$)$_3$Si]$_3$Si• とおもなヘテロ原子化合物の反応速度定数（27 ℃）

	k [M^{-1} s^{-1}]		k [M^{-1} s^{-1}]
C$_6$H$_{11}$–$\overset{+}{N}$≡$\overset{-}{C}$:	4.7×10^7	(CH$_3$)$_3$C–Br	1.2×10^8
		CH$_3$CH$_2$CH(CH$_3$)–Br	4.6×10^7
C$_6$H$_{11}$–O–C(=S)–SCH$_3$	1.1×10^9	CH$_3$CH$_2$CH$_2$CH$_2$–Br	2.0×10^7
(CH$_3$)$_3$C–NO$_2$	1.2×10^7		
^{n}C$_{10}$H$_{21}$–SePh	9.6×10^7		
^{n}C$_{10}$H$_{21}$–SPh	5×10^6		

表 1.16 アミニウムラジカルのアルケンへの付加反応速度定数（25 ℃）

	CH$_2$=C(OCH$_3$)CH$_3$	シクロヘキセン	CH$_2$=C(CN)CH$_3$
(C$_2$H$_5$)$_2$•NH$^+$	1.6×10^8	$< 1 \times 10^6$	–
C$_5$H$_{10}$•NH$^+$ (ピペリジニウム)	3.8×10^8	1.2×10^7	$< 1 \times 10^6$

電子欠損型アルケンと SOMO–LUMO 軌道間相互作用が生じやすく，2.4×10^6 M^{-1} s^{-1}（27 ℃）という大きな付加反応速度定数を示し，2-メチルプロペンのように π 電子過剰型アルケンとは，7.4×10^2 M^{-1} s^{-1}（21 ℃）という非常に小さな付加反応速度定数を示す．一方，求電子的ラジカルであるジエチルマロニルラジカル [•CH(CO$_2$R)$_2$] のアルケン類に対する反応性は，まったく逆の傾向を示す[23]．同様に，求核的ラジカルである C$_2$H$_5$• のシクロヘキセンへの付加反応速度定数は 2×10^2 M^{-1} s^{-1} であるが，求電子的ラジカルである ^{n}C$_3$F$_7$• のシクロヘキセンへの付加反応速度定数は 6.2×10^6 M^{-1} s^{-1} と大きくなる．

アシルラジカルも求核的ラジカルであり，たとえば，ピバロイルラジカル [(CH$_3$)$_3$C–C(=O)•] とアクリロニトリルの反応速度定数は 4.8×10^5 M^{-1} s^{-1}（25 ℃）と大きく，付加反応が円滑に進行する[24]．

アミニウムラジカル (R$_3$N$\overset{+}{•}$) は求電子的性質を有するため，表 1.16 に示したように電子密度の高いアルケンと速やかに反応する[25]．

e．その他

求核的ラジカル (R•) と活性ヨウ化アルキル (I–R′) も，SOMO–LUMO (σ*) の軌道間相互作用が容易に生じて，I–R′ から新たな炭素ラジカル (R′•) を発生する (S_H2 反応)．

1.4　フリーラジカルの物理化学的特性

表 1.17　$^nC_8H_{17}\cdot$ とヨウ化アルキルの反応速度定数（50 ℃）

$^nC_8H_{17}\cdot\ +\ \mathrm{I-\underset{CO_2C_2H_5}{\overset{CH_3}{C}}-CO_2C_2H_5}$	$\xrightarrow{k_1}_{C_6H_6}$	$^nC_8H_{17}I\ +\ \mathrm{\cdot\underset{CO_2C_2H_5}{\overset{CH_3}{C}}-CO_2C_2H_5}$	$k_1 = 1.8 \times 10^9\ \mathrm{M^{-1}\ s^{-1}}$
$^nC_8H_{17}\cdot\ +\ \mathrm{I-CH_2CN}$	$\xrightarrow{k_2}$	$^nC_8H_{17}I\ +\ \mathrm{\cdot CH_2CN}$	$k_2 = 1.7 \times 10^9\ \mathrm{M^{-1}\ s^{-1}}$
$^nC_8H_{17}\cdot\ +\ \mathrm{I-\underset{CH_3}{\overset{CH_3}{C}}-CO_2C_2H_5}$	$\xrightarrow{k_3}$	$^nC_8H_{17}I\ +\ \mathrm{\cdot\underset{CH_3}{\overset{CH_3}{C}}-CO_2C_2H_5}$	$k_3 = 6 \times 10^8\ \mathrm{M^{-1}\ s^{-1}}$
$^nC_8H_{17}\cdot\ +\ \mathrm{I-CH_2CO_2C_2H_5}$	$\xrightarrow{k_4}$	$^nC_8H_{17}I\ +\ \mathrm{\cdot CH_2CO_2C_2H_5}$	$k_4 = 2.6 \times 10^7\ \mathrm{M^{-1}\ s^{-1}}$
$^nC_8H_{17}\cdot\ +\ \mathrm{Br-CH_2CO_2C_2H_5}$	$\xrightarrow{k_5}$	$^nC_8H_{17}Br\ +\ \mathrm{\cdot CH_2CO_2C_2H_5}$	$k_5 = 7.0 \times 10^4\ \mathrm{M^{-1}\ s^{-1}}$

代表的な反応速度定数を表 1.17 に示した．この場合，R· に比べ，生成する R'· は電子求引基などにより共鳴安定化していることが重要である．これも，生成熱（ΔH）の観点から容易に理解できる[26]．

Hunsdiecker 反応や Barton 脱炭酸反応にみられるカルボキシルラジカルの脱炭酸反応による炭素ラジカル（R·）の生成は β 開裂反応であり，脂肪族カルボキシルラジカル（$RCO_2\cdot$）の場合は $10^{10}\ \mathrm{s^{-1}}$ 程度と拡散速度で進行する．他方，芳香族カルボキシルラジカル（$ArCO_2\cdot$）では $10^6\ \mathrm{s^{-1}}$ 程度に低下する．このため，Hunsdiecker 反応や Barton 脱炭酸反応は芳香族カルボン酸にはうまく適用できない（表 1.18）[27]．

アシルラジカルの脱一酸化炭素反応速度定数は，アルキル鎖が第二級や第三級の場合でも $10^4\ \mathrm{s^{-1}}$ 程度である（表 1.19）．芳香族アシルラジカルの脱一酸化炭素反応はほとんど生じない．アルコキシルラジカルの β 開裂反応によるケトンとアルキルラジカルの生成速度定数を表 1.20 に示した．

最後に，反応で生じる炭素ラジカルのラジカル捕捉剤として用いられる TEMPO（2,2,6,6-tetramethylpiperidine-*N*-oxyl radical）と炭素ラジカルのカップリング反応速度定数を表 1.21 に示した．ラジカル同士のカップリング反応は活性化エネルギーがほぼゼロのため，拡散速度に匹敵する速さであることがわかる[28]．

f.　結合解離エネルギー

おもな化合物の結合解離エネルギーを表 1.22 に示した．また，ラジカル反応開始剤として用いられている AIBN [2,2'-azobis(isobutyronitrile)] や BPO（benzoyl peroxide）などの活性化エネルギーと半減期の温度を表 1.23 に示した．

1 フリーラジカルとは

表1.18 カルボキシルラジカルの脱炭酸（脱二酸化炭素）反応速度定数

$R-C(=O)-O\cdot \xrightarrow{k} R\cdot + CO_2 \quad k \simeq 10^{10}\ s^{-1}\ (25℃) \quad R \neq -CH_3$

$Ar-C(=O)-O\cdot \xrightarrow{k'} Ar\cdot + CO_2 \quad k' \simeq 10^6\ s^{-1}\ (25℃)$

$CH_3-C(=O)-O\cdot \xrightarrow{k''} \cdot CH_3 + CO_2 \quad k'' \simeq 2.2\times 10^8\ s^{-1}\ (30℃)$

表1.19 アシルラジカルの脱一酸化炭素反応速度定数（23℃）

$CH_3(CH_2)_{10}-C(=O)\cdot \xrightarrow{k_1} CH_3(CH_2)_{10}\cdot + CO \quad k_1 = 2.1\times 10^2\ s^{-1}$

$(CH_3CH_2)(CH_3CH_2CH_2CH_2)CH-C(=O)\cdot \xrightarrow{k_2} (CH_3CH_2)(CH_3CH_2CH_2CH_2)\dot{C}H + CO \quad k_2 = 1.4\times 10^4\ s^{-1}$

（シクロヘキシル）(CH_3)C-C(=O)· $\xrightarrow{k_3}$ （シクロヘキシル）$\dot{C}$(CH_3) + CO $\quad k_3 = 5.2\times 10^4\ s^{-1}$

表1.20 アルコキシルラジカルのβ開裂反応速度定数

$Ph-C(CH_3)_2-O\cdot \xrightarrow{k} Ph-C(=O)-CH_3 + \cdot CH_3 \quad k = 7.1\times 10^5\ s^{-1}\ (25℃)$

$CH_3-C(CH_3)_2-O\cdot \xrightarrow{k'} CH_3-C(=O)-CH_3 + \cdot CH_3 \quad k' = 1.8\times 10^4\ s^{-1}\ (30℃)$

表1.21 炭素ラジカルとTEMPOの反応速度定数（25℃）

$Ph-\dot{C}H_2 + \cdot O-N(\text{TEMPO}) \rightarrow Ph-CH_2-O-N(\text{TEMPO}) \quad k = 4.9\times 10^8\ M^{-1}\ s^{-1}$

$CH_3(CH_2)_7-\dot{C}H_2 + \cdot O-N(\text{TEMPO}) \rightarrow CH_3(CH_2)_7-CH_2-O-N(\text{TEMPO}) \quad k = 1.2\times 10^9\ M^{-1}\ s^{-1}$

$(CH_3)_3\dot{C} + \cdot O-N(\text{TEMPO}) \rightarrow (CH_3)_3C-O-N(\text{TEMPO}) \quad k = 7.6\times 10^8\ M^{-1}\ s^{-1}$

表1.22 おもな化合物の結合解離エネルギー

HO–H	120 kcal mol^{-1}	CH_3–Cl	81 kcal mol^{-1}
HOO–H	89 kcal mol^{-1}	CH_3–Br	67 kcal mol^{-1}
HO–OH	52 kcal mol^{-1}	CH_3–I	53 kcal mol^{-1}
H_2N–NH_2	60 kcal mol^{-1}	CH_3S–CH_3	73 kcal mol^{-1}
HO–Cl	60 kcal mol^{-1}	CH_3S–H	87 kcal mol^{-1}
HO–Br	56 kcal mol^{-1}	CH_3–H	104 kcal mol^{-1}
=N–Cl	37 kcal mol^{-1}	$CH_3CH_2CH_2$–H	98 kcal mol^{-1}
=N–Br	28 kcal mol^{-1}	$(CH_3)_2CH$–H	95 kcal mol^{-1}
		$(CH_3)_3C$–H	92 kcal mol^{-1}
		C_6H_5–H	112 kcal mol^{-1}
		$C_6H_5CH_2$–H	78 kcal mol^{-1}

表1.23 おもなラジカル反応開始剤の速度論的データ

開始剤	生成ラジカル	活性化エネルギー	半減期が1時間の温度
(ベンゾイルペルオキシド)	$C_6H_5CO_2^\bullet$, $C_6H_5^\bullet$	30 kcal mol^{-1}	95 ℃
ジ-tert-ブチルペルオキシド CH_3-$\underset{CH_3}{\underset{|}{\overset{CH_3}{\overset{|}{C}}}}$-O-O-$\underset{CH_3}{\underset{|}{\overset{CH_3}{\overset{|}{C}}}}$-$CH_3$	$(CH_3)_3C$-O$^\bullet$	37 kcal mol^{-1}	150 ℃
ジアセチルペルオキシド CH_3-CO-O-O-CO-CH_3	$^\bullet CH_3$	30 kcal mol^{-1}	85 ℃
AIBN CH_3-$\underset{CN}{\underset{|}{\overset{CH_3}{\overset{|}{C}}}}$-N=N-$\underset{CN}{\underset{|}{\overset{CH_3}{\overset{|}{C}}}}$-$CH_3$	$(CH_3)_2\overset{\bullet}{C}$-CN	30 kcal mol^{-1}	85 ℃

参考文献

1) M. Gomberg, *J. Am. Chem. Soc.*, **22**, 757 (1900).
2) 菊川清見,桜井 弘,"フリーラジカルとくすり",廣川書店(1991); 五十嵐脩,"ビタミンの生物学",裳華房(1988).
3) K. U. Ingold, *J. Am. Chem. Soc.*, **114**, 4589 (1992); H. Togo, S. Oae, 'Reduction of Sulfur Compounds (Chap. 6)', in "Organic Sulfur Chemistry: Biological Aspects", CRC Press (1992); A. Watanabe, *et al.*, *Chem. Lett.*, **1999**, 613.
4) 大矢博昭,山内 淳,"電子スピン共鳴",講談社(1997).
5) J. R. Morton, *et al.*, *J. Am. Chem. Soc.*, **114**, 5454 (1992); M. Yoshida, *et al.*, *Tetrahedron Lett.*, **40**, 735 (1999).
6) B. Giese, *et al.*, *Tetrahedron Lett.*, **33**, 1863 (1992).

7) K. Awaga, et al., *Chem. Lett.*, **1991**, 1777; A. Mercier, et al., *Tetrahedron Lett.*, **32**, 2125 (1991); F. L. Moigne, A. Mercier, P. Tordo, *Tetrahedron Lett.*, **32**, 3841 (1991); J. M. Tronchet, *Tetrahedron Lett.*, **32**, 4129 (1991); M. E. Brik, *Tetrahedron Lett.*, **36**, 5519 (1995); P. Braslau, et al., *Tetrahedron Lett.*, **37**, 7933 (1996).
8) A. Kamimura, N. Ono, *Bull. Chem. Soc. Jpn.*, **61**, 3629 (1988); M. Ballestri, et al., *J. Org. Chem.*, **57**, 948 (1992).
9) L. Grossi, P. C. Montevecchi, *Tetrahedron Lett.*, **32**, 5621 (1991); Y. Miura, et al., *Chem. Lett.*, **1992**, 1831.
10) J. E. Baldwin, *J. Chem. Soc., Chem. Commun.*, **1976**, 734.
11) A. L. J. Beckwith, C. H. Schiesser, *Tetrahedron*, **41**, 3925 (1985); M. Newcomb, M. A. Filipkowski, C. C. Johnson, *Tetrahedron Lett.*, **36**, 3643 (1995); J. H. Horner, et al., *Tetrahedron Lett.*, **38**, 2783 (1997); E. W. Della, C. Kostakis, P. A. Smith, *Org. Lett.*, **1**, 363 (1999).
12) W. R. Dolbier Jr., et al., *J. Org. Chem.*, **63**, 5687 (1998); A. Li, et al., *J. Org. Chem.*, **64**, 5993 (1999).
13) A. Philippon, et al., *J. Org. Chem.*, **63**, 6814 (1998).
14) A. L. J. Beckwith, *Tetrahedron*, **37**, 3073 (1981); J. Lusztyk, et al., *J. Org. Chem.*, **52**, 3509 (1987); A. L. J. Beckwith, B. P. Hay, *J. Am. Chem. Soc.*, **111**, 230, 2674 (1989); A. L. J. Beckwith, K. D. Raner, *J. Org. Chem.*, **57**, 4954 (1992); D. P. Curran, J. Xu, E. Lazzarini, *J. Am. Chem. Soc.*, **117**, 6603 (1995); D. P. Curran, J. Y. Xu, E. Lazzarini, *J. Chem. Soc., Perkin Trans. 1*, **1995**, 3049; D. P. Curran, M. Palovick, *Synlett*, **1992**, 631; P. Tauh, A. G. Fallis, *J. Org. Chem.*, **64**, 6960 (1999); W. T. Jiaang, et al., *J. Org. Chem.*, **64**, 618 (1999).
15) B. Maillard, D. Forrest, K. U. Ingold, *J. Am. Chem. Soc.*, **98**, 7024 (1976); M. Newcomb, A. G. Glenn, *J. Am. Chem. Soc.*, **111**, 275 (1989); M. Newcomb, A. G. Glenn, M. B. Manek, *J. Org. Chem.*, **54**, 4603 (1989); M. Newcomb, A. G. Glenn, W. G. Williams, *J. Org. Chem.*, **54**, 2675 (1989); R. Hollis, et al., *J. Org. Chem.*, **57**, 4284 (1992); M. Newcomb, S. Y. Choi, *Tetrahedron Lett.*, **34**, 6363 (1993); J. H. Horner, N. Tanaka, M. Newcomb, *J. Am. Chem. Soc.*, **120**, 10379 (1998).
16) J. C, Walton, *J. Chem. Soc., Perkin Trans. 2*, **1989**, 173; E. W. Della, D. K. Taylor, *J. Org. Chem.*, **60**, 297 (1995); M. Newcomb, J. H. Horner, C. J. Emanuel, *J. Am. Chem. Soc.*, **119**, 7147 (1997).
17) C. Chatgilialoglu, K. U. Ingold, J. C. Scaiano, *J. Am. Chem. Soc.*, **103**, 7739 (1981); L. J. Johnston, et al., *J. Am. Chem. Soc.*, **107**, 4594 (1985); J. W. Wilt, et al., *J. Am. Chem. Soc.*, **110**, 281 (1988); M. Newcomb, S. Y. Choi, J. H. Horner, *J. Org. Chem.*, **64**, 1225 (1999).
18) X. X. Rong, H. Q. Pan, W. R. Dolbier Jr., *J. Am. Chem. Soc.*, **116**, 4521 (1994).
19) C. Tronche, et al., *Tetrahedron Lett.*, **37**, 5845 (1996).
20) C. Evans, J. C. Scaiano, K. U. Ingold, *J. Am. Chem. Soc.*, **114**, 4589 (1992).
21) J. W. Wilt, F. G. Belmonte, P. A. Zieske, *J. Am. Chem. Soc.*, **105**, 5665 (1983); A. L. J. Beckwith, P. E. Pigou, *Aust. J. Chem.*, **39**, 77 (1986); D. P. Curran, C. P. Jasperse, M. J. Totleben, *J. Org. Chem.*, **56**, 7170 (1991); D. Crich, et al., *J. Org. Chem.*, **64**, 2877 (1999).
22) C. Chatgilialoglu, K. U. Ingold, J. C. Scaiano, *J. Am. Chem. Soc.*, **104**, 5123 (1982); C. Chatgilialoglu, C. Ferreri, M. Lucarini, *J. Org. Chem.*, **58**, 249 (1993); H. Togo, et al., *Tetrahedron Lett.*, **39**, 1921 (1998); H. Togo, et al., *Tetrahedron*, **55**, 3735 (1999); H. Togo, et al., *J. Org. Chem.*, **65**, 2816 (2000); H. Togo, et al., *J. Org. Chem.*, **65**, 5440 (2000).
23) K. Riemenschneider, E. Drechsel-Grau, P. Boldt, *Tetrahedron Lett.*, **20**, 185 (1979); B. Giese, *Angew. Chem. Int. Ed.*, **22**, 753 (1983); B. Giese, W. Mehl, *Tetrahedron Lett.*, **32**, 4275 (1991); N. A. Porter, W. X. Wu, A. T. Mcphail, *Tetrahedron Lett.*, **32**, 707 (1991); D. P. Curran, et al., *Tetrahedron Lett.*, **34**, 4489 (1993); D. V. Avila, et al., *J. Am. Chem. Soc.*, **116**, 99 (1994).
24) A. G. Neville, et al., *J. Am. Chem. Soc.*, **113**, 1869 (1991).
25) B. D. Wagner, G. Ruel, J. Lusztyk, *J. Am. Chem. Soc.*, **118**, 13 (1996).
26) D. P. Curran, et al., *J. Org. Chem.*, **54**, 1826 (1989).

27) T. Tateno, H. Sakuragi, K. Tokumaru, *Chem. Lett.*, **1992**, 1883.
28) J. Chateauneuf, J. Lusztyk, K. U. Ingold, *J. Org. Chem.*, **53**, 1629 (1988); A. L. J. Beckwith, V. W. Bowry, K. U. Ingold, *J. Am. Chem. Soc.*, **114**, 4983 (1992); V. W. Bowry, K. U. Ingold, *J. Am. Chem. Soc.*, **114**, 4992 (1992).

2

官能基変換反応

　一般に,ラジカルは反応性の高い化学種であり,ラジカル同士のカップリング反応,溶媒からの水素原子引抜き反応,溶存酸素分子との反応などが速やかに生じる.とくに,ラジカル同士のカップリング反応は基本的に活性化エネルギーがゼロであり,式2.1に示したように非常に速い反応速度定数を有する.これは拡散速度に匹敵する速さである.つまり,ラジカル種の濃度が上がると,カップリング反応を阻止できなくなる.それゆえ,ケトンに金属を作用させたり,ケトンの光照射により,ピナコールを合成する手法は古くからよく知られている.

$$2\ R\bullet \xrightarrow{k} R\text{--}R$$

R	$k\ [\mathrm{M}^{-1}\mathrm{s}^{-1}]$ (25℃)
CH_3	4.5×10^9
$c\text{-}C_6H_{11}$	1.4×10^9
^tBu	1.1×10^9
$PhCH_2$	1.0×10^9

(2.1)

2.1　ラジカルの二量化反応

　ラジカル反応の特徴は二量化反応である.古くは,カルボン酸の電解酸化による脱炭酸を伴った二量化反応(Kolbe 電解酸化反応),ジエステルの金属 Na による分子内カップリング反応(acyloin 縮合反応),ハロゲン化アルキルと金属 Na によるカップリング反応(Wurtz 反応),ケトンの光照射あるいは金属 Na や Mg によるピナコール形成反応などがある[1].アリール酢酸と HgF_2 の混合物を水銀灯照射することにより,脱炭酸を伴って生成したベンジル系ラジカルの二量化反応もある[2].このようにカッ

プリングさせる官能基の種類により，多様な反応系が使われている．

最近は，一電子還元剤である SmI_2 が合成化学でよく用いられる．たとえば，アルデヒドやケトンに SmI_2 を加えると，式2.2に示したように速やかにケチルラジカルを経てピナコールを高収率で与える[3]．サマリウムの毒性は知られていないが，水銀よりはずっと低いであろう．SmI_2（二価）は深い青緑色であるが，三価になると失色するので，反応の進行状況が視覚的にわかり，扱いやすい．

$$2\ R-\underset{O}{\overset{}{C}}-R' \xrightarrow[\text{THF, r.t.}]{SmI_2} 2\left[R-\underset{OSmI_2}{\overset{\bullet}{C}}-R'\right] \longrightarrow R-\underset{OH}{\overset{R'}{\underset{|}{C}}}-\underset{OH}{\overset{R'}{\underset{|}{C}}}-R \quad (2.2)$$

塩化アシルに SmI_2 を作用させると，sp^2 炭素ラジカルであるアシルラジカルを発生し，その二量化が生じて1,2-ジケトンを生成する（式2.3）．極性反応で塩化アシルから1,2-ジケトンの合成は容易でないことを考えると，これも有益な反応である．一般に，芳香族塩化アシルに比べ，脂肪族塩化アシルの反応性は低い．

$$2\ R-\underset{O}{\overset{O}{\overset{\|}{C}}}-Cl \xrightarrow[\text{THF, r.t.}]{SmI_2} 2\left[R-\overset{O}{\overset{\|}{C}}\bullet\right] \longrightarrow R-\overset{O}{\overset{\|}{C}}-\overset{O}{\overset{\|}{C}}-R \quad (2.3)$$

式2.4に示したように，隣接α位に電子求引基を有する活性ハライドあるいはα-ハロエステルに Fe/CuBr を作用させると，同様の SET (single electron transfer：一電子移動) を経由してα-エステルラジカルを生成してカップリング生成物を与える．この反応における SET 活性種は $FeBr_2$ とされている[4]．

$$2\ CH_3(CH_2)_3-\underset{Cl}{\overset{Br}{\underset{|}{C}}}-CO_2CH_3 \xrightarrow[\text{DMF, r.t.}]{\text{Fe, CuBr}} 2\left[CH_3(CH_2)_3-\underset{CO_2CH_3}{\overset{Cl}{\underset{|}{C}}}\bullet\right]$$

$$\longrightarrow CH_3(CH_2)_3-\underset{CH_3O_2C\ Cl}{\overset{Cl\ CO_2CH_3}{\underset{|}{C}-\underset{|}{C}}}-(CH_2)_3CH_3 \quad (2.4)$$
$$\hspace{10cm} 90\%$$

その他，Ce/I_2 の還元系もアルデヒドやケトンをピナコールに変換できる．

他方，酸化的試剤である $Mn(OAc)_3$，$Fe(NO_3)_3$，および $Mn(pic)_3$（pic：2-pyridinecarboxylate）はシクロプロパノール誘導体を一電子酸化し，シクロプロパノキシルラジカルを発生させ，そのβ開裂反応により生成したγ-ケトラジカル $\bullet CH_2CH_2C(=O)R$ のカップリング反応で1,6-ジケトン $RC(=O)CH_2CH_2CH_2CH_2C(=O)R$ を生じる[5]．

ビス（トリブチルスズ）$(Bu_3Sn)_2$ は非還元的試剤なので，基質に酸化あるいは還元

されやすい官能基があっても利用できる．この反応は水銀灯照射によりSn–Sn結合が均一開裂し，$Bu_3Sn\cdot$を生成する．しかしながら，$Bu_3Sn\cdot$はBu_3SnHのように水素原子をもたないので，還元的試剤として作用することはなく，アルキルハライドやセレニドと反応し，生じた炭素ラジカルのカップリング反応が円滑に生じる（式2.5）[6]．

$$(2.5)$$

$(Bu_3Sn)_2$を用いた興味深い例として式2.6に示したように，R_fI（ペルフルオロヨウ化アルキル）と$Bu_3Sn\cdot$から生じた$R_f\cdot$をC_{60}に付加させ，生じた$R_fC_{60}\cdot$を二量化させたフラーレンダイマー（C_{60} dimer）の合成がある[6]．

$$(2.6)$$

$R_f = -CF_2CF_2CF_3$

$Na_2S_2O_4$はSET試剤であり，式2.7に示したようにR_fIと反応して$R_f\cdot$を生じ，この炭素ラジカルは2,5-ジメチルフランと求電子的に反応したπラジカルを生じ，そのカップリング生成物を形成する[7]．

$$(2.7)$$

芳香族アルデヒドとN,N-ジメチルアニリンの混合物を光照射すると，式2.8に示したラジカル対を形成してから，カップリング反応が生じる[7]．

$$Ph\underset{H}{\overset{O}{\parallel}}C \xrightarrow[PhNMe_2]{h\nu} \left[Ph\overset{OH}{\underset{H}{\overset{\bullet}{C}}} + PhN\overset{Me}{\underset{CH_2}{\bullet}} \right] \longrightarrow Ph\underset{}{N}\overset{Me}{\underset{}{}}\underset{Ph}{\overset{OH}{C}} \quad (2.8)$$

79%

芳香族化合物のラジカル二量化反応に，以上の手法は適用できないが，芳香族化合物の電解酸化により生じたカチオンラジカルを二量化させることはできる．たとえば，4-メチルキノリンを炭素電極で酸化するとビス[2-(4-メチルキノリル)]が90%の収率で得られる[7]．

最近，式2.9に示したようにGrignard試薬にTEMPOを室温下で作用させることによるGrignard試薬の酸化的カップリング反応が報告されている[7]．

$$2 \text{ RMgBr} \xrightarrow[THF, r.t.]{TEMPO} R-R \quad (2.9)$$

$\downarrow$ TEMPO

2 R• + 2 (2,2,6,6-tetramethylpiperidine)N–OMgBr

R = CH$_3$O–C$_6$H$_4$– 86%

R = CF$_3$–C$_6$H$_4$–C≡C– 94%

2.2 還元反応

有機ラジカル還元反応は，極性反応とは対照的な反応性，特異的な機能性を有することから，今日の有機合成化学における優れた合成手法となっている．おもなラジカル還元反応試剤としてBu$_3$SnH（トリブチルスズヒドリド）や[(CH$_3$)$_3$Si]$_3$SiH［トリス(トリメチルシリル)シラン］がもっとも利用されている．反応は，これらラジカル反応試剤と，ラジカル反応開始剤としてAIBN [2,2′-azobis(isobutyronitrile)] を代表とするアゾ化合物存在下で加熱あるいは光照射して反応させたり，空気あるいは酸素存在下でEt$_3$Bと反応させたり，あるいはBPO (benzoyl peroxide) のような過酸化物存在下で加熱したりする手法で行われる．反応溶媒は，ベンゼンやトルエンが長く用いられてきたが，シクロヘキサン，1,4-ジオキサン，あるいはエタノールなども利用できる．シランもスズヒドリドもラジカル反応様式は同じであるが，反応論

的にはシランよりスズヒドリドのほうがラジカル反応性は高く,官能基選択性も高い.しかしながら,Bu_3SnHのようなスズ試剤は高い毒性を有することから,最近は$[(CH_3)_3Si]_3SiH$, $(Ph_2SiH)_2$ (1,1,2,2-テトラフェニルジシラン),あるいはPh_2SiH_2 (ジフェニルシラン)のようなシラン試剤や,SmI_2, Inなどの低毒性金属試薬もラジカル反応試剤として注目されるようになってきた.ケイ素原子は電気陰性度が1.8で,Si–H結合解離エネルギーは置換基により異なり,Et_3SiHや$PhSiH_3$は約 90 kcal mol^{-1}, $(CH_3)_3Si(CH_3)_2SiH$ は約 85 kcal mol^{-1}, $[(CH_3)_3Si]_2(CH_3)SiH$ および Ph_3SiH は約 83 kcal mol^{-1} で,$[(CH_3)_3Si]_3SiH$ の Si–H 結合解離エネルギーは約 79 kcal mol^{-1} である.これらケイ素ラジカルはともにハロゲンや酸素,硫黄のようなヘテロ原子に親和性が高い.他方,スズ原子も電気陰性度が1.8で,Bu_3SnH の Sn–H の結合解離エネルギーは約 74 kcal mol^{-1} と比較的小さく,スズラジカルはハロゲンやカルコゲンのようなヘテロ原子に親和性が高い.ラジカル反応は基本的に中性条件下で反応を遂行でき,しかも,ハロゲンやカルコゲンは高いラジカル反応性を有するものの,エステル,アミド,ケトンあるいはヒドロキシ基などの官能基がラジカル反応の影響を受けることはないため,種々の官能基を有する基質に適用できるという大きな利点がある.なお,Bu_3SnH, Bu_3SnD, Ph_3SnH, $[(CH_3)_3Si]_3SiH$, $(Ph_2SiH)_2$, $PhSiH_3$, Ph_2SiH_2, Ph_3SiH などはいずれも市販されている[8].

2.2.1 ハライドやカルコゲニドの還元反応

有機合成化学で頻繁に用いられる Bu_3SnH 由来の $Bu_3Sn\cdot$ と種々のハライド(Cl, Br,およびI化合物)やカルコゲニド(Te, Se, およびS化合物)との反応速度定数は,ヨウ化物,臭化物,セレニド化物で 10^7 M^{-1} s^{-1} 以上を有するために,この系は合成的に十分使用できる.$Bu_3Sn\cdot$ と種々のハライドおよびカルコゲニドの二次反応速度定数を大雑把に比較すると,

　　　約 10^9 M^{-1} s^{-1}:ヨウ化アルキル(R–I)
　　　約 10^8〜10^7 M^{-1} s^{-1}:臭化アルキル(R–Br),ヨウ化アリール(Ar–I)
　　　約 10^6〜10^5 M^{-1} s^{-1}:アルキルセレニド(R–SePh),臭化アリール(Ar–Br),
　　　　　　　　　　臭化ビニル
　　　約 10^4〜10^2 M^{-1} s^{-1}:塩化アルキル(R–Cl),アルキルスルフィド(R–SPh)

となる.また,アルキルラジカル($R\cdot$)と Bu_3SnH の反応による還元体 RH の生成は,10^6 M^{-1} s^{-1} 程度(25℃)の反応速度定数で進行する.反応性の高い sp^2 炭素ラジカルであるフェニルラジカルやビニルラジカルとの反応では 10^8 M^{-1} s^{-1} (30℃)程度の反応速度定数になる.アルキルラジカルと $[(CH_3)_3Si]_3SiH$ との反応も 10^5 M^{-1} s^{-1} 程度の反

応速度定数で進行する[8]).

一方,[(CH$_3$)$_3$Si]$_3$Si・と種々のハライドおよびカルコゲニドの反応速度定数を比較すると,

約 10^9 M^{-1} s^{-1}:ヨウ化アルキル (R–I)

約 10^8~10^7 M^{-1} s^{-1}:臭化アルキル (R–Br),

アルキルキサンテートエステル (R–OCS$_2$CH$_3$)

約 10^7 M^{-1} s^{-1}:アルキルセレニド (R–SePh)

約 10^6 M^{-1} s^{-1}:アルキルスルフィド (R–SPh)

となり,全体的に Bu$_3$SnH に似た反応性を示す.

表2.1にアルキルラジカルと [(CH$_3$)$_3$Si]$_3$SiH および Bu$_3$SnH の反応速度定数を示した.いずれも 10^5 M^{-1} s^{-1} 以上の値であり,合成化学的に活用できることを示唆している.

表2.1 第一級アルキルラジカル,第二級アルキルラジカル,第三級アルキルラジカルと [(CH$_3$)$_3$Si]$_3$SiH および Bu$_3$SnH の反応速度定数 (25 ℃)

第一級アルキルラジカル	[(CH$_3$)$_3$Si]$_3$SiH	3.8×10^5 M^{-1} s^{-1}
第一級アルキルラジカル	Bu$_3$SnH	23.1×10^5 M^{-1} s^{-1}
第二級アルキルラジカル	[(CH$_3$)$_3$Si]$_3$SiH	1.4×10^5 M^{-1} s^{-1}
第二級アルキルラジカル	Bu$_3$SnH	14.7×10^5 M^{-1} s^{-1}
第三級アルキルラジカル	[(CH$_3$)$_3$Si]$_3$SiH	2.6×10^5 M^{-1} s^{-1}
第三級アルキルラジカル	Bu$_3$SnH	18.5×10^5 M^{-1} s^{-1}

以下に Bu$_3$SnH を用いたハロゲン化合物の還元反応例を示したが (式2.10~式2.12),いずれも高い収率で還元体を与える.ヒドロキシ基やエステルのような官能基が含まれていてもラジカル還元反応は影響を受けないことがわかる.また,反応性の高い糖アノマー位も還元でき,還元部位をD化したい場合は Bu$_3$SnD を用いればよい[8]).

(2.10)

たとえば，式 2.13 に示したように，α-グルコシル臭化物と β-グルコシル臭化物を Bu$_3$SnD/AIBN 系で反応させると，対応する α-D 化体と β-D 化体を同じ割合で生成し，一般に α-D 化体を優先して生じる．また，同じ α-グルコシル臭化物に Bu$_3$SnH/AIBN を高希釈条件下でゆっくり滴下していくと，生じたアノマーラジカルの 1,2-アシロキシ転位が生じ，2-デオキシ糖を 86% の収率で与える（式 2.14）．[(CH$_3$)$_3$Si]$_3$SiH/AIBN 系を用いても，同様の条件で 71% の 2-デオキシ糖が得られる．また，式 2.15 に示したように，アルキルトシレートも，1,2-ジメトキシエタン中 NaI あるいは KI 存在下，Bu$_3$SnH/AIBN 系で加熱反応させることにより，還元体が得られる．これは系内で KI による S$_N$2 反応によりヨウ化アルキルが生じて還元反応が進行している．

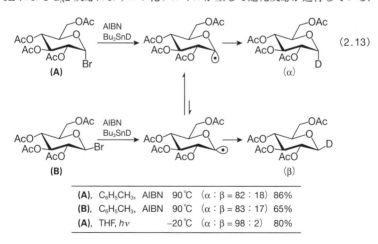

2 官能基変換反応

(反応式 2.14)

Bu₃SnH	86%
[(CH₃)₃Si]₃SiH	71%

(反応式 2.15)

PhCH₂CH₂CH₂OTs → PhCH₂CH₂CH₃ (99%)
条件: AIBN, Bu₃SnH, NaI, CH₃OCH₂CH₂OCH₃, Δ

　$[(CH_3)_3Si]_3SiH/AIBN$ 系や $(Ph_2SiH)_2/Et_3B$ 系を用いても，ヨウ化アルキル，臭化アルキル，アルキルキサンテートエステル，およびアルキルセレニドなどを還元できる（表2.2）．後者の系はアルコールを溶媒として反応を進めることができる（式 2.16）[8]．

表2.2　$[(CH_3)_3Si]_3SiH$，AIBN 系によるトルエン還流下の還元反応

CH₃(CH₂)₁₄CH₂Cl	68%	CH₃(CH₂)₁₄CH₂Br	96%
シクロヘキシル-Cl	82%	シクロヘキシル-I	97%
1-クロロ-3,5-ジメチルアダマンタン	93%	1-ブロモアダマンタン	96%

(反応式 2.16, 収率 97%)
条件: Et₃B, air, (Ph₂SiH)₂, EtOH, r.t.

　式 2.17 に示したように，酸塩化物も $Bu_3SnH/AIBN$ 系あるいは $[(CH_3)_3Si]_3SiH/AIBN$ 系でアルデヒドに還元することができる．しかし，第二級および第三級のアルキル鎖では，生じたアシルラジカルの脱一酸化炭素により炭化水素を生じる．第一級アルキル鎖でも高温で反応させると，対応する炭化水素を与える．式 2.18 に示したように，セレノールエステルを Bu_3SnH あるいは $[(CH_3)_3Si]_3SiH$ と AIBN 存在下，ベンゼン溶媒で加熱反応させると，アシルラジカルを発生した後，アルデヒドを与える．反応温度を上げると，生じたアシルラジカルの脱一酸化炭素により炭素ラジカルとなり，対応する炭化水素を与える．極性反応の場合，ハロゲン化アシルやセレノールエ

ステルの還元をアルデヒドで止めることは困難であることから，ここにもラジカル反応の特性が表れているといえる．

$$R-\overset{O}{\underset{\|}{C}}-Cl \xrightarrow[C_6H_5CH_3, \Delta]{\text{AIBN} \atop [(CH_3)_3Si]_3SiH} \underset{\textbf{a}}{R-H} + \underset{\textbf{b}}{R-\overset{O}{\underset{\|}{C}}-H} \quad (2.17)$$

R	収率 (%)	
	a	b
$CH_3(CH_2)_8-$	63	37
$c\text{-}C_6H_{11}-$	99	–
$(CH_3)_3C-$	98	–

$$\xrightarrow[\Delta]{\text{AIBN} \atop \text{Bu}_3\text{SnH}}$$

(2.18)

溶媒	還流温度 [°C]	収率 (%)	
		a	b
C_6H_6	80	8	92
o-xylene	144	67	30
mesitylene	164	84	13

アシルラジカルの脱一酸化炭素の反応速度定数は式2.19に示したように，第一級アルキル鎖では約 $10^2\ \text{s}^{-1}$，第二級および第三級アルキル鎖では約 $10^4 \sim 10^5\ \text{s}^{-1}$ 程度である[9]．

$$R-\overset{O}{\underset{\|}{C}}\cdot \xrightarrow[25°C]{k} R\cdot + CO \quad (2.19)$$

$R = CH_3(CH_2)_{10}-$	$k = 2.1 \times 10^2\ \text{s}^{-1}$
$R = CH_3CH_2\underset{CH_3(CH_2)_3}{\overset{|}{CH}}-$	$k = 1.4 \times 10^4\ \text{s}^{-1}$
$R = $ cyclohexyl-CH_3	$k = 2.1 \times 10^5\ \text{s}^{-1}$

Bu$_3$SnH や [(CH$_3$)$_3$Si]$_3$SiH を用いたラジカル還元反応は，ハロゲン化物を中性条件下で還元できるという特徴がある．とくにラジカル還元反応が合成化学的に重宝されるのは，ヒドロキシ基の脱酸素化であり，この詳細は 7 章の Barton-McCombie 反応で述べる．

2.3 アルコールへの変換

極性反応におけるハロゲン化アルキルのアルコールへの変換反応は，基本的な S_N1 や S_N2 反応を用いても遂行できるが，通常，塩基性条件下で行う必要がある．しかしながら，同様のハロゲン化アルキルをラジカル反応でアルコールに変換する場合は，反応を温和な中性条件下で遂行できる．たとえば，ハロゲン化アルキルの Bu$_3$SnH / AIBN 系トルエン溶液を，空気雰囲気下で反応させると，生成したアルキルラジカルが酸素分子と反応してアルキルヒドロペルオキシド (alkyl hydrogen peroxide, ROOH) を形成し，過剰の Bu$_3$SnH によるアルキルヒドロペルオキシドの還元で，対応するアルコールを生じる（式 2.20）[10]．空気の代わりに $^{18}O_2$ を用いると，式 2.21 に示したように，^{18}O の導入されたアルコールを生じる[10]．

$$RX \xrightarrow[\substack{0\sim10°C \\ C_6H_5CH_3}]{Bu_3SnH,\ air} ROH \quad (2.20)$$

$$\downarrow \qquad\qquad\qquad \uparrow Bu_3SnH$$

$$[R\cdot] \xrightarrow{O_2} [ROO\cdot] \longrightarrow [ROOH]$$

(式 2.21)

tetraphenyldistibine (Ph$_2$SbSbPh$_2$) とヨウ化アルキルを酸素雰囲気下，光照射しても同様の機構でアルコールを生じる．

α-ヨードエステルあるいは α-ヨードラクトンのように炭素-ヨウ素結合が弱い基質は，Et$_3$B / 酸素分子系から生成した Et・ が，それらのヨウ素原子上で S_H2 反応を引き起こして，対応するエステルの α ラジカルあるいはラクトンの α ラジカルを生成し，続く酸素分子との反応により，ヒドロペルオキシドを生成する．最後に CH$_3$SCH$_3$ でヒドロペルオキシドを還元することにより，対応する α-ヒドロキシエステルや α-ヒドロキシラクトンを生成する（式 2.22）[11]．

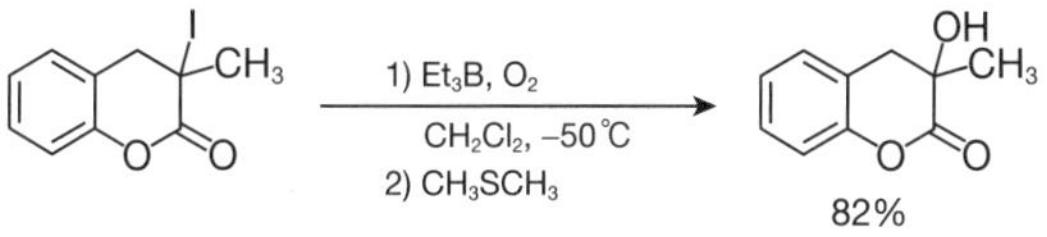

2.4 その他の官能基への変換反応

(2.22)

2.4 その他の官能基への変換反応

極性反応でハロゲン化アルキルをオキシムに変換するのは困難であるが,ラジカル反応を用いると容易である.たとえば,ハロゲン化アルキルと $(Bu_3Sn)_2$ を,亜硝酸イソペンチル [$(CH_3)_2CHCH_2CH_2ONO$] 存在下で光照射すると,生成した炭素ラジカルが亜硝酸イソペンチルと反応して,対応するニトロソ体あるいは互変異性化したオキシムを生成する (式2.23)[12].

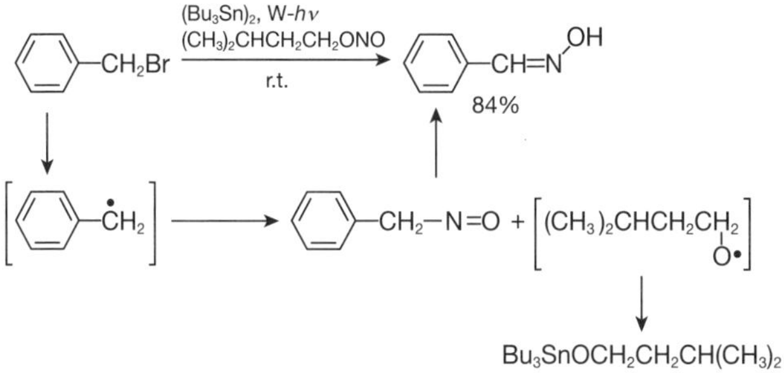

(2.23a)

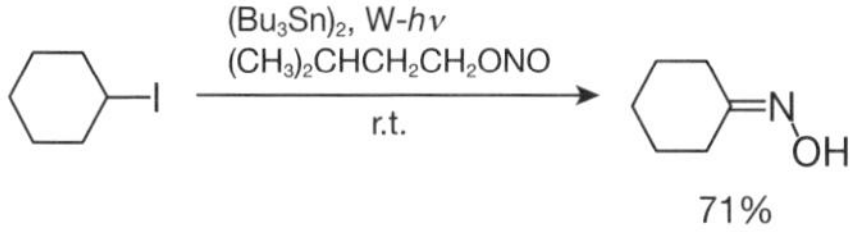

(2.23b)

アミノ基の除去も通常の極性反応では困難である.しかしながら,ラジカル反応を用いると簡単に除ける.たとえば,式2.24や式2.25に示したように,アミノ基をイソニトリルに誘導してから Bu_3SnH / AIBN 系で加熱反応させると,還元的な脱アミノ体を生じる[13].イソニトリルは悪臭を有するものが多く,取扱いを敬遠されるが,この反応は唯一のアミノ基の効果的な還元的除去法といえる.一方,基質へのアミノ基導入として,式2.26に示したようにアジド化合物を同様の系で加熱反応させると,窒素ガスの放出とともにアミノ化合物を生じる.この場合も,アミノ基やヒドロキシ基を保護する必要がない[14].

ニトロ化合物はヨウ化物や臭化物に比べてラジカル反応性が低い.しかしながら,式

2.27に示したように,第二級および第三級アルキル鎖をもつニトロ化合物は Bu_3SnH/AIBN系での加熱処理により,還元体を生成する[15]。この反応は,$Bu_3Sn \cdot$ からニトロ基への SET を経て進行することが知られている。実際,ニトロ化合物のアニオンラジカルの生成が ESR で確認されており,副生する Bu_3Sn^+ も NMR で確認されている。つまり,$Bu_3Sn \cdot$ からニトロ化合物への SET により生じたニトロ化合物のアニオンラジカルが,ゆっくりと炭素ラジカルと亜硝酸アニオンに分解して,還元体を生じる。

$$R-NH_2 \xrightarrow{\substack{1) HCO_2COCH_3 \\ 2) Py, TsCl}} R-NC \xrightarrow[C_6H_6, \Delta]{\substack{AIBN \\ Bu_3SnH}} RH \quad 89\% \qquad (2.24)$$

$$CH_3(CH_2)_{16}CH_2\overset{+}{N}\equiv\overset{-}{C}: \xrightarrow[xylene, \Delta]{\substack{AIBN \\ Bu_3SnH}} CH_3(CH_2)_{16}CH_3 \quad 81\% \qquad (2.25)$$

(2.26)

(2.27)

式 2.28 に示したように,アルデヒドを NBS/AIBN 系の四塩化炭素溶液で加熱すると,生成したアシルラジカルが系内で微量に生じた臭素分子と反応して酸臭化物を生成する。この系にアミンを共存させるとアミドを生じる[16]。

アダマンタンカルボン酸のように第三級アルキル鎖をもつカルボン酸から誘導される(ジアシロキシヨード)ベンゼンは水銀灯照射により,アシロキシルラジカルの生成とその脱二酸化炭素反応から,1-アダマンチルラジカルを発生し,ジスルフィドが共存すると,対応する 1-アダマンチルスルフィドを生成する(式 2.29)[17]。アダマンチ

2.4 その他の官能基への変換反応

ル基のようにカゴ型アルキル鎖をもつ化合物は,立体障害により,通常の S_N2 反応で合成することは困難であるが,このようなラジカル反応を用いると容易に得られる.

$$\text{RCHO} \xrightarrow[\text{R}'_2\text{NH, CCl}_4, \Delta]{\text{AIBN, NBS}} \text{RC(=O)-NR}'_2 \tag{2.28}$$

$$\text{PhI(O-C(=O)-Ad)}_2 \xrightarrow[\text{CH}_2\text{Cl}_2, \text{r.t.}]{\text{RSSR, Hg-}h\nu} \text{R-S-Ad} \tag{2.29}$$

ベンジル系メチレンを有する化合物を,mCPBA と NaHCO$_3$ を加えて,空気雰囲気下で加熱すると,mCPBA から発生した酸素ラジカル種により,結合エネルギーの小さいベンジル位の水素原子が引き抜かれ,続く酸素分子との反応を経て,式 2.30 に示したようにケトンを生成する[18].

$$\text{(indane substrate)} \xrightarrow[\text{CH}_2\text{Cl}_2, \text{r.t.}]{\text{air, }m\text{CPBA, NaHCO}_3} \text{(indanone product, 80\%)} \tag{2.30}$$

中間体: [HO•] or [3-ClC$_6$H$_4$CO$_2$•] → ベンジルラジカル → O$_2$ → ペルオキシラジカル → ケトン

式 2.31 に示したように，2-ブロモアルコールと過酸化シュウ酸ジ t-ブチルエステル (DBPO) のシクロヘキサン溶液を加熱すると，生じた ^{t}BuO• によるヒドロキシ基の α 位水素原子引抜き，および β 位臭素原子の脱離反応により，ビニルアルコールを経てケトンを生じる[19]．

$$(2.31)$$

第一級あるいは第二級アルコールと $BrCCl_3$ の THF 溶液を加熱すると，式 2.32 に示したように，$Cl_3C•$ が生じ，THF の α 水素を引き抜いて，テトラヒドロフリルラジカルを生じ，$BrCCl_3$ と連鎖反応で α-ブロモ THF を生成する．最後に α-ブロモ THF はアルコールと反応して，ヒドロキシ基の THF 保護体を生じる．この反応はアルコールのヒドロキシ基を THF 保護する反応といえる[20]．

$$(2.32)$$

還元的手法として，$Na_2S_2O_4$ やスルフィン酸塩 (RSO_2Na) のような一電子還元剤を用いた反応がある．たとえば，式 2.33 に示したように，C_2F_5I と PhSeSePh の水溶液をホルムアミジンスルフィン酸塩 ($HOCH_2SO_2Na$) 存在下で加熱すると，$HOCH_2SO_2Na$ から電子欠損した C_2F_5I へ一電子移動が生じ，そのアニオンラジカルの α 開裂反応により，求電子的な $C_2F_5•$ を生じ，電子密度の高い PhSeSePh と反応して C_2F_5SePh を生じる[21]．

$$C_2F_5I + PhSeSePh \xrightarrow[\text{DMF, H}_2\text{O, r.t.}]{\text{HOCH}_2\text{SO}_2\text{Na}} C_2F_5-SePh \quad (2.33)$$

$$HOCH_2SO_2Na \longrightarrow \cdot SO_2^-$$

$$C_2F_5I + \cdot SO_2^- \longrightarrow C_2F_5\cdot + ISO_2^-$$
$$\downarrow$$
$$I^- + SO_2$$

式2.34は，ケイ皮酸のカルボキシ基を CF_3 置換した反応である[22]．これは酸化的条件であるが，$CF_3SO_2Na/FeCl_3/Na_2S_2O_8$ 系により，式2.34下に示した機構で進行し，$CF_3SO_2^-$ の $Na_2S_2O_8$ による一電子酸化と脱 SO_2 による $CF_3\cdot$ の発生と，ケイ皮酸へのラジカル付加，生じた炭素ラジカルの Fe^{3+} によるカルボカチオンへの酸化と β 脱離による脱炭酸機構を経る．類似した反応に，ケイ皮酸と NBS による β-ブロモスチレンの合成があるが，これは Br^+ によるケイ皮酸への求電子付加と，続く β 脱離による脱炭酸反応で，極性反応である．

$$Ar\text{-}CH=CH\text{-}CO_2H \xrightarrow[\substack{\text{CF}_3\text{SO}_2\text{Na} \\ \text{FeCl}_2, \text{Na}_2\text{S}_2\text{O}_8 \\ \text{CH}_2\text{CN, H}_2\text{O} \\ 50\,°\text{C}}]{} Ar\text{-}CH=CH\text{-}CF_3 \quad (2.34)$$

Ar = CH_3O-C$_6$H$_4$- 75% $E:Z = 97:3$

Ar = C$_6$H$_5$- 70% $E:Z = 90:10$

$$S_2O_8^{2-} + Fe^{2+} \longrightarrow SO_4^{2-} + \overset{\cdot}{O}\text{-}SO_3^- + Fe^{3+}$$

$$CF_3SO_2^- + \overset{\cdot}{O}\text{-}SO_3^- \longrightarrow CF_3\overset{\cdot}{S}O_2 + SO_4^{2-}$$

$$CF_3\overset{\cdot}{S}O_2 \longrightarrow \cdot CF_3 + SO_2$$

$$\cdot CF_3 + Ar\text{-}CH=CH\text{-}CO_2H \longrightarrow Ar\text{-}\overset{\cdot}{C}H\text{-}CH(CF_3)\text{-}CO_2H \xrightarrow[\text{Fe}^{2+}]{\text{Fe}^{3+}}$$

$$Ar\text{-}\overset{+}{C}H\text{-}CH(CF_3)\text{-}C(=O)\text{-}OH \longrightarrow Ar\text{-}CH=CH\text{-}CF_3 + CO_2$$

以上，炭素ラジカルのおもな官能基変換反応を述べてきたが，極性反応とは異なったラジカル反応特有の反応性が理解してもらえたであろう．

■実験項

【実験2.1】 α-エステルのカップリング反応（式2.4）

Schlenk 反応器に，鉄粉（1 mmol），CuBr（1 mmol），DMF（あるいは DMSO）1

mL, および α-ブロモエステル (1 mmol) を加え, 窒素雰囲気下で, 室温 24 時間撹拌する. 反応後, 5%塩酸を 5 mL 加え, ジクロロメタンで 2 回 (2 mL×2) 抽出する. 有機層は Na_2CO_3 で乾燥後, 沪過して溶媒を除去して残留を蒸留 (0.01 mmHg 圧力下) することにより目的物が 90%の収率で得られる.

[N. Benircasa, *et al.*, *Tetrahedron Lett.*, **36**, 1103 (1995)]

【実験 2.2】 フラーレンダイマーの合成 (式 2.6)

C_{60} (0.05 mmol), R_fI (0.25 mmol), $(Bu_3Sn)_2$ (0.25 mmol) の 1,2-ジクロロベンゼン (5 mL) 溶液の入った反応器を窒素雰囲気下, 70 W ハロゲンランプで 5~8 時間光照射する. 反応後, 溶媒を除去して残留をシリカゲルカラムクロマトグラフィーで処理することにより約 50%の収率で二量体が得られる.

[M. Yoshida, *et al.*, *Tetrahedron Lett.*, **40**, 735 (1999)]

【実験 2.3】 Grignard 試薬の TEMPO によるカップリング反応 (式 2.9)

室温で, PhMgBr (1.54 mmol) を TEMPO (1.66 mmol) の THF (3 mL) 溶液に撹拌しながら加えた後, 混合物を 5 分加熱する. 反応後は冷却し, エーテル (30 mL) と NH_4Cl 水溶液 (10 mL) を加えて分液する. 有機層は $MgSO_4$ で乾燥し, 有機層を沪過してから溶媒を除去するとビフェニルが 98%の収率で得られる.

[M. S. Maji, A. Studer, *Synthesis*, **2009**, 2467]

【実験 2.4】 Bu_3SnH / AIBN 系による臭化糖の還元反応 (式 2.12)

窒素ガス雰囲気下, 臭化糖 (14.1 mmol) をトルエン 100 mL に溶かし, Bu_3SnH (42.4 mmol) と AIBN (1.2 mmol) を加える. 混合物は 95 ℃で 75 分加熱する. 反応後, 冷却し, 石油エーテルに加える. 生じた沈澱は沪過し, 石油エーテルで洗浄する. 得られた固体をエタノールで再結晶することにより 3′-デオキシアデノシンが 1.94 g (収率 41%) 得られる.

[D. G. Norman, C. B. Reese, *Synthesis*, **1983**, 304]

【実験 2.5】 Bu_3SnH / AIBN 系による還元的 1,2-アシロキシ転位反応 (式 2.14)

tetra-*O*-acetyl-α-D-glucopyranosyl bromide (20 mmol) のベンゼン (80 mL) 還流溶液に, Bu_3SnH (24 mmol) と AIBN (2.5 mmol) を溶かしたベンゼン (14 mL) 溶液をゆっくりと 10 時間かけて滴下する. 反応後, 溶媒を除去し通常処理をし, 残留をシリカゲルカラムクロマトグラフィーで処理すると 1,3,4,6-tetra-*O*-acetyl-2-deoxy-α-D-arabinohexapyranose が 5.31 g (収率 80%) 得られる.

[B. Giese, et al., *Angew. Chem. Int. Ed.*, **26**, 233 (1987)]

【実験 2.6】トシル体の Bu_3SnH/AIBN 系による還元反応 (式 2.15)

トシル体 (0.83 mmol), NaI (1.33 mmol), および AIBN (触媒量) を加えた 1,2-ジメトキシエタン (5 mL) 溶液に, Bu_3SnH (0.83 mmol) を加え, 1時間還流する. 反応後, 溶媒を除去し, 残留をシリカゲルカラムクロマトグラフィーで処理することにより還元体が 99 mg (収率 99%) 得られる.

[Y. Ueno, C. Tanaka, M. Okawara, *Chem. Lett.*, **1983**, 795]

【実験 2.7】$(Ph_2SiH)_2$/Et_3B 系による臭化糖の還元反応 (式 2.16)

臭化糖 (0.5 mmol), $(Ph_2SiH)_2$ (1.2 mmol), およびエタノール (2.5 mL) の入ったフラスコに冷却器を付け, 撹拌しながら大気雰囲気下で, Et_3B (1.2 mL, 1 mol L^{-1} THF 溶液) をシリンジで加える. 4時間後, 同量の Et_3B を加えて 12時間撹拌する. 反応後, 溶媒を除去し, 残留をシリカゲルカラムクロマトグラフィーで処理することにより還元体が 86 mg (収率 97%) 得られる.

[H. Togo, et al., *Tetrahedron*, **55**, 3735 (1999)]

【実験 2.8】ヨウ化糖のアルコールへの変換反応 (式 2.21)

AIBN (0.034 mmol), $NaBH_3CN$ (6.8 mmol), Bu_3SnCl (0.17 mmol) を窒素雰囲気下のラテックスゴム風船を連結させた二ツ口反応器に入れる. ここに ^tBuOH (13.6 mL), ヨウ化物 (3.4 mmol), および酸素ガス 122 mL (5.1 mmol) を入れ, 60 °C で 19時間激しく撹拌する. 反応後, 水に注いでエーテルで 4回抽出する. エーテル層を乾燥後, 濾過して溶媒を除去し, 残留をフラッシュカラムクロマトグラフィーで処理することにより収率 98% でアルコールが得られる.

[M. Sawamura, Y. Kawaguchi, E. Nakamura, *Synlett*, **1997**, 801]

【実験 2.9】ベンジル位のケトン化反応 (式 2.30)

インダン誘導体 (1 mmol) のジクロロメタン (10 mL) 溶液に, $NaHCO_3$ (2 mmol) と mCPBA (2.5 mmol) を加え, 大気雰囲気下で, 室温撹拌を 12〜24時間行う. 反応後, 20 mL のジクロロメタンを加えて, 飽和 $NaHCO_3$ 水溶液および brine で洗浄する. 有機層は Na_2SO_4 で乾燥後, 濾過して溶媒を除去し, 残留をフラッシュカラムクロマトグラフィー処理することで 1-インダノンが 80% の収率で得られる.

[D. Ma, C. Xia, H. Tian, *Tetrahedron Lett.*, **40**, 8915 (1999)]

【実験2.10】2-ブロモアルコールからケトンの合成(式2.31)

2-ブロモアルコール(2 mmol)と過酸化シュウ酸ジ t-ブチルエステル(DBPO)(0.3 mmol)のシクロヘキサン(5 mL)溶液を Ar ガス置換した後,Ar ガス雰囲気下で約25分還流する.反応後にエーテルを加え,NaHCO₃ 水溶液を加えて分液する.エーテル層は Na₂SO₄ で乾燥し,沪過した後に溶媒を除去する.残留のシリカゲルカラムクロマトグラフィー処理によりケトンが93%の収率で得られる.

[D. Dolenc, M. Harej, *J. Org. Chem.*, **67**, 312 (2002)]

参考文献

1) P. G. Gassman, J. Seter, F. J. Williams, *J. Am. Chem. Soc.*, **93**, 1673 (1971); D. A. White, *Org. Synth.*, **1981**, 60.
2) M. H. Habibi, S. Farhadi, *Tetrahedron Lett.*, **40**, 2821 (1999).
3) P. Girard, R. Couffignal, H. B. Kagan, *Tetrahedron Lett.*, **22**, 3959 (1981); J. L. Namy, J. Souppe, H. B. Kagan, *Tetrahedron Lett.*, **24**, 765 (1983); J. Souppe, J. L. Namy, H. B. Kagan, *Tetrahedron Lett.*, **25**, 2869 (1984).
4) N. Benircasa, *et al.*, *Tetrahedron Lett.*, **36**, 1103 (1995).
5) T. Imamoto, *et al.*, *Tetrahedron Lett.*, **23**, 1353 (1982); N. Iwasawa, *et al.*, *Chem. Lett.*, **1991**, 1193.
6) B. Giese, *et al.*, *Liebigs Ann. Chem.*, **1988**, 997; N. A. Porter, I. J. Rosenstein, *Tetrahedron Lett.*, **34**, 7865 (1993); M. Yoshida, *et al.*, *Tetrahedron Lett.*, **40**, 735 (1999).
7) S. N. Frank, A. Bard, A. Ledwith, *J. Electochem. Soc.*, **90**, 4645 (1968); J. M. Bobbitt, *et al.*, *J. Org. Chem.*, **36**, 3006 (1971); O. Hammerich, V. D. Parker, *Acta. Chem. Scand.*, **B36**, 519 (1982); Y. Kashiwagi, H. Ono, T. Osa, *Chem. Lett.*, **1993**, 257; M. S. Maji, A. Studer, *Synthesis*, **2009**, 2467.
8) D. L. J. Clive, G. Chittattu, C. K. Wong, *Chem. Commun.*, **1978**, 41; D. L. J. Clive, *et al.*, *J. Am. Chem. Soc.*, **102**, 4438 (1980); C. G. Gutierrez, *et al.*, *J. Org. Chem.*, **45**, 3393 (1980); C. Chatgilialoglu, K. U. Ingold, J. C. Scaiano, *J. Am. Chem. Soc.*, **103**, 7739 (1981); Y. Ueno, C. Tanaka, M. Okawara, *Chem. Lett.*, **1983**, 795; L. J. Johnston, *et al.*, *J. Am. Chem. Soc.*, **107**, 4594 (1985); A. L. J. Beckwith, P. E. Pigou, *Aust. J. Chem.*, **39**, 77 (1986); J. M. Kanabus-Kaminska, *et al.*, *J. Am. Chem. Soc.*, **109**, 5267 (1987); J. W. Wilt, *et al.*, *J. Am. Chem. Soc.*, **110**, 281 (1988); C. Chatgilialoglu, D. Griller, M. Lesage, *J. Org. Chem.*, **53**, 3642 (1988); C. Chatgilialoglu, D. Griller, M. Lesage, *J. Org. Chem.*, **54**, 2492 (1989); M. Lesage, C. Chatgilialoglu, D. Griller, *Tetrahedron Lett.*, **30**, 2733 (1989); C. Chatgilialoglu, J. Dickhaut, B. Giese, *J. Org. Chem.*, **56**, 6399 (1991); M. Ballestri, *et al.*, *J. Org. Chem.*, **56**, 678 (1991); T. Nakamura, *et al.*, *Synlett*, **1999**, 1415; C. Chatgilialoglu, A. Guerrini, M. Lucarini, *J. Org. Chem.*, **57**, 3405 (1992); C. Chatgilialoglu, *Chem. Res.*, **95**, 1229 (1995); D. Crich, *et al.*, *J. Org. Chem.*, **64**, 2877 (1999).
9) J. Pfenninger, C. Heuberger, W. Graf, *Helv. Chim. Acta.*, **63**, 2328 (1980); D. P. G. Hamon, K. R. Richards, *Aust. J. Chem.*, **36**, 2243 (1983); Y. Ueno, C. Tanaka, M. Okawara, *Chem. Lett.*, 79 (1983); D. G. Norman, C. B. Reese, *Synthesis*, **1983**, 304; B. Giese, J. Dupuis, *Tetrahedron Lett.*, **25**, 1349 (1984); H. G. Davies, *et al.*, *J. Chem. Soc., Chem. Commun.*, **1985**, 1166; B. Giese, *et al.*, *Angew. Chem. Int. Ed.*, **26**, 233 (1987); C. Chatgilialoglu, D. Griller, M. Lesage, *J. Org.*

Chem., **53**, 3641 (1988); M. Ballestri, *et al.*, *J. Org. Chem.*, **56**, 678 (1991); M. Ballestri, *et al.*, *Tetrahedron Lett.*, **33**, 1787 (1992); C. Chatgilialoglu, *et al.*, *Organometallics*, **14**, 2672 (1995); O. Yamazaki, *et al.*, *Tetrahedron*, **55**, 3735 (1999).

10) A. G. M. Barrett, L. M. Melcher, *J. Am. Chem. Soc.*, **113**, 8177 (1991); E. Nakamura, *et al.*, *J. Am. Chem. Soc.*, **113**, 8980 (1991); S. Moutel, J. Prandi, *Tetrahedron Lett.*, **35**, 8163 (1994); E. Nakamura, K. Sato, Y. Imanishi, *Synlett*, **1995**, 525; M. Sawamura, Y. Kawaguchi, E. Nakamura, *Synlett*, **1997**, 801; T. Nagashima, D. P. Curran, *Synlett*, **1997**, 330.

11) N. Kihara, C. Ollivier, P. Renaud, *Org. Lett.*, **1**, 1419 (1999).

12) R. J. Fletcher, M. Kizil, J. A. Murphy, *Tetrahedron Lett.*, **36**, 323 (1993); R. J. Fletcher, M. Kizil, J. A. Murphy, *Tetrahedron Lett.*, **36**, 323 (1996).

13) D. H. R. Barton, *et al.*, *J. Chem. Soc., Perkin Trans. 1*, **1980**, 2657; D. H. R. Barton, G. Bringmann, W. B. Mother-well, *J. Chem. Soc., Perkin Trans. 1*, **1980**, 2665, *Synthesis*, **1980**, 68; D. H. R. Barton, W. Hartwig, W. B. Motherwell, *Chem. Commun.*, **1982**, 447.

14) M. C. Samano, M. J. Robins, *Tetrahedron Lett.*, **32**, 6293 (1991).

15) N. Ono, *et al.*, *Tetrahedron Lett.*, **22**, 1705 (1981); N. Ono, *et al.*, *Chem. Lett.*, **1982**, 1079; N. Ono, H. Miyake, A. Kaji, *Chem. Commun.*, **1982**, 33; N. Ono, H. Miyake, M. Fujii, *Tetrahedron Lett.*, **24**, 3477 (1983); J. Dupuis, *et al.*, *J. Am. Chem. Soc.*, **107**, 4332 (1985); N. Ono, *et al.*, *J. Org. Chem.*, **50**, 3692 (1985); N. Ono, M. Fujii, A. Kaji, *Synthesis*, **1987**, 532.

16) I. E. Marko, A. Mekhalfia, *Tetrahedron Lett.*, **31**, 7237 (1990).

17) H. Togo, T. Muraki, M. Yokoyama, *Synthesis*, **1995**, 155.

18) D. Ma, C. Xia, H. Tian, *Tetrahedron Lett.*, **40**, 8915 (1999).

19) D. Dolenc, M. Harej, *J. Org. Chem.*, **67**, 312 (2002).

20) J. M. Barks, *et al.*, *Tetrahedron Lett.*, **41**, 6249 (2000).

21) E. Magnier, E. Vit, C. Wakselman, *Synlett*, **2001**, 1260.

22) T. Patra, *et al.*, *Eur. J. Org. Chem.* **2013**, 5247.

3

分子内環化反応

　炭素ラジカルによる側鎖炭素–炭素二重結合への五員環および六員環形成の環化反応速度定数を式3.1～式3.4に示した．同じsp^3炭素ラジカルでも，求電子性の高い炭素ラジカルは環化反応が速くなる（式3.1および式3.2）．また，sp^3炭素ラジカルとsp^2炭素ラジカルでは，sp^2炭素ラジカルのほうが環化反応は速くなる（式3.1および式3.4）．そして，炭素–炭素二重結合部位に置換基が導入されると，五員環と六員環の生成比が異なり，六員環形成が多くなる．これは立体障害と遷移状態における安定配座の変化によるものである（式3.1および式3.3)[1]．

$$\text{（式3.1）} \quad k_{exo}\ 2.3\times10^5\ s^{-1} \quad k_{endo}\ 4.1\times10^3\ s^{-1} \quad (25\ ℃) \tag{3.1}$$

$$\text{（式3.2）} \quad k_{exo}\ 4.4\times10^7\ s^{-1} \quad k_{endo}\ 5.2\times10^6\ s^{-1} \quad (27\ ℃) \tag{3.2}$$

$$\text{（式3.3）} \quad k_{exo}\ 5.3\times10^3\ s^{-1} \quad k_{endo}\ 9.0\times10^3\ s^{-1} \quad (25\ ℃) \tag{3.3}$$

$$\text{（式3.4）} \quad k_{exo}\ 3.1\times10^8\ s^{-1} \quad k_{endo}\ 6.0\times10^6\ s^{-1} \quad (25\ ℃) \tag{3.4}$$

3.1 小員環への環化反応

3.1.1 sp³炭素ラジカルによる環化反応

a. 五員環および六員環の形成反応

ラジカル環化反応による五員環および六員環の形成は有機合成化学のなかでもっとも頻繁に用いられている手法であり,ラジカル反応特有の機能の一つである.環化反応の大半はBu_3SnHを用いた手法であるが,ほかにもいろいろなラジカル環化反応の手法が知られている.ラジカル環化反応の経験則として1章で述べたようにBaldwin則があり[2],なかでも,5-*exo-trig*環化や6-*exo-trig*環化はよく知られた環化モードである.式3.5は6-ブロモ-1-ヘキセンの還元反応における環化体と還元体の割合を,Bu_3SnHと$[(CH_3)_3Si]_3SiH$で比較したものである[3].後者は水素供与能がやや低いため,その分,環化体の割合が増加してくる.

$[(CH_3)_3Si]_3SiH$	93%	2%	4.1%
Bu_3SnH	83%	1.2%	15%

(3.5)

式3.6は1,1,5-trimethyl-5-hexen-1-ylラジカルの環化反応における,5-*exo-trig*環化と6-*endo-trig*環化の割合を,温度およびBu_3SnHの濃度変化について実験した結果である.40℃でBu_3SnHの濃度が低下するにつれ(水素原子供与体量が減少する),還元体の量は大きく減少し,環化体の量は増加する[4].同一条件下100℃でも同様の傾向はみられるが,全体的に環化体の量が増加する.さらに顕著な違いは,6-*endo-trig*環化体が増加している点である.一般に,環化反応は活性化エネルギーが少し増えるため,温度の上昇とともに,環化体の割合は増加する傾向にある.さらに,温度の上昇により反応が熱力学的支配となり,*endo*付加体が増加する.

つまり,5-*exo-trig*環化体は速度論的支配下の生成物であり,6-*endo-trig*環化体は熱力学的支配下の生成物であることを示唆している[4].

環化反応の遷移状態は図3.1に示したように,炭素-炭素二重結合のπ面に対して,側鎖炭素ラジカルが垂直方向から,角度θが約109°の角度で近づいて軌道間相互作用をして付加環化反応するのがエネルギー的に好ましい.*exo*環化か*endo*環化かは,これらの遷移状態をとれるか否かで決まってくる.

3.1 小員環への環化反応

$$\text{(構造式)} \xrightarrow[C_6H_6]{\text{AIBN}} \text{(構造式)} + \text{(構造式)} + \text{(構造式)} \quad (3.6)$$

[Bu₃SnH] [mol L⁻¹]	温度 [℃]	還元体	5-*exo-trig* 体	6-*endo-trig* 体
0.5	40	55.0	23.1	21.9
0.025	40	8.9	47.1	44.0
0.5	100	25.6	27.6	46.8
0.025	100	4.1	37.4	58.5

図 3.1 環化反応の遷移状態

　式 3.7 に示したように，環化する炭素鎖にヘテロ原子を導入しても，*exo* 環化と *endo* 環化の比率は異なってくる[4]．これも，図 3.1 に示した遷移状態のとりやすさが関わってくる．また，環化側鎖へのアルキル基導入は環化体の *cis*/*trans* 比に影響を与える．たとえば，式 3.8a〜式 3.8c は，5-hexen-1-yl ラジカルの側鎖にメチル基が導入されたとき，2 位，3 位，4 位のいずれに導入されたかで，生成物のジメチル基の *cis*/*trans* 比が左右されてくる[4]．これは，5-*exo-trig* 環化反応の遷移状態での各メチル基がエクアトリアルを取るためである．これらの 5-*exo-trig* 環化反応速度定数はそれぞれ $2.4 \times 10^5 \text{ s}^{-1}$，$7.0 \times 10^5 \text{ s}^{-1}$，$7.5 \times 10^5 \text{ s}^{-1}$ で，母体の 5-hexen-1-yl ラジカルの $2.4 \times 10^5 \text{ s}^{-1}$ とほとんど同程度である．一方，5-hexen-1-yl ラジカルの側鎖ジメチル基が 2,2 位，3,3 位，4,4 位になると環化反応速度は約 10 倍増加し 10^6 s^{-1} 程度になる．

$$\text{(構造式)} \xrightarrow[80℃]{\text{Bu}_3\text{SnH}} \text{(構造式)} + \text{(構造式)} \quad (3.7)$$

X = S	1	:	8
X = SO₂	1	:	37

$$\text{(構造式)} \longrightarrow \text{(構造式 major)} \longrightarrow \text{(構造式)} \quad (3.8a)$$

trans : *cis* = 1.8 : 1.0

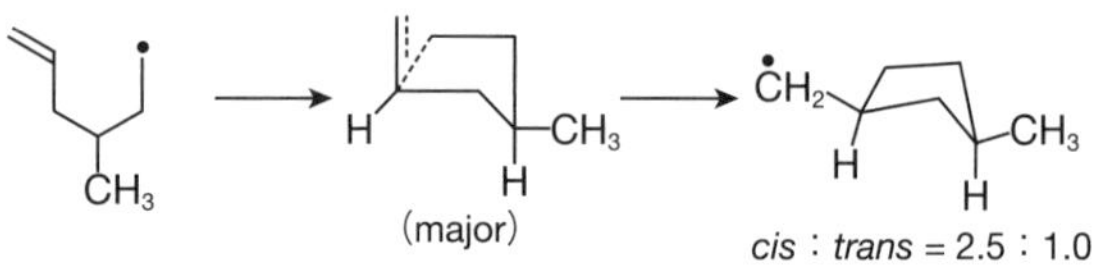

(3.8b)

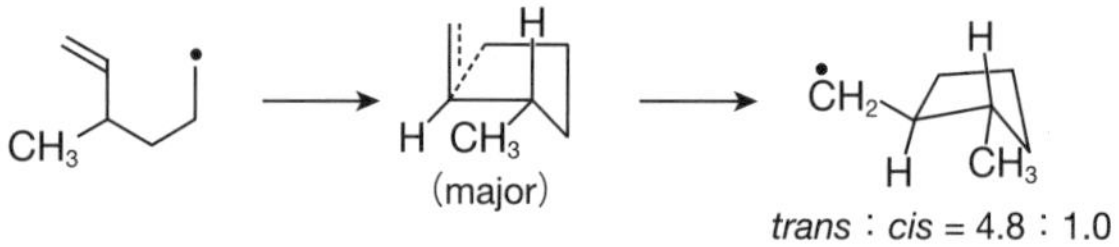

cis : *trans* = 2.5 : 1.0

(3.8c)

trans : *cis* = 4.8 : 1.0

　これら分子内環化反応がSOMO-LUMO軌道間相互作用であることは，5-hexen-1-ylラジカルのオレフィン部分の水素原子3個をフッ素原子3個に置き換えると，5-*exo-trig* 環化反応速度が，もとの5-hexen-1-ylラジカルに比べ，2倍促進されることからもわかる．つまり，フッ素原子の電子求引性がオレフィン部位のLUMOのエネルギー準位を下げている．以上で述べたラジカル5-*exo-trig* 環化反応は，有機合成における骨格構築法として頻繁に用いられている[5]．たとえば，式3.9～式3.11の反応はγ-ラクトンおよびγ-ラクトールへのBu$_3$SnH/AIBN系による環化反応である．このように，酸に弱いアセタールやケタールのような官能基を有する基質にも適用できることは，ラジカル反応の機能の一つである[5]．

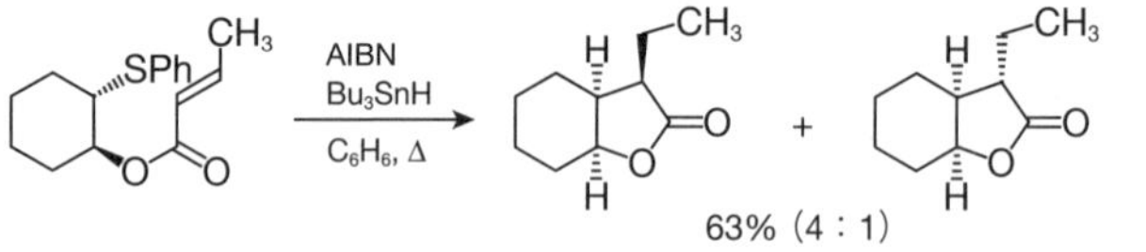

(3.9) 63% (4:1)

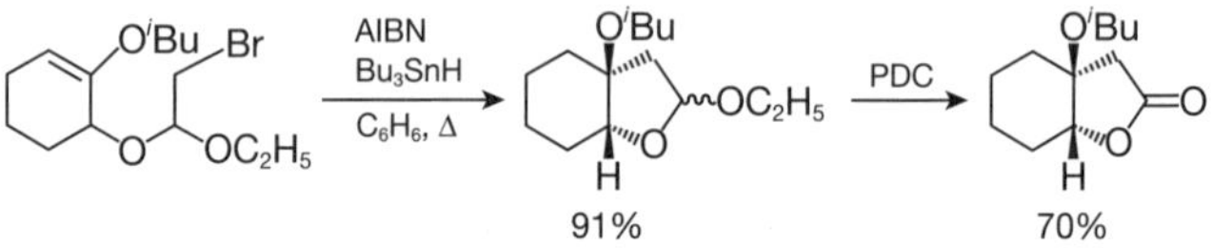

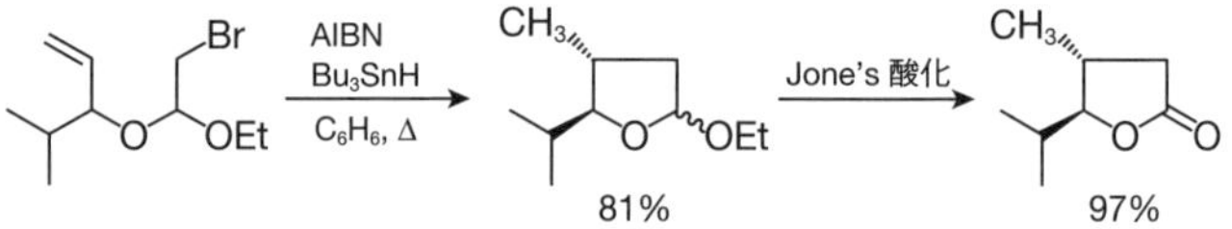

(3.10) 91%, 70%

(3.11) 81%, 97%

　式3.9～式3.11で用いた出発原料は，アルケンやビニルエーテルにカルボン酸やアルコールをPhSClやNBSと反応させることにより容易に得られるため，汎用性がある．ラクトンばかりでなくフラン環にも誘導できる．式3.12は臭化アレン化合物の5-*exo-trig* 環化反応によるテトラヒドロフラン環合成，式3.13は臭化アルキンの

5-*exo-dig* 環化反応によるフラン環構築反応である[5]．

$$(3.12)$$

$$(3.13)$$

式 3.14 はホモプロパルギルアルコールから誘導されたキサンテートメチルエステルの 5-*exo-dig* 環化反応である．これは脱酸素化反応（還元反応）ではなく，Bu$_3$Sn・がチオカルボニル基に付加して生じた炭素ラジカルが側鎖炭素–炭素三重結合に 5-*exo-dig* 付加環化して，γ-チオラクトンを形成し，後処理過程でチオカルボニル基が加水分解されて γ-ラクトンを与える反応である[6]．

$$(3.14)$$

このように，5-hexen-1-yl ラジカルや 5-hexyn-1-yl ラジカルの骨格炭素原子を酸素原子，硫黄原子，あるいは窒素原子で置換した基質を用いると，5-*exo-trig* や

5-*exo-dig* 環化反応により,シクロペンタン環ばかりでなく,フラン環,チオフェン環,およびピロリジン環などに誘導できる[7]. これらの反応はポリマー型のスズヒドリド(polystyrene-supported-Bu$_2$SnH)を用いても同様に行える.

式3.15に示した1,1,2,2-テトラフェニルジシラン[(Ph$_2$SiH)$_2$]は安定な扱いやすい結晶であり,1-*O*-アリル-2-ブロモグリコシドにEt$_3$BあるいはAIBNを開始剤として反応させると,対応するビシクロ糖が効率的に得られ,種々の糖鎖に適用できる[8]. (Ph$_2$SiH)$_2$とBu$_3$SnHにおけるハロ糖の環化体と還元体の割合を比較すると,還元力の弱い前者は完全に環化体のみを与える.

MH	initiator	収率(%)	
(Ph$_2$SiH)$_2$	r.t., Et$_3$B	84	0
	Δ, AIBN	78	0
Bu$_3$SnH	r.t., Et$_3$B	37	44
	Δ, AIBN	65	32

(3.15)

アルカロイド類(環内に窒素原子を含む複素環化合物)は薬理活性の観点から重要な化合物であることから,アルカロイドの構築反応は大切である.式3.16に示した例はγ-thiophenoxylactam からアルカロイド系 Gephyrotoxin 前駆体の合成である.このほかにも同様のα-アミノラジカルやα-アシルアミノラジカルを用いた indolizidine や pyrrolizidine などのアルカロイド骨格の合成例がある[9].

(3.16)

塩化アルキルのC-Cl結合解離エネルギー(約80 kcal mol^{-1})は,対応する臭化アルキルやヨウ化アルキルのC-Br(約68 kcal mol^{-1})やC-I(約53 kcal mol^{-1})の結合解離エネルギーより大きいため,Bu$_3$Sn•との反応性は乏しい.そのため,実質的に塩化アルキルの還元にBu$_3$SnH/AIBN系は適用できない.しかし,トリクロロアセチル基やクロロジフルオロアセチル基になると,塩素原子の反応性が向上し,Bu$_3$SnH/AIBN

3.1 小員環への環化反応

系でも効率的に炭素ラジカルを発生する.ここで発生する炭素ラジカルはα位に電子求引性の大きい二つのハロゲン原子があるため,求電子的性質をもち,オレフィン部位と SOMO-HOMO 軌道間相互作用で環化する(式 3.17a～式 3.17c)[9].

$$\text{(3.17a)}$$

$$\text{(3.17b)}$$

$$\text{(3.17c)}$$

式 3.18 に示したエポキシドは MgI_2 との反応により,iodohydrine 等価体を系内で発生した後,速やかに $Bu_3Sn\cdot$ と反応して β-ヒドロキシラジカル等価体を発生し,6-*exo-trig* 環化でシクロヘキサノール誘導体を生成する[10].エポキシドはオレフィンの酸化により容易に得られることから,この手法はオレフィンをラジカル前駆体とみなせるので,合成的用途は大きい.

$$\text{(3.18)}$$

α位がフッ素置換された γ-ラクトンは薬理活性の観点から大変興味がもたれている.しかしながら,式 3.19 に示したように,α,α,α-ブロモジフルオロアセタートから生成した α,α-ジフルオロアセタートラジカルは安定化しすぎて,反応性が低く,5-*exo*-

trig 環化しないで還元体のみを生成してしまう．そこで，基質のエステル基を DIBAL (^{i}Bu$_2$AlH) 還元し，TMS-アセタール化してから 5-*exo-trig* 環化をさせると，TMS-ラクトール環化が円滑に進行し，最後に PDC 酸化することにより α,α-ジフルオロ-γ-ラクトンを生じる[11]．

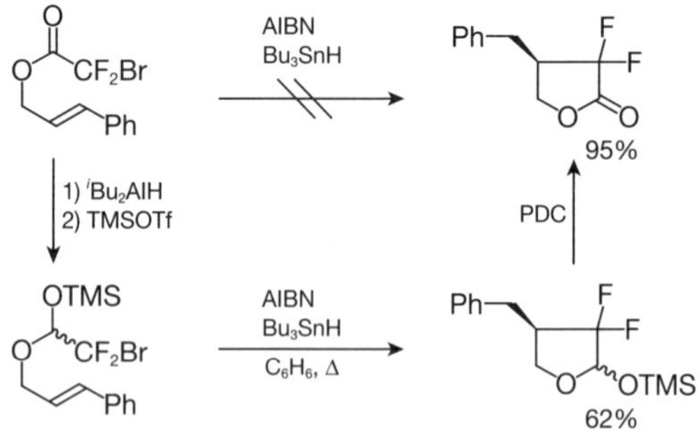

(3.19)

似たような α-カルボニルラジカルでも，式 3.20 や式 3.21 の例は 5-*endo-trig* 環化モードで環化反応が進行し，Baldwin 則に従わない．これは，5-*endo-trig* 環化により生成したラジカル (**A**) がエステル基とアミド基窒素により安定化されるためである．一般に，電子供与基のアミド基窒素と電子求引基のエステル基に挟まれたラジカルは生成しやすくなるとともに，反応性も高くなる．これはカプトデーティブ (capto-dative) 効果といわれる．式 3.20 や式 3.21 の反応では Baldwin 則に従った 4-*exo-trig* モードでの環化体より，5-*endo-trig* モードで環化したラジカル (**A**) のほうが，熱力学的に安定であり，生成しやすくなったからである．つまり，これは熱力学的支配の反応である[11]．

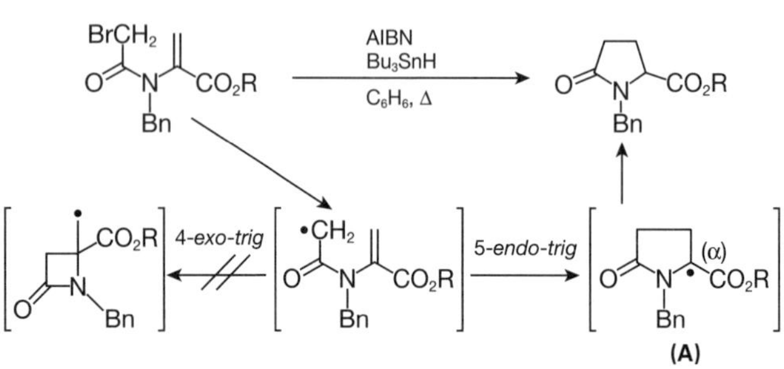

(3.20)

$$\text{(3.21)}$$

式 3.22 および式 3.23 は N,N-ジ(アリル)- および N,N-ジ(ホモアリル)スルホンアミドから生じた α-スルホニルメチルラジカルの環化反応で,6-*endo-trig* 環化に比べて,5-*exo-trig* 環化反応は優先的に進行するのに対し,6-*exo-trig* 環化に比べて,7-*endo-trig* 環化反応が優先的に進行する[12]。

$$\text{(3.22)}$$

$$\text{(3.23)}$$

式 3.24 は電子欠損したピリジニウム o 位への環化反応であり,式 3.25 はホルミル基で活性化されたインドール環 α 位へのラジカル Michael 付加型 5-*exo-trig* 環化反応である[12]。

$$\text{(3.24)}$$

$$\text{(3.25)}$$

b. 巧みな反応手法

通常，Bu_3SnH を用いたラジカル反応は，基質としてハロゲン化アルキルを用いるが，カルボニル化合物を用いた式 3.26 および式 3.27 の反応は興味深い．つまり，式 3.26 はホルミル酸素への $Bu_3Sn\cdot$ の付加，続く 5-*exo-trig* 環化によるテトラヒドロフラン環の形成，式 3.27 は α,β-不飽和ケトンのカルボニル酸素への $Bu_3Sn\cdot$ の付加，続く 5-*exo-trig* 環化による *trans*-1,2-ジ(アセチルメチル)シクロペンタン環形成反応である．副生する *cis*-ビシクロ体は，*cis*-1,2-ジ(アセチルメチル)シクロペンタンが分子内アルドール反応して生じたものである[13]．

$$(3.26)$$

R	R¹	収率 (%)	ジアステレオマー比
Ph	H	59	1:1
Me	Me	64	1:1

$$(3.27)$$

式 3.28 では O-benzoyl-N-benzylhydroxamic acid に Bu_3SnH を作用させると，$Bu_3Sn\cdot$ のベンゾイルカルボニル酸素への付加，続く β 脱離反応により，結合の弱い N-O 結合が切れ (Bu_3SnO_2CPh を副生)，窒素ラジカルであるアミジルラジカルが発生し，続く 5-*exo-trig* 環化で γ-ラクタムを与えている[13]．

$$(3.28)$$

3.1 小員環への環化反応

キサンテートエステルは通常，ヒドロキシ基の脱酸素的還元反応（Barton-McCombie 反応）に利用されるが，式3.29のように環化反応に用いることもできる．ここで，キサンテートエステルはアルコールに二硫化炭素とヨウ化メチル，あるいは thiocarbonyl diimidazole を作用させることにより容易に得られることから，式3.29の反応により，不飽和結合を有するアルコールから五，六員環化合物を合成できる[13]．

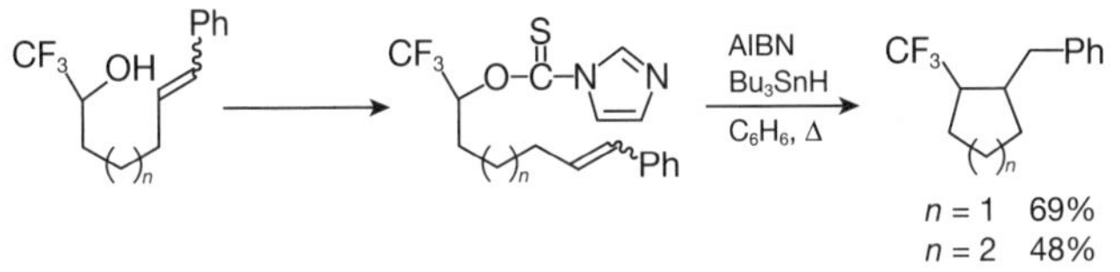

$$n = 1 \quad 69\%$$
$$n = 2 \quad 48\%$$
(3.29)

式3.30に示したキサンテートエステルを用いると，$Bu_3Sn\cdot$ のチオカルボニルへの付加により生成した炭素ラジカルが，β脱離する前に，側鎖炭素-炭素二重結合へ 5-*exo-trig* 環化してチオラクトンを生成する[13]．

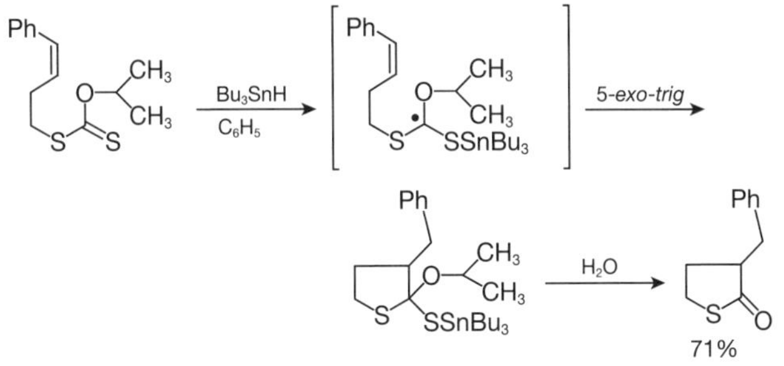

(3.30) 71%

ケイ素グループを用いた環化によるヒドロキシ基導入（silicon-tethered radical approach）は Stork らにより開発された．式3.31に示した反応は，アリルアルコール誘導体のヒドロキシ基に，ブロモメチル基を有するケイ素グループを導入し，ケイ素側鎖で 5-*exo-trig* ラジカル環化させ，最後に KF/H_2O_2 酸化処理により炭素-ケイ素結合を酸化的に切断してヒドロキシ基を導入する手法である．結果的にアリルアルコール誘導体から，その2位をヒドロキシメチル化した1,3-ジオール誘導体を生じる[14]．

アシルラジカルも求核的性質をもつため，一般に SOMO-LUMO 軌道間相互作用で環化する．式3.32の反応はセレノールエステルから生じたアシルラジカルによる 5-*exo-trig* および 6-*exo-trig* 環化反応である[15]．遷移状態（**B**）を経ることで，いずれもシス選択性が高くなる．反応を加熱でなく，室温以下で行うと，この選択性はより向上する．

式3.33に示したSe-phenyl selenocarbonateや，式3.34に示したSe-phenyl selenocarbamateもBu$_3$SnH/AIBN系や[(CH$_3$)$_3$Si]$_3$SiH/AIBN系を用いた同様の反応により，カルボニルラジカルやカルバモイルラジカルを発生し，10^8 s^{-1}程度の環化反応速度でγ-ラクトンやγ-ラクタムを生じる[15]．

窒素-窒素多重結合を有するアゾ基やアジド基も炭素ラジカルによる同様の5-*exo-trig*あるいは6-*exo-trig*環化反応が窒素原子上で生じ，ピロリジンやピペリジン骨格を形成する（式3.35）[16]．この方法により，ノジリマイシンのようなアミノ糖の合成も可能であろう．

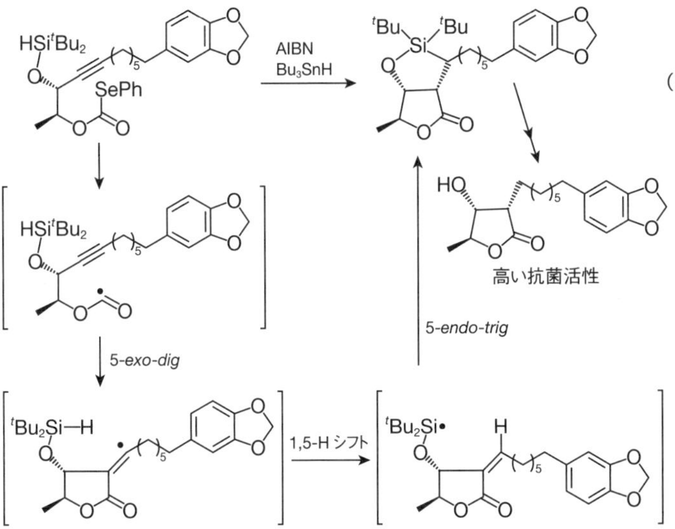

3.1 小員環への環化反応   79

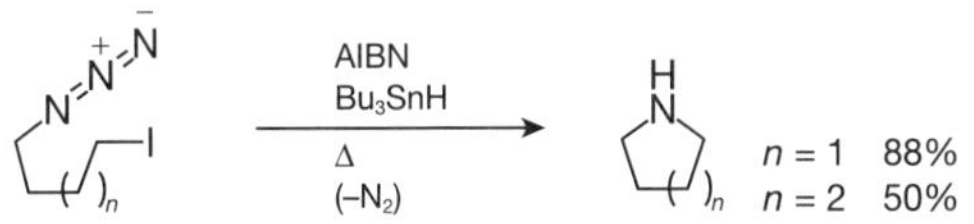

(3.33)

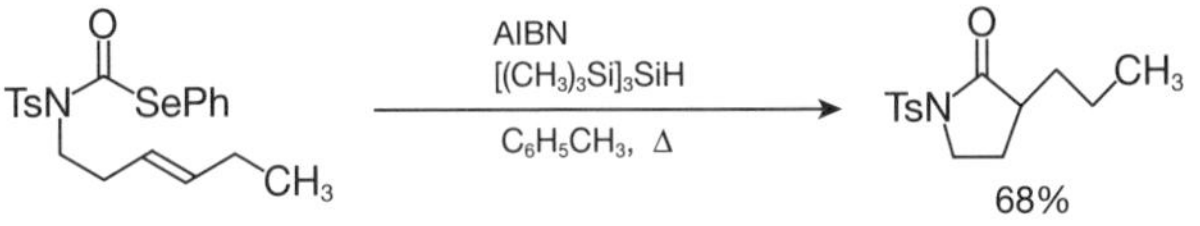

高い抗菌活性

5-exo-dig

1,5-H シフト

5-endo-trig

(3.34) 68%

(3.35) $n=1$ 88% $n=2$ 50%

  α-ハロアセトアミドや α,α,α-トリハロアセトアミドおよびエステル類は，求電子性が高く，一電子還元されやすい．たとえば，式3.36に示したように，α,α,α-トリハロアセトアミドに無機金属塩である Cu^+ を添加すると，一電子移動（SET）還元により，対応する α-アミドラジカルを発生する．Cu^+ からの一電子還元により副生した Cu^{2+} は，再び酸化剤として機能して Cu^+ に戻るので，結果的に Cu^+ は触媒量でよい．式3.36は 5-*endo-trig* 環化反応の例である．また，Cu^+ をポリマー鎖のアミノ基に配位させて同様の反応を遂行することもできる[17]．

  式3.37では2,2,2-トリクロロエチルエーテルの Mn/Cr^{2+} 系による SET で炭素ラジカルを発生させ，5-*exo-dig* 環化，異性化，続く脱 HCl によりフラン環を構築している[17]．

SmI$_2$ も優れた SET 剤であり,しかも色の変化が反応性の目安になるのでたびたび用いられる.式 3.38 に示した反応のように ω-ヨード-α,β-不飽和エステルに SmI$_2$ を作用させると,SET で生じた炭素ラジカルによる 5-*exo-trig* 環化を経て,環状炭素鎖糖 (carbocyclic sugar) を生じる.また,式 3.39 の反応のように O-ベンジルケトオキシムに SmI$_2$ を作用させると,カルボニル基への SET によりケチルラジカルを発生し,イミノ二重結合への 5-*exo-trig* 環化反応でアミノ糖を生成する[18].最近は,糖鎖内の酸素原子を炭素原子や窒素原子に置き換えた疑似糖が,生物活性の観点から注目されているので,このようなラジカル環化反応による疑似糖生成物は興味ある化合物である.

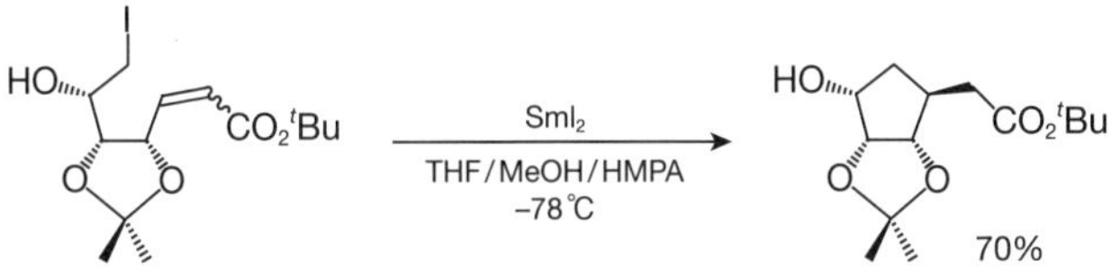

3.1 小員環への環化反応　*81*

$$\text{(3.38)}$$

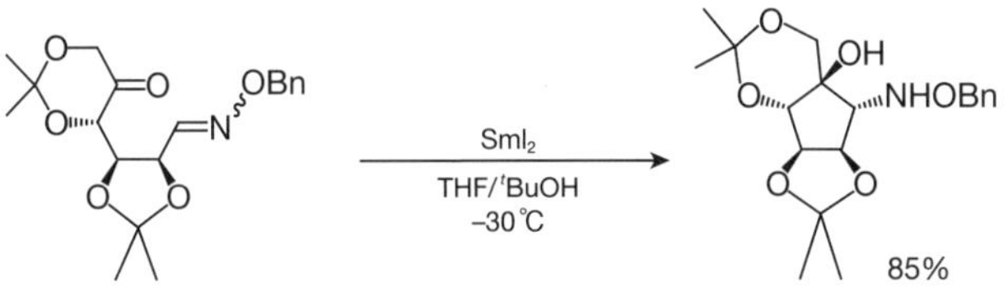

$$\text{(3.39)}$$

式3.40の反応では2-シアノエチル基をもつ環状ケトンから，SmI_2によりケチルラジカルが生じ，側鎖ニトリル基への 5-*exo-dig* 環化によって二環性 α-ヒドロキシケトンを形成している[18]．一方，式3.41の反応はニトロ化合物の $Ce^{4+}[Ce(NH_4)_2(NO_3)_6$，CAN] による酸化的反応で生じた炭素ラジカルの 5-*exo-trig* 環化，続いて生じた炭素ラジカルの Ce^{4+} によるカルボカチオンへの酸化反応である[19]．

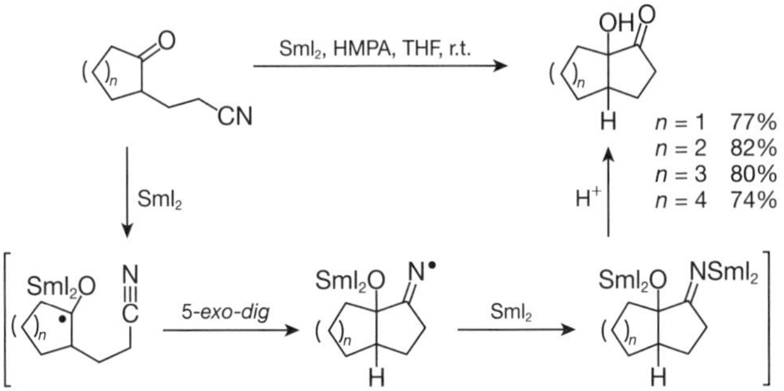

$$\text{(3.40)}$$

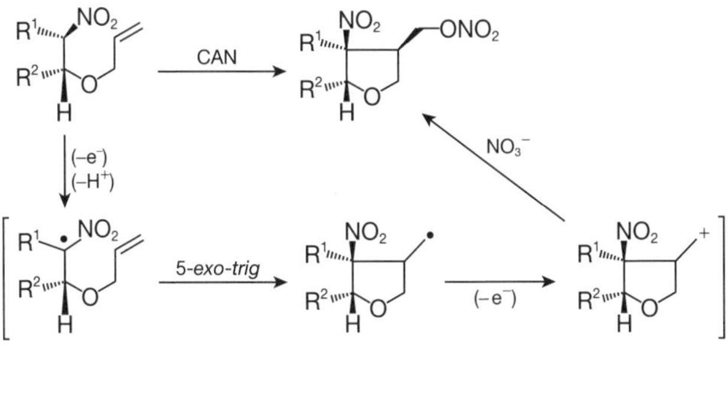

$n = 1$　77%
$n = 2$　82%
$n = 3$　80%
$n = 4$　74%

$$\text{(3.41)}$$

c. 四員環の形成反応

通常の極性反応を用いても,四員環の形成は困難である.そのため,四員環化合物の合成にはアルケン同士の[$2\pi+2\pi$]光付加環化反応が合成化学的に用いられている.また,Baldwin 則に従った 4-*exo-trig* 環化モードでのラジカル環化反応も,生成する四員環のひずみのため困難である.つまり,ラジカル反応による 4-*exo-trig* 環化モードも,反応速度が著しく小さく合成的価値はない.しかしながら,SOMO-LUMO あるいは SOMO-HOMO 軌道間相互作用を有利にし,4-*exo-trig* 環化により生成したラジカルを安定化させると,合成的価値が出てくる[20].たとえば,Bu$_3$SnH/AIBN 系を用いて,側鎖に環状 *gem*-ジアルコキシ基をもつ ε-ブロモ-α,β-不飽和エステルから生じた炭素ラジカルの 4-*exo-trig* 環化反応例を式 3.42a に示した.この反応は SOMO-LUMO 軌道間相互作用で進行し,環状 *gem*-ジアルコキシ基が 1,3-ジオキサン型の六員環のときは定量的に 4-*exo-trig* 環化体を生じるが,1,3-ジオキソラン型の五員環では,そのひずみ構造のために 4-*exo-trig* 環化体をまったく生成しない.4-*exo-trig* 環化により生じたラジカルを α-エステルラジカルとして安定化させることも,この反応の駆動力である[20].式 3.42b も同様に,ε-*Se*-フェニル-α,β-不飽和エステルから生じた炭素ラジカルの 4-*exo-trig* 環化反応例である.これは,γ位の *gem*-ジフルオロメチレン基が環化の重要な働きをしており,フッ素置換されていないと収率は減少する[20].

$n = 1$ 　0%
$n = 2$ 　100%　　　　(3.42a)

78% (2.6 : 1)　　　　(3.42b)

式 3.43 は *N*-ビニル-α-ブロモアミドの Bu$_3$SnH/AIBN 系を用いた 4-*exo-trig* 環化反応による β-ラクタムの合成で,環化により生じた炭素ラジカルをベンジル位ラジカルとして安定化させている[20].式 3.44 は Barton 脱炭酸反応により生じた炭素ラジカルの 4-*exo-trig* 環化反応で,同様に,環化で生じた炭素ラジカルをベンジル位ラジカルとして安定化させている[20].一方,式 3.45 の反応は SmI$_2$ によるホルミル基への SET でケチルラジカルを発生させ,α,β-不飽和エステル鎖へ 4-*exo-trig* 環化させた反

応であり，環化により生じたラジカルは α-エステルラジカルとして安定化され，生成しやすくなっている[20]．

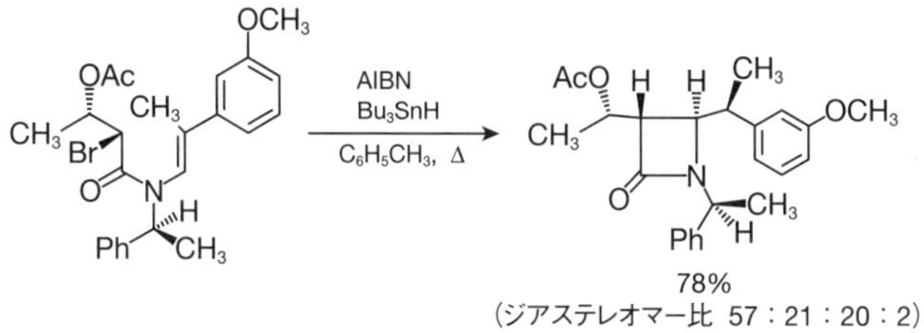

(3.43)

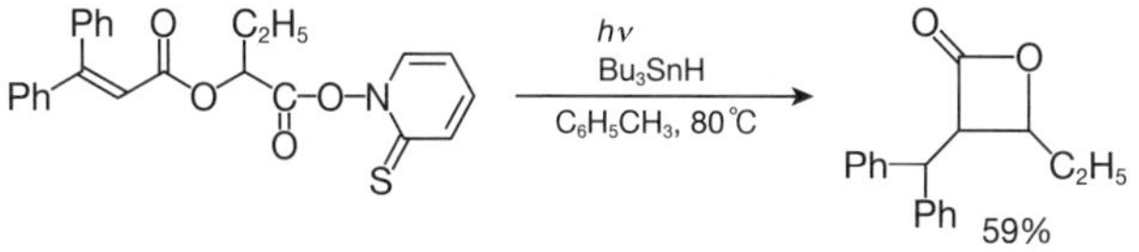

78%
(ジアステレオマー比 57：21：20：2)

(3.44)

59%

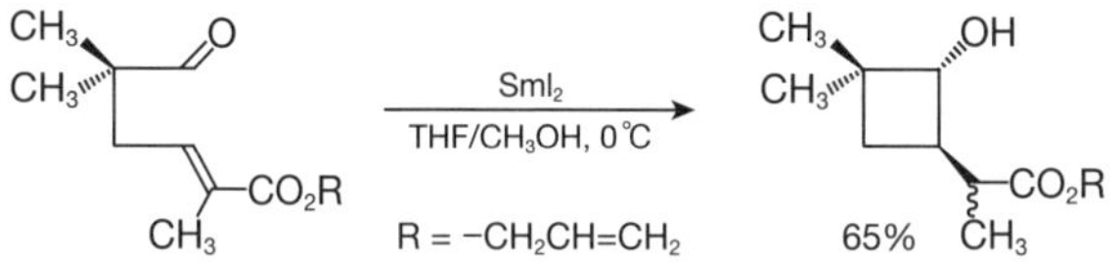

(3.45)

四員環形成の還元的反応例として，式3.46に示したように α,α,α-トリクロロアセトアミド誘導体を CuCl と反応させると，Cu^+ からの SET により生じた α-アミドラジカルが 4-*exo-trig* 環化して β-ラクタムを生じる[20]．

一方，式3.47a および式3.47b の反応では $Mn(OAc)_3$ を用いた酸化的条件下でマロン酸アミドエステルの活性メチレンを酸化して α-マロニルラジカルが生じ，その側鎖への 4-*exo-trig* 環化で β-ラクタムを生じる[20]．ここで 4-*exo-trig* 環化により生成したラジカルはベンジル位ラジカルとなり共鳴安定化するとともに，$Mn(OAc)_3$ により速やかに炭素カチオンになるため，四員環形成が有利となっている．式3.47 の反応は CAN を用いても進行する．これら 4-*exo-trig* 環化反応はいずれも SOMO-HOMO 軌道間相互作用により反応が進行している．

84   3 分子内環化反応

d．三員環の形成反応

　四員環に比べ，ひずみのより大きい三員環への 3-*exo-trig* 環化はきわめて困難であり，反応例も非常に少ない．式 3.48 に示した反応を完全なラジカル 3-*exo-trig* 環化反応例としてあげるのは疑問もあるが，一応，SmI_2 による 5-ヨード-2-ペンテン酸エステルへの SET 系でホモアリルラジカルを生じ，3-*exo-trig* モードでラジカル環化したとも考えられる[21]．もちろん，ホモアリルラジカルへのさらなる SET により，ホモアリルアニオンが 3-*exo-trig* モードで環化したとも考えられる．しかし，溶媒にメタノールを用いていることから，ラジカル 3-*exo-trig* 環化反応の可能性は高い．式 3.49 は 5-オキソ-2-ペンテン酸エステルの SmI_2 によるホルミル基への SET，続く 3-*exo-trig* モードでのラジカル環化反応で，遷移状態（**C**）を経由する[21]．式 3.50 はカルボニル基の光照射による n-π* 電子遷移，Norrish II 型の 1,5-H シフト，MsO^- の脱離，ラジカル中心の 1,2-転位，続く分子内ラジカルカップリングによるシクロプロピルケトンの形成である[21]．

$$\text{I}\diagup\!\!\diagdown\!\!\diagup\text{CO}_2\text{Bn} \xrightarrow[\text{r.t.}]{\text{SmI}_2,\ \text{THF/CH}_3\text{OH}} \triangle\!\!-\text{CO}_2\text{Bn} \quad 99\% \qquad (3.48)$$

$$\text{OHC-C(CH}_3\text{)}_2\text{-CH=CH-CO}_2\text{Bn} \xrightarrow[\text{r.t.}]{\text{SmI}_2,\ \text{THF/}^t\text{BuOH}} \text{(HO)(CH}_3\text{)}_2\text{C}\triangle\text{CH}_2\text{CO}_2\text{Bn} \quad 90\% \qquad (3.49)$$

（**C**）

$$\text{Ph-CO-CH(CH}_3\text{)-OMs} \xrightarrow{h\nu} \text{Ph-CO-}\triangle \quad 87\% \qquad (3.50)$$

　式 3.51a は 1,3-ジヨードプロパン誘導体の $(C_6F_{13}CH_2CH_2)_3SnH$ によるラジカル 3-*exo-tet* 環化モードによるシクロプロパン環の形成であり，式 3.51b は 1,3-ジブロ

モプロパン誘導体の SmI_2 による SET を伴ったラジカル 3-*exo-tet* 環化モードによるシクロプロパン環の形成である．また，式 3.51c は 1,3-ジヨードプロパン誘導体のヒドリド還元剤である $LiAlH_4$，一電子還元剤である金属 Na や Cr^{2+}，ラジカル還元剤である Bu_3SnH によるラジカル 3-*exo-tet* 環化モードによるシクロプロパン環の形成である．これらの知見から，ラジカル 3-*exo-tet* 環化モードは実在するようである[22]．

$$Ph\diagdown\diagdown I \xrightarrow[{}^tBuOH, 80℃]{AIBN, NaBH_3CN \atop (C_6F_{13}CH_2CH_2)_3SnH} \left[Ph\diagdown\diagdown I \right] \xrightarrow[(-I\bullet)]{3\text{-}exo\text{-}tet} Ph\diagdown\triangle \quad 86\% \quad (3.51\text{a})$$

$$\begin{array}{c} R \\ R \end{array}\!\!\diagup\!\!\diagdown\!\!\begin{array}{c} Br \\ Br \end{array} \xrightarrow[THF, \Delta]{SmI_2} \left[\begin{array}{c} R \\ R \end{array}\!\!\diagup\!\!\diagdown\!\!\begin{array}{c} \bullet \\ Br \end{array} \right] \xrightarrow[(-Br\bullet)]{3\text{-}exo\text{-}tet} \begin{array}{c} R \\ R \end{array}\!\!\triangle \quad (3.51\text{b})$$

R	収率（%）
C_6H_5	87
p-$CH_3OC_6H_4$	82
p-ClC_6H_4	80
$CH_3(CH_2)_9CH_2$	82

$$Ph\text{-}CH_2\text{-}\underset{CH_2I}{\underset{|}{\overset{CH_3}{\overset{|}{C}}}}\text{-}CH_2I \xrightarrow{\text{reagent}} Ph\text{-}CH_2\text{-}\triangle\text{-}CH_3 \quad (3.51\text{c})$$

	reagent	収率（%）
Et_2O	$LiAlH_4$	97
liq. NH_3	Na	80
DMF	$CrSO_4$	100
C_6H_6	Bu_3SnH	94

3.1.2　sp^2 炭素ラジカルによる環化反応

a．五員環および六員環の形成反応

　芳香族ハライドあるいはビニルハライドに $Bu_3Sn\bullet$ を作用させて発生する sp^2 炭素ラジカルは σ ラジカルであり，π ラジカルである sp^3 炭素ラジカルに比べて反応性が高い．この sp^2 炭素ラジカルも環化により，五員環および六員環の形成反応に活用できる．sp^2 炭素ラジカルの高い反応性は，環化により生じた炭素-炭素結合が，sp^3 炭素ラジカルから生じた炭素-炭素結合より強い結合となり，熱力学的に有利になるためである．たとえば，エタンの $(sp^3)C\text{-}C(sp^3)$ 結合解離エネルギーは 88 kcal mol^{-1} なのに対し，トルエンのメチル基付け根の $(sp^2)C\text{-}C(sp^3)$ 結合解離エネルギーは 102 kcal mol^{-1}

で，後者は 14 kcal mol^{-1} も強い結合を形成する．式 3.52 および式 3.53 は，o-ハロフェニルアリルエーテルあるいは o-ハロフェニルアリルアミンの Bu$_3$SnH 系による sp^2 炭素ラジカルの生成と分子内 5-*exo-trig* 環化反応，および分子内環化反応と分子間付加反応の tandem 型反応の例である[23]．ハライドとしてはヨウ化物あるいは臭化物が適している．

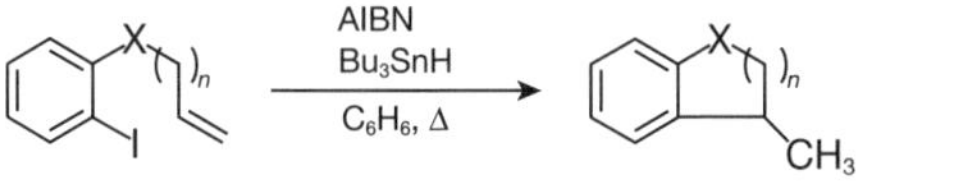

(3.52)

X	n	収率（%）
CH$_2$	1	50
O	1	99
NCH$_3$	1	78
O	2	62

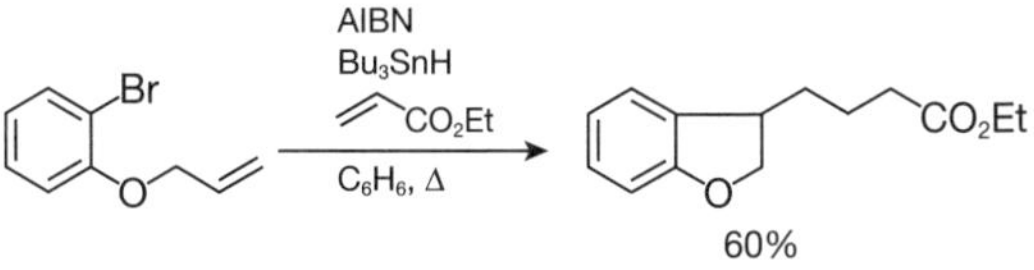

(3.53)

この手法で芳香族縮環系のラクトンやラクタムが容易に得られる．側鎖がアリル基でなくプロパルギル基のような三重結合でもラジカル 5-*exo-dig* 環化モードで同様に進行する．sp^2 炭素ラジカルは反応性が高いために式 3.54 のように，アルケンとしての反応性が低いウラシル基にも環化して三環系 isoindolinone を生じる[24]．sp^3 炭素ラジカルではウラシル基への環化は生じない．

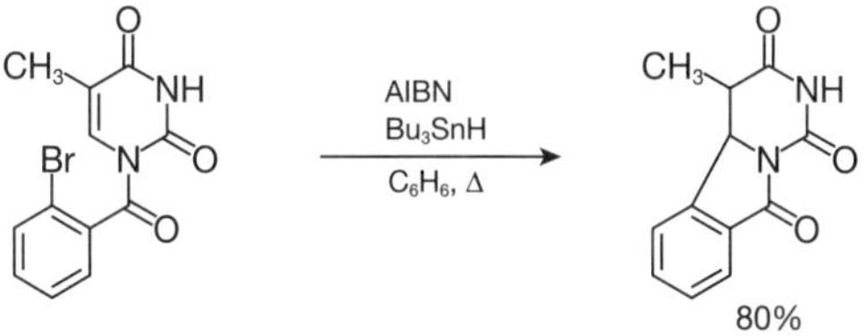

(3.54)

通常のアルキルラジカルが sp^3 炭素ラジカルで π ラジカルなのに対し，フェニルラジカルは sp^2 炭素ラジカルであり，σ ラジカルなので反応性が高い．そのため，炭素–炭素不飽和結合ばかりでなく，側鎖芳香環とも反応して環化体を生じる．式 3.55〜式 3.61 に，三縮環系，四縮環系，および五縮環系への環化反応の例を示した．ベンゼン環への環化による天然物 5-Oxoaporphine 骨格の合成 (式 3.55)，[5]ヘリセン合成 (式 3.57)，側鎖インドールへの環化 (式 3.58 および式 3.59)，側鎖アクリジン環

への環化による五縮環系アクリジン合成(式3.60),キノリン環への環化によるベンゾアクリジン合成(式3.61)などが知られている.AIBN を多めに用いると,収率は向上する[25].

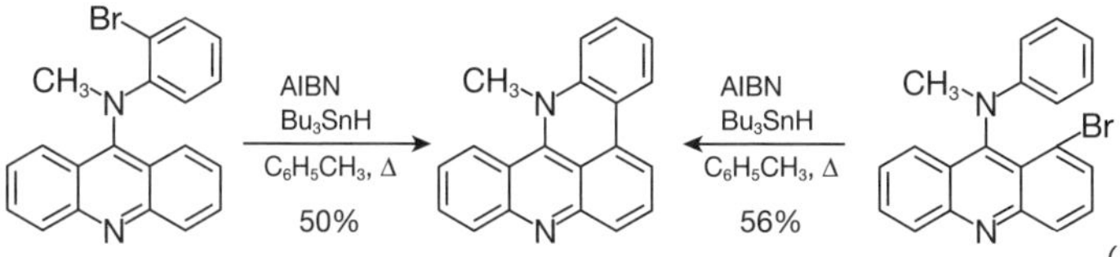

3.1 小員環への環化反応

(3.60)

(3.61a)

(3.61b)

通常の sp^3 炭素ラジカルでは，芳香環が安定化しているため，分子内芳香環へのラジカル環化反応や置換反応は進行しない．しかしながら，反応性の高い sp^2 炭素ラジカルでは側鎖芳香環へ 6-*exo-trig* モードで環化反応が進行する場合が多い．これは，AIBN 由来のイソブチロニトリルラジカル [$(CH_3)_2(CN)C\cdot$] が付加中間体の水素原子を引き抜いて，置換反応を成立させているためである．式 3.62 に示した 2-ブロモピリジンを N-アルキル化したピリジニウム塩は，その有機溶媒への不溶性のため扱いにくくなるが，アセトニトリルを溶媒として $Bu_3SnH/AIBN$ 系と反応させると，ピリジニウム α 位の sp^2 炭素ラジカルが発生し，側鎖炭素-炭素二重結合に 5-*exo-trig* 環化あるいは 6-*exo-trig* 環化させることができる．生成したピリジニウム環化体の塩を還元すると，種々のアルカロイド系骨格が得られるので，この手法はアルカロイド系化合物の骨格合成に適している[26]．

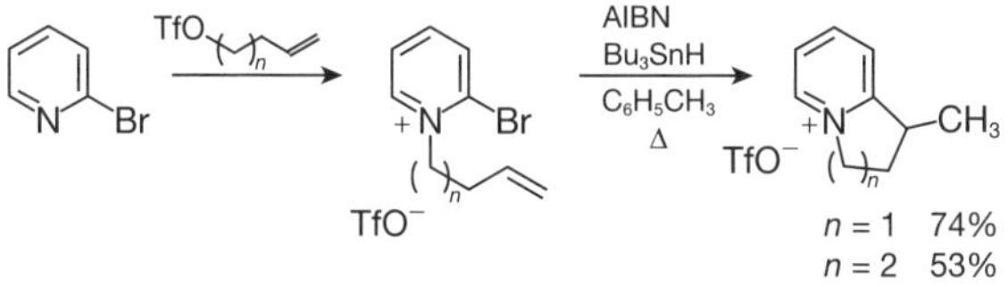

(3.62)

式 3.63 はビニルラジカルによる 5-*exo-dig* 環化反応によるフラン誘導体構築反応であり，式 3.64 はフェニルラジカルによる分子内チミン環への環化反応である．式 3.65 は 5-*exo-trig* 環化反応であるが，イミノ窒素原子への環化反応である[27]．

b. 巧みな反応手法

ラジカル反応の特性を活かしたユニークな反応として，sp^2 炭素ラジカルから sp^3 炭素ラジカルへの 1,5-H シフトと，続く環化反応を連動させた反応がある．式 3.66 に 2-ブロモインドールアミドを用いた 1,5-H シフトと 5-*endo-trig* 環化による hexahydropyrrolo[3,4-*b*]indole の合成を，式 3.67 に *o*-ブロモアニリン誘導体を用いた 1,5-H シフトと 5-*exo-trig* 環化によるスピロ型ピロリジン-2-オン合成を示した[28]．

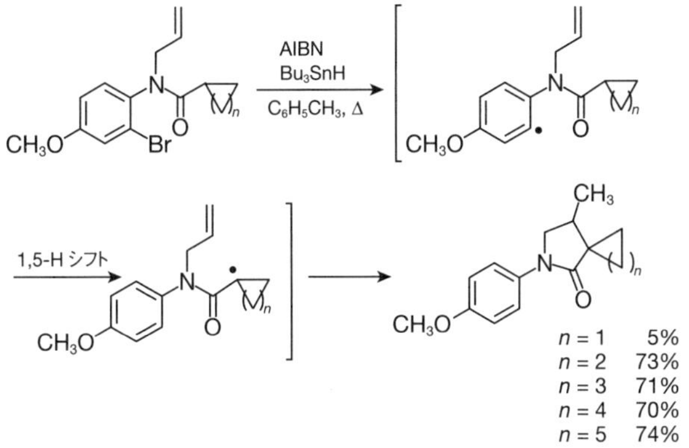

3.1 小員環への環化反応　91

(3.67)

n = 1　5%
n = 2　73%
n = 3　71%
n = 4　70%
n = 5　74%

　また式 3.68 には，ラジカル中心の β 位に脱離能の高いリン酸エステル官能基を有するラジカルから，その β 脱離によるカチオンラジカルの生成，続く極性環化反応とラジカル環化反応による二環性ピロリジンの形成反応を示した．radicophilicity（ラジカル種に対する親和力）の高いセレンのようなヘテロ原子上では炭素ラジカルによる S_H2 反応や S_Hi 反応が生じやすい．式 3.69 の反応は，N-ヒドロキシ-2-チオピリドンと塩化オギザリルを用いた Barton 脱炭酸反応をアルコールに適用した二重ラジカル脱炭酸による炭素ラジカルの生成と，続くセレン原子上での分子内の S_Hi 反応によるビタミン E 類縁体であるセレノクロマン環 2-(4,8,12-trimethyltridecyl)selenochromane の合成である[28)]．

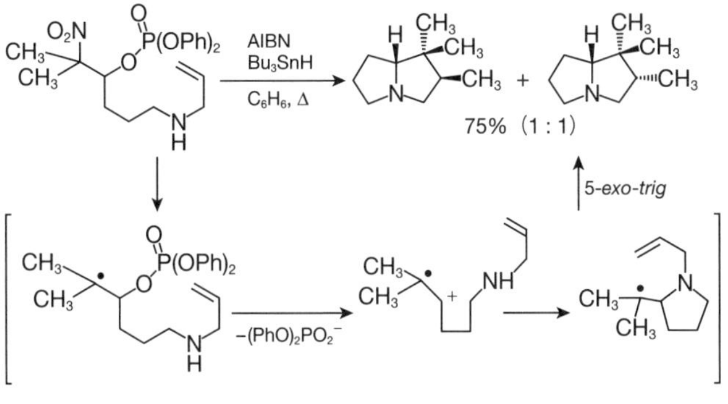

(3.68)

　同様の Barton 反応を用いて N-ヒドロキシ-2-チオピリドンの O-アシル体をチオールあるいは Bu_3SnH 存在下でタングステンランプ光照射すると，式 3.70 に示したように，生じたアリールオキシメチルラジカルが 6-exo-trig 環化し，続いて ^tBuSH から

水素原子を引き抜いてクロマン誘導体を生じる.さらに,ラジカル反応の特性が活かされたユニークな反応として,式3.71の例がある[29)].この反応は発生したsp^{2}炭素ラジカルによる 5-*exo-trig* 環化,続くラジカルβ脱離および脱二酸化硫黄反応によるスチルベン誘導体の合成である.この反応のポイントは二酸化硫黄放出である.別の視点から見ると,この反応は芳香環臭素の付け根へのスチレン基の転位反応であり,五員環遷移状態を経由した 1,4-ビニル転位反応ともいえる.この種の反応も極性反応にはみられない,ラジカル反応特有の反応である.

3.1 小員環への環化反応

同様の手法で,式3.72に示したように o-ブロモ-N-(ベンゼンスルホニル)アニリンに Bu_3SnH,$[(CH_3)_3Si]_3SiH$,あるいは $(Ph_2SiH)_2$ などを作用させると,sp^2 炭素ラジカルによる SO_2 ipso 位(芳香環置換基付け根)への環化を経て,脱二酸化硫黄反応を伴った 1,4-Ar 転位反応が生じてビフェニル誘導体を生じる.水素供給能力,つまり還元力の強い Bu_3SnH から還元力の弱い $(Ph_2SiH)_2$ に替えると,1,4-Ar 転位生成物が増加する[29].1,4-Ar 転位反応は生じたフェニルラジカルが五員環遷移状態を経て,側鎖ベンゼン環の C-S,C-Si,あるいは C-P 結合の ipso 位炭素原子上で反応し,より安定な炭素-炭素結合を形成する.同様の関連反応を式3.73〜式3.75に示した[29].

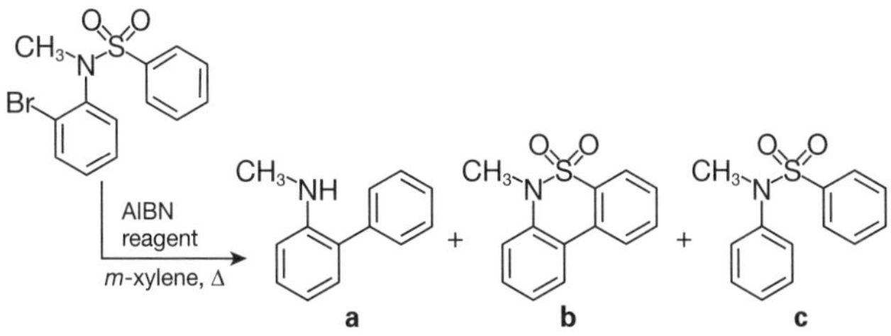

(3.72)

reagent	収率(%)		
	a	b	c
Ph_2SiH_2	20	23	–
Bu_3SnH	41	37	18
$[(CH_3)_3Si]_3SiH$	56	22	–
$(Ph_2SiH)_2$	60	31	–

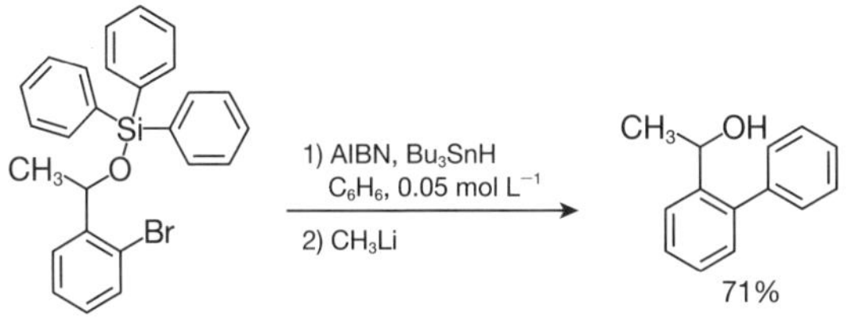

(3.73)

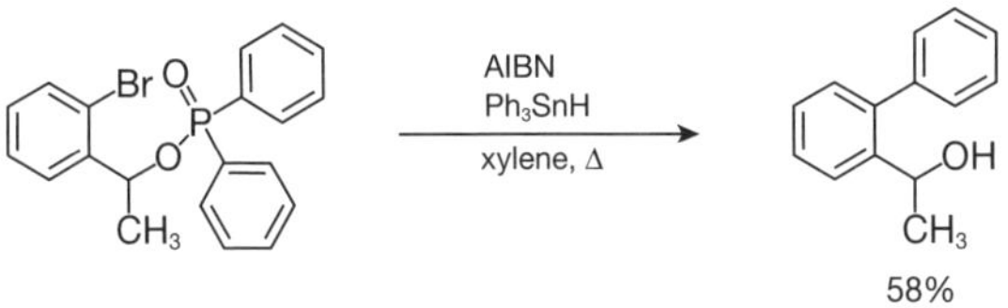

(3.74)

$$\text{(3.75)}$$

さらに機能的な反応として，sp^2 炭素ラジカルから sp^3 炭素ラジカルへのラジカルシフト反応がある．たとえば，式 3.76 の反応例は sp^2 炭素ラジカルの発生，1,5-H シフトによる sp^3 炭素ラジカルの生成，続く sp^3 炭素ラジカルの 5-*exo-trig* 環化によるシクロペンタン環の形成反応である[30]．この sp^2 炭素ラジカルから sp^3 炭素ラジカルへの 1,5-H シフト反応は $3 \times 10^7 \, s^{-1}$ というきわめて速い反応で進行する．

$$\text{(3.76)}$$

ビニルラジカルも sp^2 炭素ラジカルなので，同様の反応はビニルラジカルでも進行する．式 3.77 は，ビニルラジカルの生成，sp^2 炭素ラジカルから sp^3 炭素ラジカルへの 1,5-H シフト反応，続くラジカル 5-*exo-trig* 環化反応による Heliotridane の合成である[30]．

式 3.78 に示したスピロ環状のピロリジン-2-オンは芳香族臭化物と $Bu_3Sn\cdot$ の反応から sp^2 炭素ラジカルを生じ，続く sp^3 炭素ラジカルへの 1,5-H シフト反応，さらにラジカル 5-*exo-trig* 環化反応により生じる[30]．sp^3 炭素ラジカルのイミノ窒素原子上への反応は有利ではないが，式 3.79 に示したように，芳香族臭化物と $Bu_3Sn\cdot$ の反応から生じた sp^2 炭素ラジカルは反応性が高く，ケチミンの窒素原子上でラジカル 5-*exo*-

$trig$ 環化反応が生じて，2,3-ジヒドロインドール骨格を形成する[30]．

芳香族ジアゾニウムに NaI や Cu⁺ のような SET 剤を作用させても，あるいは芳香族ハライドに SmI_2 や Co^{2+}/還元剤を作用させても，芳香環の sp^2 炭素ラジカルが発生して環化反応に利用できる[31]．

3.1.3 sp 炭素ラジカル

sp 炭素ラジカルは反応性が高く，発生させることはできない．これは，(sp)C–H 結合エネルギーが約 130 kcal mol⁻¹ もあり，結合の強い (sp^2)C–H 結合エネルギーより約 20 kcal mol⁻¹ も結合が強いためである[32]．実際，(sp)C–X (X = I) と Bu_3SnH の反応からでは sp 炭素ラジカルが発生しないし，(sp)C–X に金属を作用させると sp 炭素アニオンとなってしまう．プロパルギル酸の Barton 脱炭酸反応を用いても，sp 炭素ラジカルは生じない (図 3.2)．

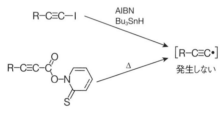

図 3.2　sp 炭素ラジカル

3.1.4　sp^3 炭素ラジカルによるカルボニル基への付加環化反応

炭素ラジカルによるホルミル炭素への 5-*exo-trig* および 6-*exo-trig* 環化反応速度をみると (1 章の表 1.6)，5-hexen-1-yl ラジカルや 6-hepten-1-yl ラジカルの環化反応速度 (それぞれ 1.4×10^6 s⁻¹, 4.3×10^4 s⁻¹, 80℃) と同じように速い．カルボニル基の分極を考慮すると，SOMO–LUMO 軌道間相互作用は有利となり，この大きい反応速度定数は理解できる．しかしながら，環化により生成するシクロアルコキシルラジカルは不安定な酸素ラジカルのために，そのβ開裂反応による逆反応ははるかに早い．結果的にホルミル炭素への環化反応はうまく進行しないということになる．当然ながら立体障害の増加するケトンでは一層不利である．では，この逆反応を抑制するにはどうしたらよいか？　第一法として，環化体が固定されるような構造であれば可能である．つまり構造的に閉環体を有利にするわけである．第二法は，環化により生成するのは不安定な酸素ラジカルなので，酸素と親和力の強いケイ素などで酸素ラジカルを捕捉してしまう手法である．前者の例として，式 3.80a および式 3.80b がある[33]．

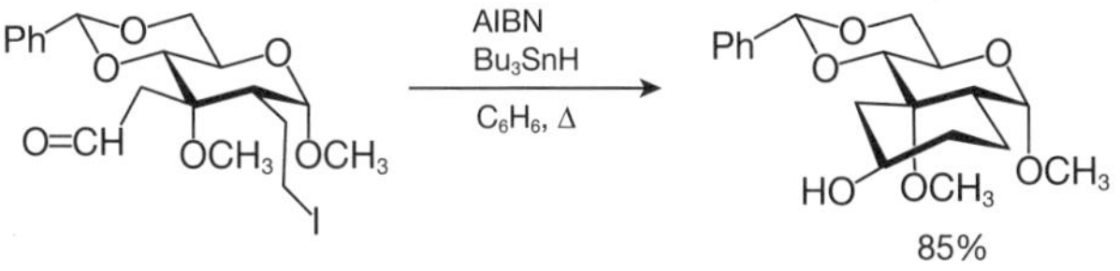

3.1 小員環への環化反応　97

(3.80a)

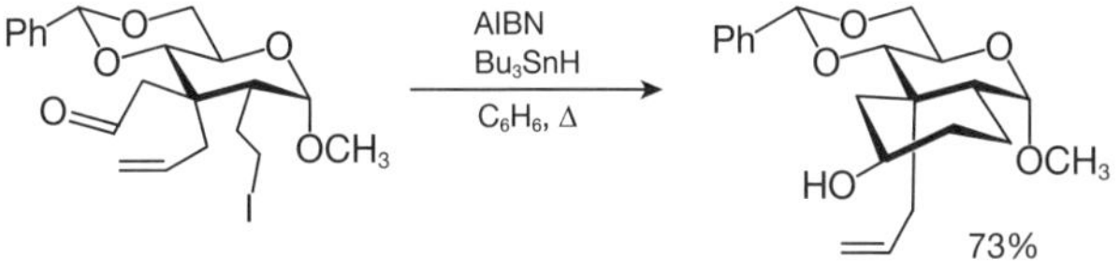

(3.80b)

　これは，D-グルコース由来の六員環が 4,6 位ヒドロキシ基のベンジリデン保護基導入により，リジッドないす形構造となり，環化によるエンタルピーとエントロピーの効果が薄れ，カルボニル基への環化反応が進行した珍しい例である．

　後者の例として，Bu_3SnH の代わりに $PhSiH_3$ を還元剤とした式 3.81 のラジカル 6-*exo-trig* 環化反応があり，生じた酸素ラジカルは $PhH_2Si•$ で速やかに捕捉される[33]．これは五員環や六員環の環状アルコール形成に適用できる．

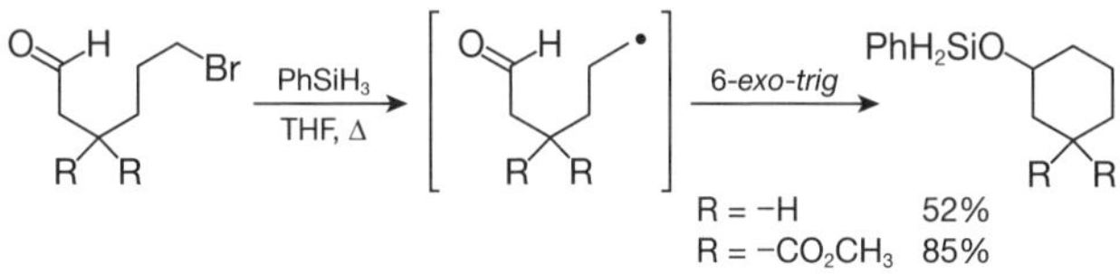

(3.81)

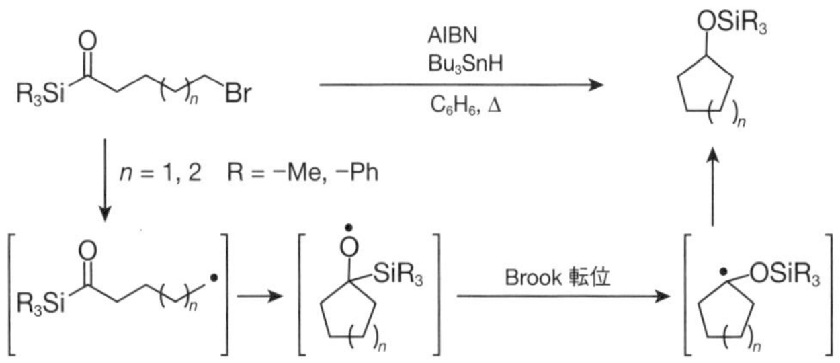

R = –H　　　52%
R = –CO_2CH_3　85%

(3.82)

n = 1, 2　R = –Me, –Ph

Brook 転位

　さらに，式 3.82 に示したようにカルボニル基をシリルケトンにすると，炭素ラジカルのカルボニル基への付加が促進される[33]．この場合は Bu_3SnH を用いても進行する．この反応では，ラジカル環化により生成した酸素ラジカルの β 位に酸素原子への親和力が高い Me_3Si 基があるために，Me_3Si 基の炭素原子から酸素原子への 1,2-転位（Brook 転位反応）が速やかに生じ，酸素-ケイ素の強い結合の形成と安定な第三級炭

素ラジカルが生成して，結果的に環状のアルコールを効果的に生成する．この転位の傾向は $Me_3Si < Me_2PhSi < MePh_2Si$ の順に増加する．この種の反応は Bu_3SnH をゆっくり系内に滴下することがポイントである．

ハロゲンを含まないエナールやエノンのカルボニル酸素に $Bu_3Sn•$ を付加させ，生成したケチルラジカル(O-stannyl ketyl radical)を 5-*exo-trig* 環化させ，シクロペンタノール誘導体を合成する手法もある．式3.83aは生成したケチルラジカルの側鎖α,β-不飽和エステル基へのラジカル 5-*exo-trig* 環化によるγ-ヒドロキシエステル，およびその環化体であるγ-ラクトン（シス体のみ）の形成反応である[34]．式3.83bおよび式3.83cも同様の反応である[34]．式3.84は1,5-ジカルボニルおよび1,6-ジカルボニル化合物から生成したケチルラジカルの側鎖ホルミル基への 5-*exo-trig* および 6-*exo-trig* 環化反応による1,2-ジオール（ピナコール）の合成である．五員環形成では，一般にシス選択性がみられる[34]．この反応は立体障害の影響を受けやすいので，反応性の高いジアルデヒドは円滑に環化反応が進行するが，ジケトンではうまく反応しない．

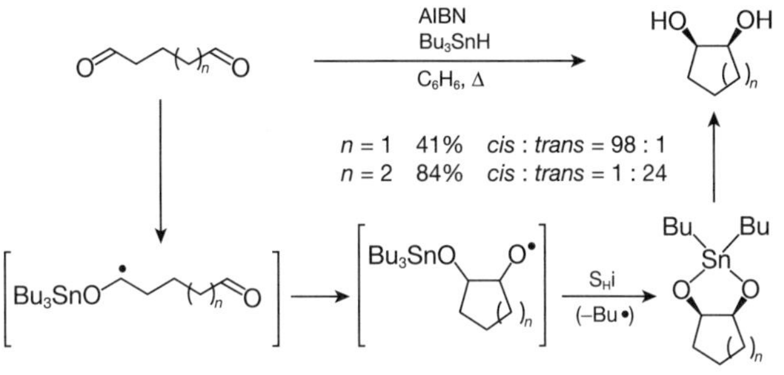

3.1 小員環への環化反応

(3.84)

n = 1 41% cis : trans = 98 : 1
n = 2 84% cis : trans = 1 : 24

この手法により,式3.85に示したようにジアルデヒドの一方を O-メチルオキシムにした化合物を用いると,環状の1,2-アミノアルコールが得られる[34].この場合はキレート制御がないためにトランス体が優先する.

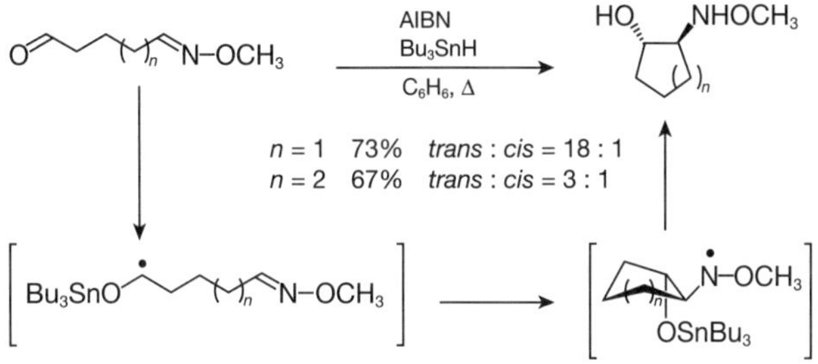

(3.85)

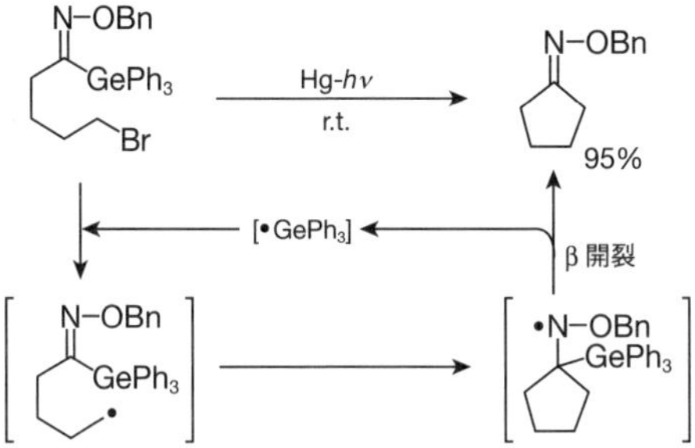

n = 1 73% trans : cis = 18 : 1
n = 2 67% trans : cis = 3 : 1

(3.86)

式3.86は sp^3 炭素ラジカルからイミノ結合へ 5-*exo-trig* 環化により生成した窒素ラジカルが,速やかに安定な $Ph_3Ge\cdot$ をラジカル β 脱離させ,環状イミノ体を与える反応である[35].この脱離基は $Ph_3Sn\cdot$ でもよい.式3.87は O-ベンジルオキシム基への sp^3 炭素ラジカルによるラジカル 5-*exo-trig* 環化反応である.O-ベンジルオキシム基にすることにより,5-hexen-1-yl ラジカルの 5-*exo-trig* 環化より100倍以上も

環化反応速度が促進される[35]. これは, カルボニル基同様に, イミノ基の二重結合の LUMO が低下するとともに, 環化により生成した N-ベンゾイルオキシアミニルラジカルが, ニトロキシルラジカルのように安定化されるためである.

$$n = 1 \quad k_{5\text{-}exo} = 4.2 \times 10^7 \text{ s}^{-1}$$
$$n = 2 \quad k_{6\text{-}exo} = 2.4 \times 10^6 \text{ s}^{-1}$$

(3.87)

先に, 炭素ラジカルによる炭素-炭素二重結合および炭素-酸素二重結合(ホルミル基)への環化反応のしやすさの説明のなかで, 両者の反応速度は互角か後者のほうが少し速く, しかしながら後者の逆反応はもっと速いことを述べたが, この比較を行った興味ある反応を式 3.88 に示した. つまり, 式 3.88 は側鎖に生じた sp^3 炭素ラジカルの 5-*exo-trig* 環化をアルケン側とホルミル基側で比較した例である. Bu_3SnH によるベンゼン還流ではアルケン側への環化が 63% で, ホルミル基側への環化が 21% である. 一方, Bu_3SnH による室温での反応では, 前者が 0% で後者が 87% である. このことから, ホルミル基側への環化反応は非常に速く, 低温で有利で, 高温で減少することから, 速度論的支配であることを示唆している[36].

	21%	63%
Bu_3SnH, AIBN, C_6H_6, Δ	21%	63%
Bu_3SnH, Et_3B, r.t., $C_6H_5CH_3$, -78°C → 0°C	87%	0%

(3.88)

R = -CH$_3$ 76%
R = -^{i}Bu 68%
R = -^{i}Pr 80%
R = -Ph 57%

(3.89)

式 3.89 は, α 位にケイ素基を有する sp^3 炭素ラジカルによる分子内ヒドラゾンのイミノ炭素への 5-*exo-trig* 環化反応および過酸化水素水による酸化処理による 2-アミノ-1,3-ジオールの合成反応である. 式 3.90 の反応は $Bu_3Sn\cdot$ によるホルミル基への

付加反応，生じた炭素ラジカルによる 5-*exo-trig* 環化反応による 3-ヒドロキシテトラヒドロフラン環の形成反応である．式3.91はオキシムの *O*-スルフィン酸エステルの N–O 結合均一開裂反応によるイミノラジカルの生成と，その 5-*exo-trig* 環化反応によるピロリジン骨格の形成，続いて生じた炭素ラジカルの PhSSPh との S_H2 反応である[37]．

$$（3.90）$$

R	R^1	収率（％）	ジアステレオマー比
Ph	H	59	1：1
Me	Me	64	1：1

$$（3.91）$$

3.1.5 その他の環化反応

側鎖にアルキニル基やアルケニル基を有する臭化物を第三級アミン中で水銀灯照射すると，電子密度の高い第三級アミンから臭化物に SET が生じ，生成したアニオンラジカルの α 開裂により炭素ラジカルとなり，側鎖のアルキニル基やアルケニル基に環化して環化体を生じる．式3.92は，生じた炭素ラジカルの 5-*exo-dig* 反応の例である[38]．この反応も，温和な条件下で遂行できるが，紫外線を照射する必要があるため，今日ではあまり用いられない手法である．

ケトン類は水銀灯照射により n–π* 電子遷移（カルボニル酸素にある孤立電子対の 1 電子が，カルボニル結合の反結合軌道 π* に電子遷移する）が生じ，いわゆるビラジカルを発生する．式3.93の例は，この生成したビラジカルの酸素ラジカルによる 1,6-H シフト，続く分子内ラジカルカップリングによるビシクロ体の形成反応である[38]．式

3.94 も同様にカルボニル基の n-π* 電子遷移で生じたビラジカルの酸素ラジカルによる 1,9-H シフト,続く分子内ラジカルカップリングによる八員環の形成反応である[38].

$$\text{(3.92)}$$

$$\text{(3.93)}$$

$$\text{(3.94)}$$

X = O   76%
X = CH$_2$ 50%

通常にみられる 1,5-H シフトや 1,6-H シフトに比べ,1,9-H シフトは反応速度が著しく遅いと考えられるが,式 3.94 の反応は,1,9-H シフトによりベンジル位のラジカルが生成するため比較的スムーズに反応が進行したのであろう.つまり,$1,n$-H シフトは $n = 5$ がもっとも有利であるが,水素原子の電子密度や生成したラジカルの安定性により,1,9-H シフトなども起こり得るということである.炭素-Te 結合も弱いので,水銀灯照射で容易に切れて,炭素ラジカルを発生する.

式 3.95 はベンゾイソニトリル誘導体のイソニトリル基への Bu$_3$Sn• の付加,続く sp^2 炭素ラジカルによるアルケン側鎖への 5-*exo-trig* 環化反応によるインドール骨格

3.1 小員環への環化反応

の形成反応である.後に,H_3PO_2 がラジカル反応試剤(おもに還元剤)となることが Barton により報告された.式 3.96 および式 3.97 の反応はチオアミドと H_3PO_2 の反応による 5-*exo-trig* 環化反応を伴ったインドール骨格の構築反応である[39)].これは,リン原子が硫黄や酸素と強い結合を形成することが反応の駆動力となっている.

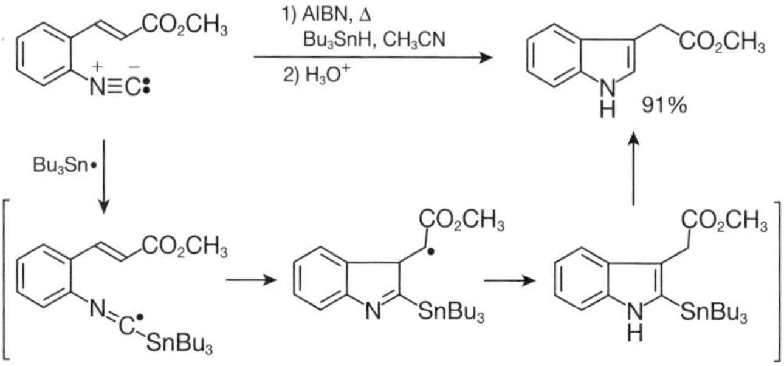

(3.95)

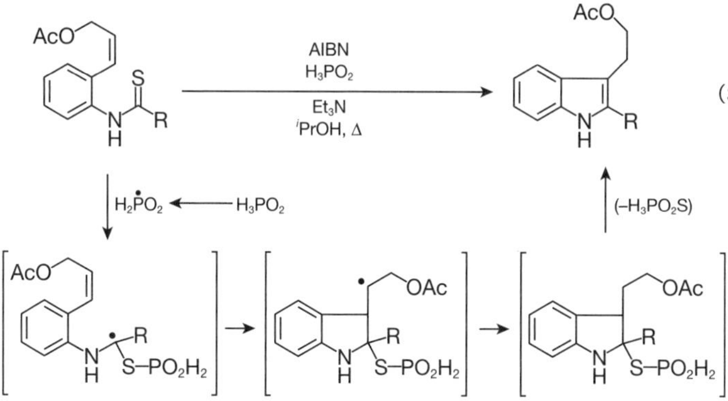

(3.96)

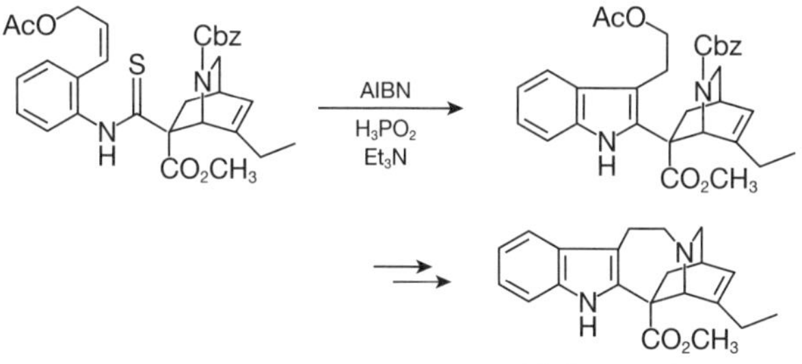

(3.97)

(±)-Catharanthine

式 3.98 は二価の Se や Te のようなカルコーゲン原子(Y)上での sp^2 炭素ラジカル

によるS$_H$i反応(ラジカルによるY原子上での分子内置換反応)で,ベンジルラジカルの放出による五員環の形成反応と,続く脱水によるベンゾセレノフェンやベンゾテルロフェンの形成である.二配位や三配位のカルコーゲン原子では,このようなS$_H$i反応が生じるが,四配位カルコーゲン原子上では立体障害が大きく進行しない[40].

$$(3.98)$$

式3.99も同様に二価のS原子上でのsp^{2}炭素ラジカルによるS$_H$i反応で,アシルラジカルを発生し,生じたアシルラジカルはアジド窒素原子上でのS$_H$i反応から環化体ベンゾラクタムを形成し,窒素分子を放出する[40].

$$(3.99)$$

式3.100に示した反応は,アルコールから生じたシュウ酸のBartonエステルから二重の脱炭酸反応によりsp^{3}炭素ラジカルを生じ,このsp^{3}炭素ラジカルによる側鎖Se原子上でのS$_H$i反応による環状Se誘導体の合成である[40].これは,ビタミンEのクロマン環の環内酸素原子をセレン原子に置換した化合物で,ビタミンE類似体の合成である.

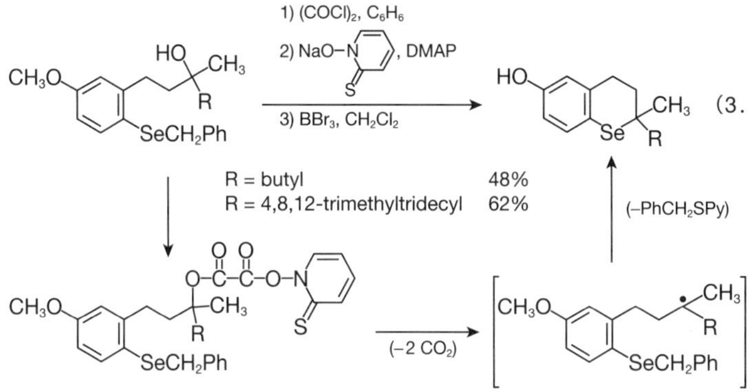

3.1 小員環への環化反応

[式 3.100 の反応スキーム]

R = butyl 48%
R = 4,8,12-trimethyltridecyl 62%

p-toluenesulfonyl iodide（p-TsI）は非常に不安定な黄色結晶で，太陽光照射でスルホニルラジカルを発生する．臭化スルホニルになると多少は安定であるが，光や熱，あるいは AIBN によりスルホニルラジカルを発生する．スルホニルラジカルは求電子的性質を有し，式 3.101 や式 3.102 に示したようなスルホニルラジカルの炭素–炭素二重結合へのラジカル付加反応，および生じた炭素ラジカルの 5-*exo-trig* 環化反応でピロリジン誘導体の合成を行うことができる[41]．この反応の特徴は，反応を温和な条件下で遂行でき，しかも反応前後で官能基を失わないことにある．つまり，atom-transfer 型反応である．

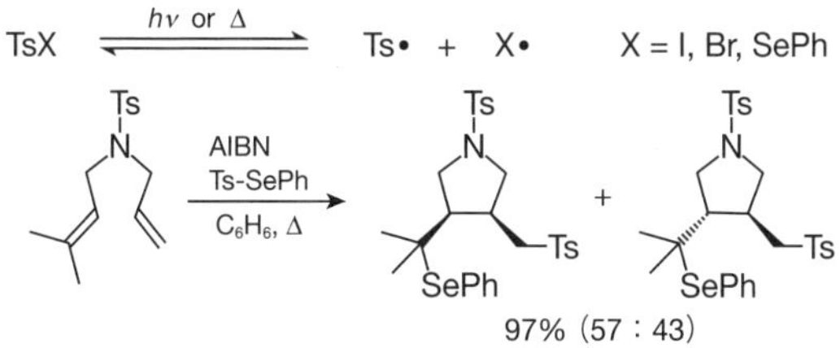

[式 3.101 および式 3.102 の反応スキーム]

式 3.103 の反応は，アレン側鎖を有する 1,1-二臭化物に Bu₃Sn• が反応して α-ブロモ炭素ラジカルを生じ，さらに 5-*exo-trig* 環化して 3-ブロモテトラヒドロフラン誘導体を生じる．さらに，この臭化物の [(CH₃)₃Si]₃SiH によるラジカル還元反応において，生じた炭素ラジカルは中間体（D）を経て，2,3,4 位の三つの置換基がシス形のテト

ラヒドロフラン骨格をもつ (+)-Botryodiplodin に変換した例である[41]．

以上に述べてきたように，ラジカル環化反応は中性条件下で，還元的試剤，非還元的試剤，あるいは酸化的試剤など，合成目的に応じて使い分けることができる．

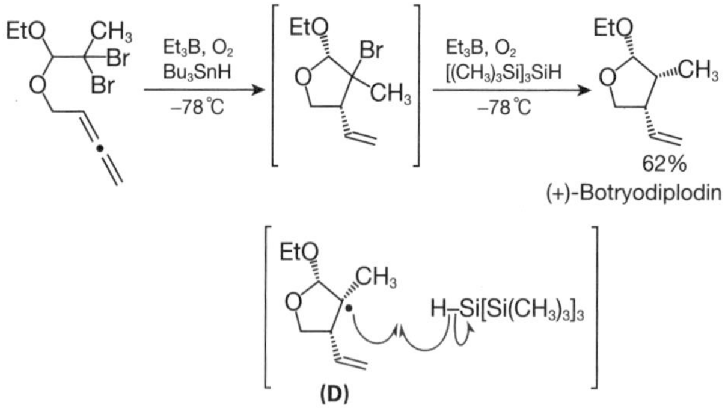

(3.103)

3.2 中大員環への環化反応

ラジカル反応を用いた 12〜20 員環のような中大員環状化合物の形成は，Bu_3SnH を用いた高希釈条件下の反応あるいはシリンジポンプ（syringe-pump）による Bu_3SnH の滴下による手法で遂行でき，一般に *endo* 環化が優先する[42]．これは，中大員環の場合，環化反応における遷移状態のひずみが減少し，*exo* 付加と *endo* 付加の立体電子的エネルギー差がなくなり，結果的に熱力学的支配で安定なラジカルを生成するために，*endo* 環化が優先したと考えられる．天然物にも 12〜20 員環ラクトンやケトンは数多く存在し，とくに抗生物質として重要な化合物が多いので，ラジカル環化反応による中大員環状化合物の合成は有用である．式 3.104 は Bu_3SnH を用いた sp^3 炭素ラジカルによる SOMO-LUMO 軌道間相互作用を経た *endo-trig* 環化反応による環状ケトンの合成であるが，希釈条件下で反応させると，満足できる収率で中大員環状ケトンやラクトンを生じる[42]．

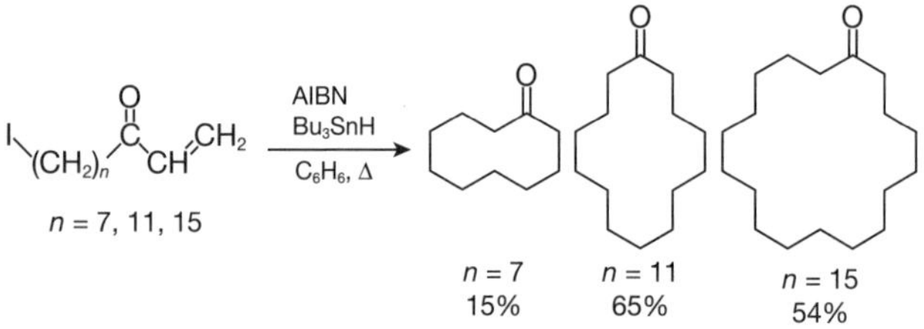

(3.104)

3.2 中大員環への環化反応　*107*

同様に，式3.105と式3.107はsp³炭素ラジカルによるSOMO-LUMO軌道間相互作用を経た*8-endo-trig*環化モードで進行する．ヒドロキシ基やアセタール保護した基質にBu₃SnHを作用させても，中員環状の化合物が効率的に得られる．一方，式3.106はsp³炭素ラジカルによるSOMO-LUMO軌道間相互作用からの*7-exo-trig*環化反応による七員環の形成である[42)]．

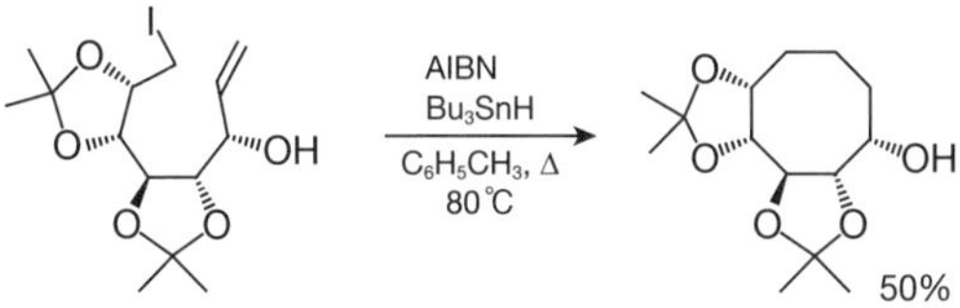

$$\text{(3.105)}$$

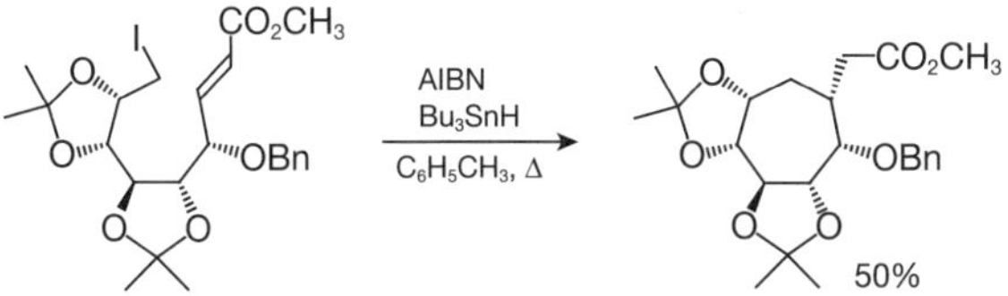

$$\text{(3.106)}$$

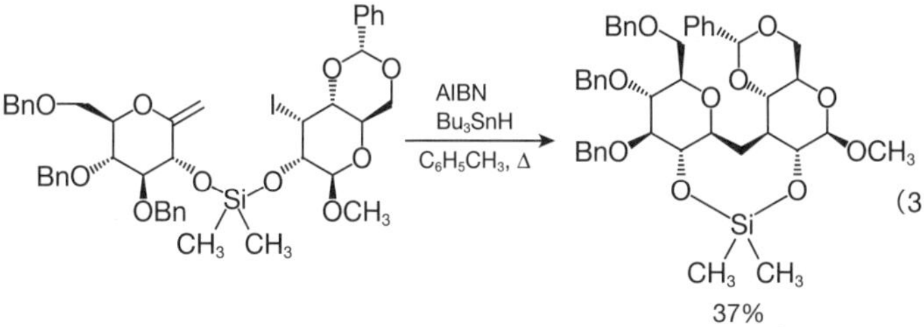

$$\text{(3.107)}$$

式3.108は，sp²炭素ラジカルによる*8-endo-trig*環化モードで八員環を生じる反応である[42)]．同様の手法を用いた式3.109はアリル系sp³炭素ラジカルであるシンナミルラジカルを経由した*14-endo-trig*環化による天然物(*S*)-(+)-Zearalenoneジメチルエーテルの合成例である[43)]．

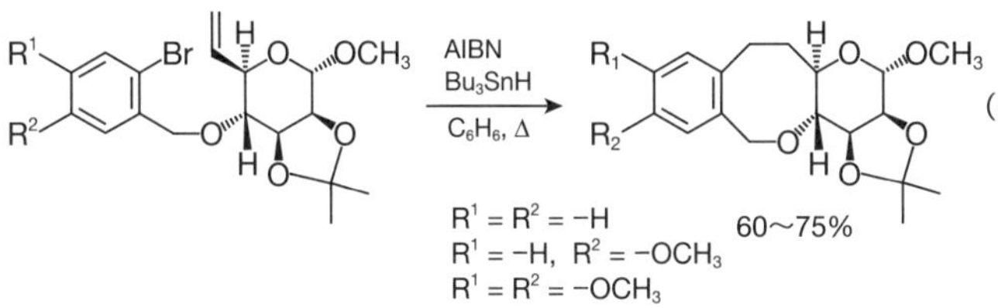

$$\text{(3.108)}$$

$R^1 = R^2 = -H$
$R^1 = -H, R^2 = -OCH_3$
$R^1 = R^2 = -OCH_3$
60〜75%

一方，式3.110の反応は逆のモードで，SOMO-HOMO軌道間相互作用による*8-endo-trig*環化によるラクトンの合成である[43)]．比較的に満足できる収率でラクトン

を生じる.しかしながら,同様の高希釈法を用いても 7-endo-trig, 9-endo-trig, および 10-endo-trig を経由した環化反応は,一般に進行しにくいようである.

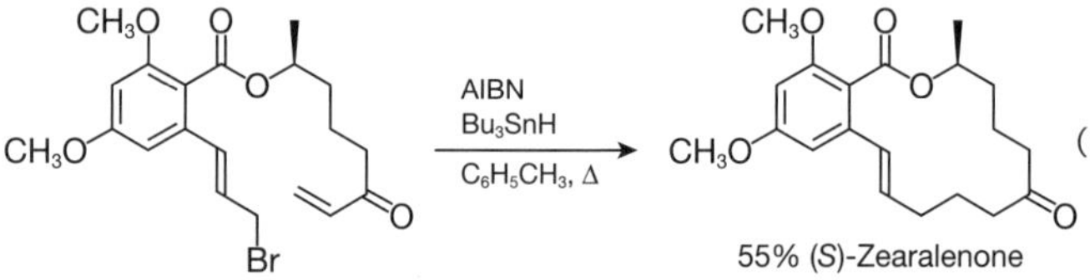

$$(3.109)$$

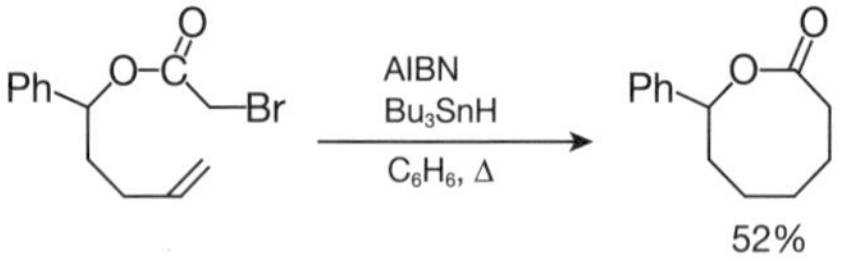

55% (S)-Zearalenone

$$(3.110)$$

52%

還元剤である Bu_3SnH の代わりに,還元剤でない $(Bu_3Sn)_2$ を用いて 4-ペンテニル α-ヨードアセタートを光照射しても,式 3.111 に示したように $Bu_3Sn•$ が発生し,SOMO-HOMO 軌道間相互作用による 8-endo-trig 環化により,高収率で γ-ヨードラクトンを生じる.この場合の反応は還元系でないので,atom-transfer 型反応となり,ヨウ素が生成物に含まれる連鎖反応となる[44].

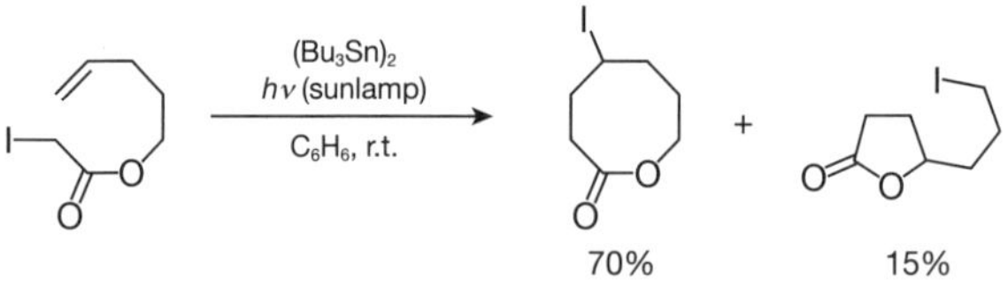

$$(3.111)$$

70%　　　15%

式 3.112 はセレノールエステルと $Bu_3Sn•$ から求核的なアシルラジカルを発生させ,同様の環化反応をアシルラジカルによる SOMO-LUMO モードで行った反応であり,Furanocembrane ユニットの合成である.また,少し変わった環化反応として,式 3.113 の例がある[45].この反応は,スチレンの二重結合に $Bu_3Sn•$ が付加し,生じた炭素ラジカルが分子内のスチレン二重結合に 22-endo-trig 環化して生成物を形成する.この環化反応速度定数は 60℃で $5.1×10^3\ s^{-1}$ と,大環状の環化反応にしては大きい.

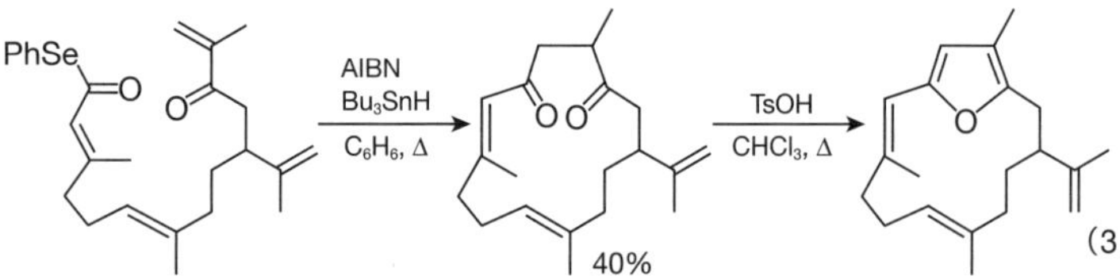

$$(3.112)$$

40%

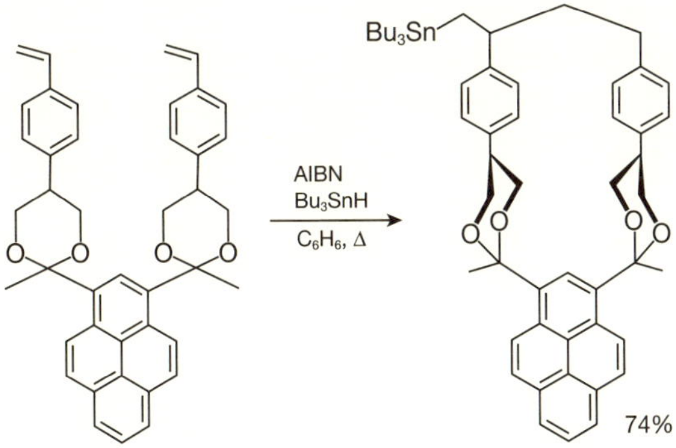

3.2 中大員環への環化反応

(3.113)

さらに驚くべき反応として,式 3.114 に示した $Mn(OAc)_3$ による酸化的条件下でのマクロライド合成がある.この反応は,β-ケトエステル部位の活性メチレンの一電子酸化から生じた β-ケトエステルラジカルがアルケンに分子間付加反応を起こし,続いて同様に側鎖反対側の β-ケトエステルラジカルによる分子内アルケンへの付加反応で生成物を形成する. $2\ mmol\ L^{-1}$ 程度の希釈条件で行っているものの,これほどの収率でマクロライドが得られるのは驚きである[46]).

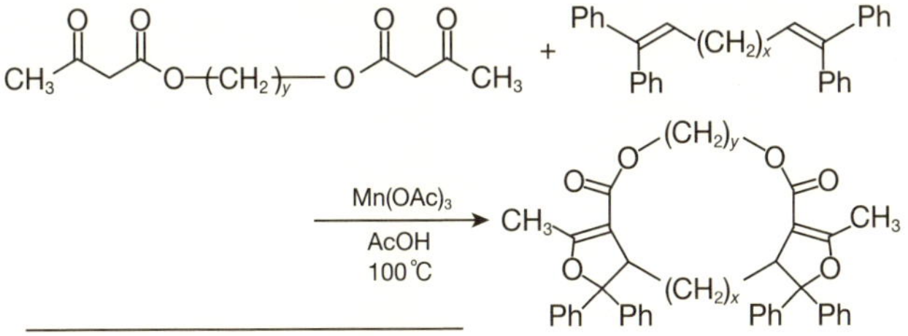

(3.114)

x	y	員数	収率(%)
1	2	11	0
2	2	12	71
2	3	13	64
2	4	14	66
4	3	15	75
4	4	16	74

式 3.115 も $Mn(OAc)_3$ による酸化的条件下での分子内環化によるマクロライド合成である[46]).

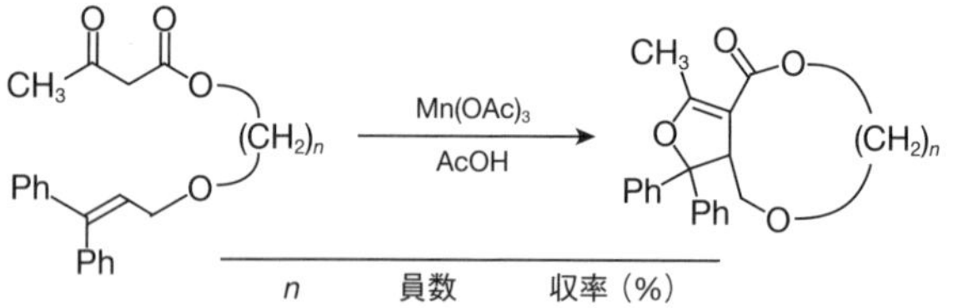

[構造式: Mn(OAc)₃ / AcOH による環化反応] (3.115)

n	員数	収率 (%)
2	8	55
3	9	82
4	10	94
6	12	51
8	14	51

一方，還元的条件下の例として，式3.116に示したように，Cu(I)-ピリジン系多配位リガンド[tris(pyridylmethyl)amine]錯体を用いたα,α,α-トリクロロアセチル基へのSET反応で，生じたα,α-ジクロロアセチルラジカルによる分子内末端アルケンへの 18-*endo-trig* 環化による大環状ポリエーテル系ラクトンの形成反応がある[47]．この反応では，Cu(I)-ピリジン系多配位リガンド錯体が触媒として機能し，側鎖二重結合への 18-*endo-trig* 環化とともに，トリクロロアセチル基の一つの塩素原子が，その二重結合に移動した atom-transfer 型の環化反応となる．

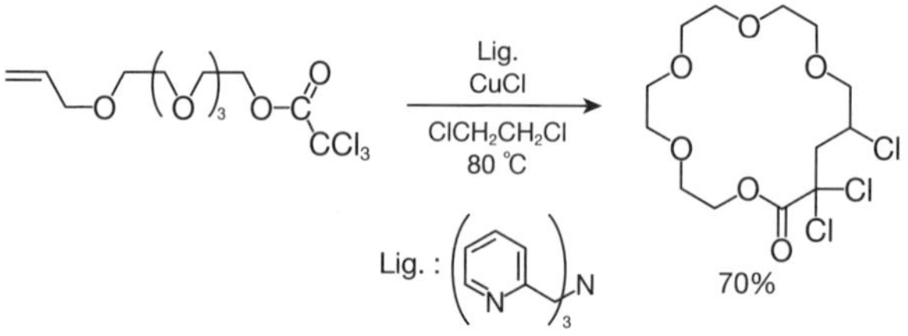

[構造式: Lig. / CuCl / ClCH₂CH₂Cl / 80 ℃ による環化反応，70%] (3.116)

Lig.: ピリジン-CH₂-N)₃

3.3 環拡大反応

シクロプロピルメチルラジカルは−140 ℃で ESR 観測することができる．これを約−100 ℃に昇温すると，ラジカル β 開裂による開環反応が生じて 3-ブテニルラジカルのみになる．室温での開環反応速度定数は式3.117および式3.118に示してあるように，実に拡散速度に匹敵する速さである．つまり，シクロプロピルメチルラジカルが生成するや，速やかに開環してしまうということである．対応するシクロプロポキシルラジカルの開環反応速度も非常に速い．当然ながら，これら開環反応の原動力は

3.3 環拡大反応

三員環のひずみ解消である[48]. 式 3.119 は速やかなラジカル 3-exo-trig 環化反応と, 生じたシクロプロポキシルラジカルの速やかな β 開裂反応を利用した C_1 環拡大反応である. 本節では, これらラジカル反応の特性であるラジカル β 開裂による開環反応を紹介する. つまり, ラジカル環拡大反応はラジカル β 開裂反応が基本となっている[49].

$$\triangleright\!\cdot \xrightarrow{k_1} \cdot\!\!\!\diagup\!\!= \qquad k_1 = 1.3 \times 10^8 \text{ s}^{-1} \text{ (25°C)} \qquad (3.117)$$
$$E_a = 5.9 \text{ kcal mol}^{-1}$$

$$\text{Ph}\triangleright\!\cdot \xrightarrow{k_2} \text{Ph}\!\!\diagup\!\!\cdot\!\!= \qquad k_2 = 3 \times 10^{11} \text{ s}^{-1} \text{ (25°C)} \qquad (3.118)$$

(3.119)

式 3.120 は $Bu_3Sn\cdot$ による sp^2 ビニルラジカルの発生, sp^2 ビニルラジカルによる 7-endo-trig 環化, 続いて生じた sp^3 炭素ラジカルによるカルボニル基への 3-exo-trig 環化, 最後にラジカル β 開裂による開環反応で環拡大したビシクロ体の形成反応である. 式 3.121 は鎖状の β-ケトエステルの側鎖 C_1 延長反応で, 環状と同様に 3-exo-trig 環化により生じたシクロプロポキシルラジカルのラジカル β 開裂により生成する. この C_1 環拡大反応速度定数は 10^4 s^{-1} (25°C) 程度である[49]. これらの反応で用いる β-ケトエステルは Claisen 縮合反応や Dieckmann 縮合反応で容易に得られる.

(3.120)

(3.121)

式 3.122 および式 3.123 に示した反応は環状および鎖状臭化物の 3-*exo-trig* 環化により生じたシクロプロポキシルラジカルのラジカル β 開裂による，C_1 環拡大および C_1 鎖延長反応であり，ラジカル還元剤である $(Ph_2SiH)_2$，$[(CH_3)_3Si]_3SiH$，Bu_3SnH で収率を比較したものである．この順番で還元的性質が強くなるため（Sn-H 結合は弱い），この順番で臭素の直接還元体が増加し，C_1 環拡大および C_1 鎖延長反応生成物は減少する．つまり，C_1 環拡大反応および C_1 鎖延長反応の生成物を増やすためには，還元的性質の弱い $(Ph_2SiH)_2$ がよい[49]．

MH	収率 (%)	
$(Ph_2SiH)_2$	75	trace
$[(CH_3)_3Si]_3SiH$	52	18
Bu_3SnH	20	63

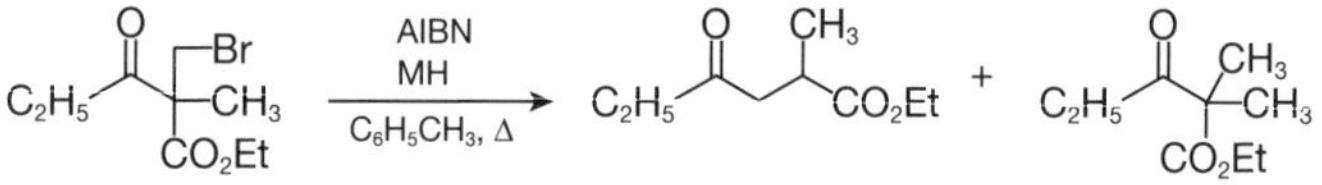

(3.122)

MH	収率 (%)	
$(Ph_2SiH)_2$	75	trace
$[(CH_3)_3Si]_3SiH$	76	trace
Bu_3SnH	42	36

(3.123)

さらに，式 3.124b および式 3.124c に示したように，環状 β-ケトエステルの α 位に 3-ヨードプロピル基，あるいは 4-ヨードブチル基を導入することにより，C_3 環拡大および C_4 環拡大を展開することもできる．これは，中間体にシクロペンチロキシルラジカルやシクロヘキシロキシルラジカルを生成するような環状基質でも，同様の環拡大反応が効率的に進行することを示している．ただし，式 3.124a に示したように，シクロブトキシルラジカルを経由した C_2 環拡大は起こらず，原料の還元体のみを生じる[49]．

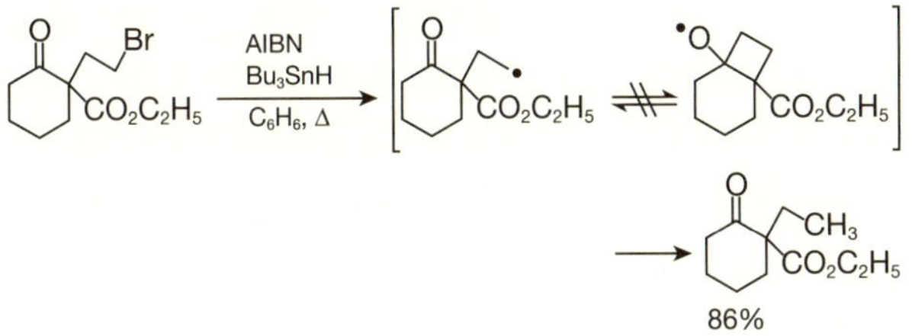

3.3 環拡大反応

(3.124a) 86%

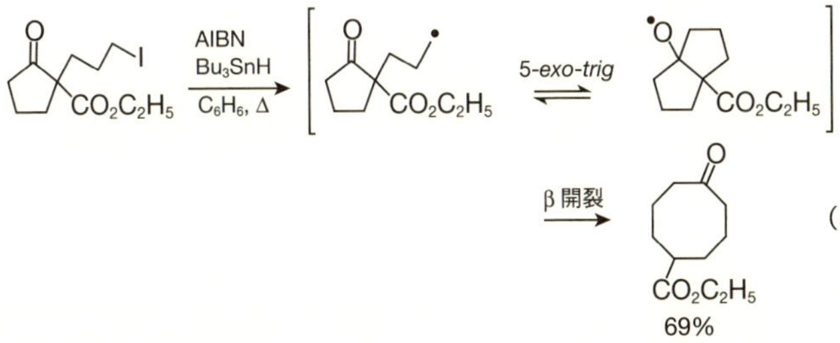

(3.124b) 5-exo-trig, β 開裂, 69%

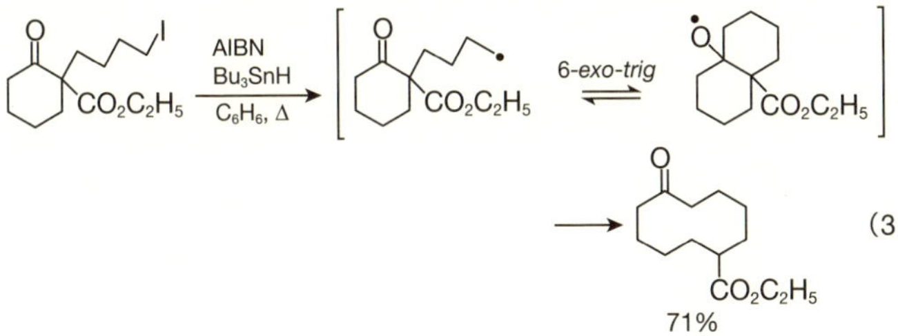

(3.124c) 6-exo-trig, 71%

式 3.125 は環拡大反応を用いて C_3 環拡大した，シカのフェロモンである (R)-$(-)$-Muscone の合成例である[49]．

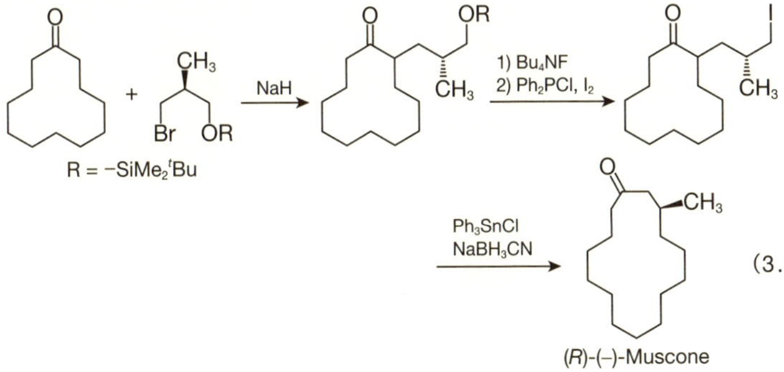

(3.125)

(R)-$(-)$-Muscone

C_1 環拡大は式 3.126a に示したように還元剤である Zn や In を用いても進行する[50]. 一方,式 3.126b に示したように,一電子酸化剤である $FeCl_3$ とシクロプロパノールのビシクロ体を作用させても,シクロプロポキシルラジカルを発生し,そのラジカル β 開裂反応から生じた sp^3 炭素ラジカルが側鎖アルケンに 5-*exo-trig* 環化してビシクロ塩化物を生じる[51].

n	収率 (%)
1	73
2	27
3	86
4	82
8	56
11	92

シクロプロポキシルラジカルと同様に,Barton-McCombie 反応で生成した β-エポキシラジカルも約 10^5 s^{-1} 以上の速さで開環する.式 3.127 の反応は α-エポキシラジカルのラジカル β 開裂によるエポキシド環開裂,生成した第三級アルコキシルラジカルのラジカル β 開裂により,中員環状の α,β-不飽和ケトンを与える反応である[52].

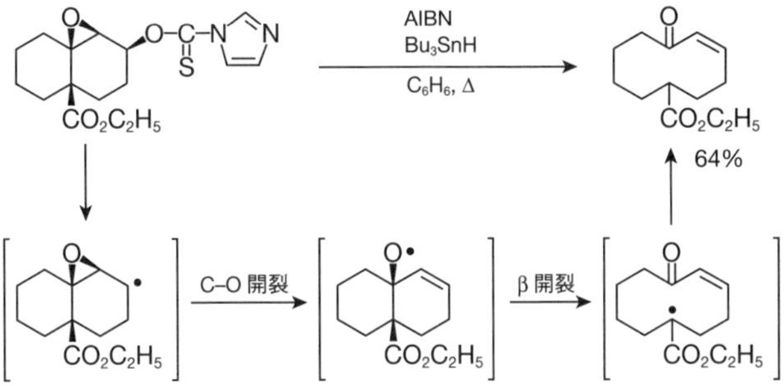

3.3 環拡大反応

(3.127)

α-ビニルエポキシドに Bu_3SnH を作用させると，$Bu_3Sn•$ が二重結合に付加してβ-エポキシラジカルを発生する．式 3.128 は，ここで発生したβ-エポキシラジカルが式 3.127 と同様に炭素-酸素結合のラジカル β 開裂により，対応する第三級アルコキシルラジカルを生じる．続いて，このアルコキシルラジカルは 1,5-H シフト，5-*exo-trig* 環化，そして Bu_3Sn 基のラジカル β 脱離反応を伴い，ビシクロ体を与える[52]．式 3.128 の反応は $Bu_3Sn•$ が触媒として機能している．式 3.129 は sp^3 炭素ラジカルの 5-*exo-trig* 環化，続いて生じたビシクロラジカルのラジカル β 開裂反応による C_1 環拡大反応でピペリジン環を生じる反応である[52]．

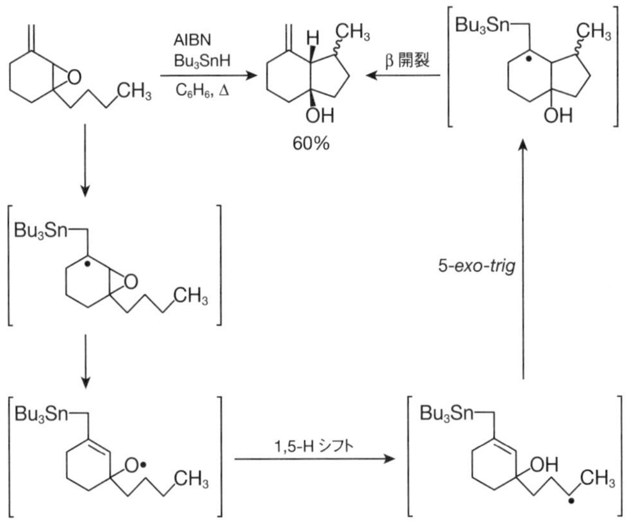

(3.128)

チイルラジカル (RS•) やアミン・ボロニルラジカルも二重結合への付加能力があるため,式3.128の反応でBu₃SnHの代わりにPhSSPh/AIBN系やamine・borane/peroxide系を用いることもできる[53]。

式3.130の反応は,*exo*-メチレンシクロプロパン骨格への側鎖炭素ラジカルの 5-*exo-trig* 環化によるシクロプロピルメチルラジカルの形成と,そのラジカル β 開裂による環拡大反応である[54]。

式3.131は [3.1.0]-,[4.1.0]-,および [5.1.0]-ビシクロ系アルコールのイミダゾールチオカーボナートの Barton-McCombie 反応による環拡大反応である。ここで発生したシクロプロピルメチルラジカル誘導体は,続くラジカル β 開裂により,一炭素 (C_1) 増炭した,六,七,および八員環への環拡大生成物を生じる[54]。この反応の原動力は三員環というひずみの解消と安定な α-エステルラジカルの生成にある。

3.3 環拡大反応

シクロプロピルメチルラジカルのラジカル β 開環反応と分子間反応を連動させた反応として，ビニルシクロプロパン誘導体と活性アルキンを PhSSPh/AIBN 系で反応させた式 3.132 の例がある．この反応は，チイルラジカル（PhS•）によるビニルシクロプロパン誘導体のアルケン部位への付加を経たシクロプロピルメチルラジカルの発生，そのラジカル β 開裂による開環反応，生じた炭素ラジカルの活性末端アルキンへの分子間付加反応，続いて生じたビニルラジカルによる 5-exo-trig 環化反応，最後に $S_{H}i'$ を伴った PhS• 脱離反応が連動した反応である．この反応は PhS• が再生するので，PhSSPh は触媒として機能する[55)]．この反応を別の視点から見ると，シクロプロパン環とアルキンの付加反応であり，[3+2]アヌレーション（annulation）反応である．これらの反応は，ラジカル開始剤として PhSSPh ばかりでなく，BuSSBu のような脂肪族ジスルフィドでも行える．

$$(3.132)$$

シクロブチルメチルラジカルのラジカル β 開裂反応を利用した式 3.133 の反応は，ヨウ化シクロブチルメチル誘導体から対応するシクロブチルメチルラジカルを発生させ，続くラジカル β 開裂反応により，薬理活性の高いテルペン系 Guaiane alismol 骨格を合成した例である[56)]．類似の反応は SmI_2 を用いた SET でも行える．

$$(3.133)$$

Guaiane alismol

同様に,式 3.134 の反応は,生じた側鎖アルキルラジカルによるカルボニル基への 5-*exo-trig* 環化反応,および生じたシクロブトキシルラジカルのラジカル β 開裂による環拡大反応である[57]. 式 3.133 や式 3.134 で用いられる四環系の原料は,アルケン同士の [2π+2π] の光付加環化反応で容易に得られるため,これらの環拡大反応は汎用性がある. 式 3.135 は,側鎖にビシクロ鎖をもつ sp^3 炭素ラジカルがカルボニル基へ 5-*exo-trig* 環化し,生じたトリシクロ鎖をもつ第三級アルコキシルラジカルがラジカル β 開裂反応して,ビシクロ系のケト α,β-不飽和ラクトンを生じる反応である[57]. SET 剤である SmI_2 系もケトンに対して Bu_3SnH と似たような反応を示す. 式 3.136 の反応は [4.2.0] ビシクロケトエステルへの SmI_2 による SET より,シクロブチル鎖をもつ α-ケチルラジカルを生じ,そのラジカル β 開裂反応から,5-ヒドロキシシクロオクタン-1-カルボン酸エステルを生じる.

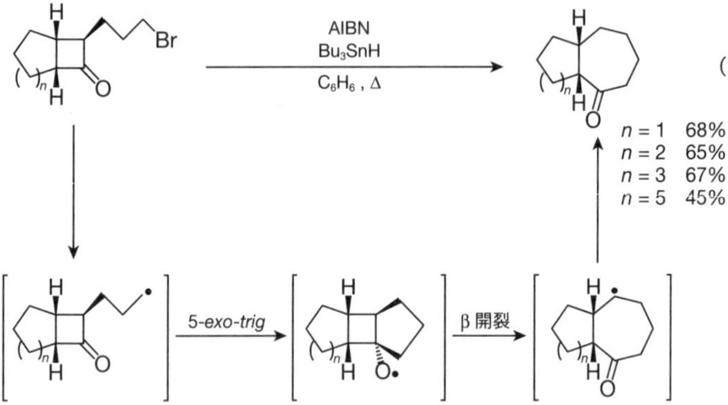

(3.134)

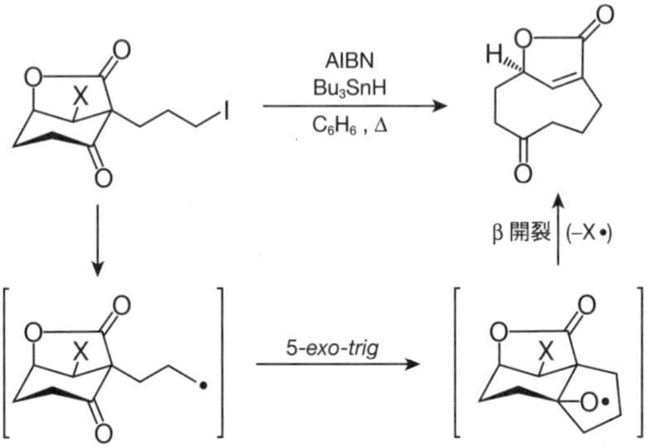

n = 1 68%
n = 2 65%
n = 3 67%
n = 5 45%

(3.135)

$$(3.136)$$

シクロブチルメチルラジカルと同様に，窒素ラジカルであるシクロブチルアミニル（cyclobutylaminyl）ラジカルやシクロプロピルアミニル（cyclopropylaminyl）ラジカルも式 3.137 や式 3.138 に示したように，速やかにラジカル β 開裂反応を引き起こす[58]．

$$(3.137)$$
$k_1 = 5 \times 10^5 \text{ s}^{-1}$

$$(3.138)$$
$k_2 = 2.5 \times 10^7 \text{ s}^{-1}$

3.4 骨格構築反応

ここで示す反応は，有機ラジカル反応ならではの特異的かつ機動的な反応である．

3.4.1 スピロ体構築反応

天然化合物の中には，Hydantocidin（除草剤）のようにスピロヌクレオシドのような構造をもち，高い生物活性を示すものがある．このようなスピロ骨格を極性反応で構築するのは困難である．スピロ体を合成する一般的方法としては，式 3.139 に示したようなジアゾ化合物に $Rh_2(OAc)_4$ を作用させ，カルベノイド種を発生させてスピロ

体に導く手法がある[59]. しかしながら, ジアゾ化合物への誘導が困難な場合も少なくない. 他方, ラジカル反応を用いたスピロ環構築反応は, 意外と簡単に進行する. たとえば, 式3.140の反応は, 酢酸に溶かしたアセト酢酸エチルに$Mn(OAc)_3$を加えて加温することにより, 対応する求電子的性質を有するβ-ケトエステルのαラジカルが発生する. 生成したαラジカルは電子密度の高いアルケンに求電子的に付加し, 生じた炭素ラジカルが酸化されて, 炭素カチオンとなり, 続く分子内のエノール環化反応により, チオケタール型のスピロ環化体を生成する[59].

式3.141aも同様に, 1,3-ジケトンのエナミン化合物が$Mn(OAc)_3$により一電子酸化されて求電子的な炭素ラジカルを生じ, 電子密度の高いヒドロキシナフトキノン体に求電子付加し, 生じた炭素ラジカルが炭素カチオンに酸化されて環化することによりスピロ化合物を生じる[59]. 式3.141bの反応は, 1,3-ジケトンを$K_2S_2O_8$で酸化し, 同様に求電子的な1,3-ジケトラジカルを生じ, α,β-不飽和アミドに分子間付加し, 生じた炭素ラジカルが炭素カチオンに酸化され, 続いて側鎖芳香環上に求電子置換反応してから脱水反応してスピロ体を生じている[59].

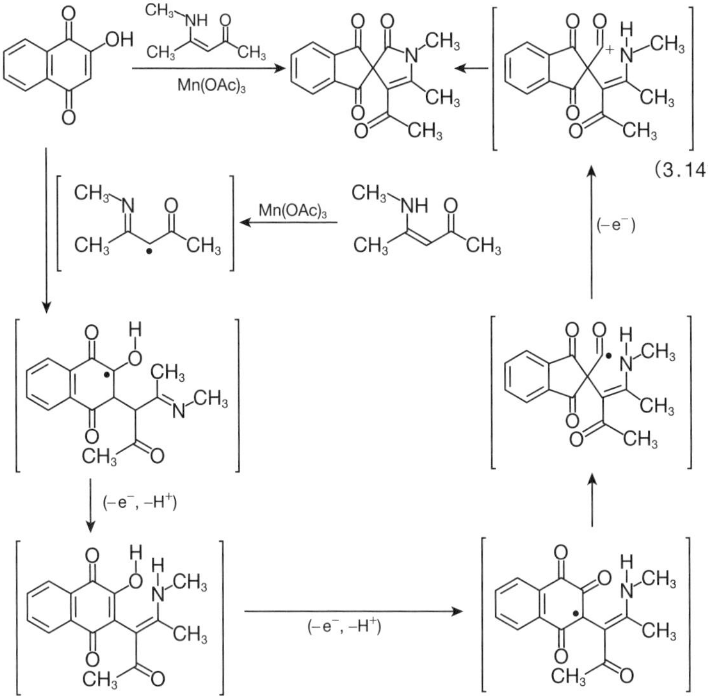

3.4 骨格構築反応　　*121*

(3.141a)

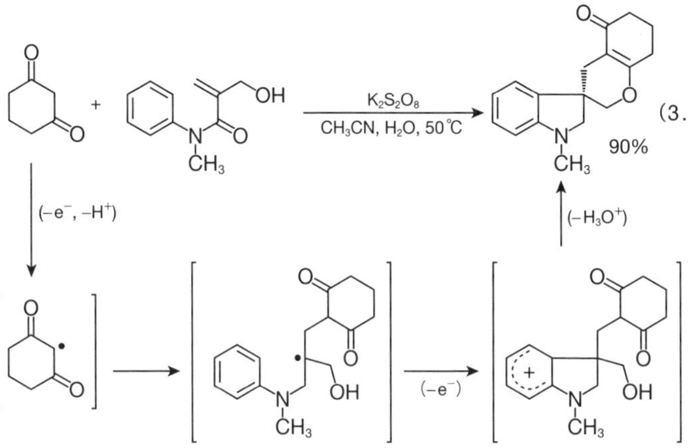

(3.141b)

ビニルヨウ化物に Bu_3SnH を作用させる還元系でも遂行できる．この場合は反応を中性で行えるため，アセタール骨格をもつ化合物の構築にも適用できる．たとえば，式 3.142 の例は，ヨウ化ビニル誘導体と Bu_3SnH の反応によるビニルラジカル（sp^2 炭素ラジカル）の生成，ビニルラジカルによるアセタールメチン水素の 1,5-H シフトを経た sp^3 炭素ラジカルの生成，続く sp^3 炭素ラジカルによる 5-*exo-trig* 環化が連動したスピロケタールの形成反応である[59)]．式 3.143 の例も同様に，ヨウ化ビニル誘導体と Bu_3SnH の反応によるビニルラジカル（sp^2 炭素ラジカル）の生成，ビニルラジカルによるメチン水素の 1,5-H シフトを経た sp^3 炭素ラジカルの生成，続く sp^3 炭素ラジカルによる 5-*exo-trig* 環化が連動したスピロ形成反応である[59)]．これらの反応を円滑に進めるためには，系内の Bu_3SnH の濃度を 0.01 mol L^{-1} 以下という低濃度に保つ必要がある．さもないと，ヨウ化ビニル基のビニル基へのヨウ素還元体を生じてしまう．現在，この反応系でスピロ糖も合成されているので，スピロヌクレオシドの合成も可能と考えられる．

3.4 骨格構築反応

式 3.144a は，臭化ベンゼン誘導体と $[(CH_3)_3Si]_3SiH$ の反応によるフェニルラジカル（sp^2 炭素ラジカル）の生成，続いてフェニルラジカルによる分子内 α,β-不飽和ケトンへのラジカル型 Michael 付加反応（5-*exo-trig* 環化）でスピロ体を生じる反応である[59]．これにより，Altenuic acid II の骨格を構築できる．

式 3.144b の反応は α-ブロモアセトアニリドに $Bu_3Sn\cdot$ が反応して，電子欠損した α-アミドラジカルを生じ，電子密度の高い側鎖 N-スルホニルエナミン基に 6-*exo-trig* 環化し，生じた炭素ラジカルが β 脱離してイミノスピロ体を形成する[59]．

その他の炭素環のスピロ体形成反応として，式 3.145 に示したように，*exo*-メチレンシクロプロパン骨格から 5-*exo-trig* 環化によるビシクロ型シクロプロピルメチルラジカルの生成，続くラジカル β 開裂による環拡大および側鎖オキシムエーテル基への 5-*exo-trig* 環化による連動型のスピロ体形成がある[60]．

式3.146はPhI(O$_2$CCF$_3$)$_2$を用いて，電子密度の高いp-アニシル芳香環を一電子酸化してカチオンラジカルとし，1,3-ジケトンのエノール体がカチオンの電荷をもった芳香環に求核付加し，生じたラジカル中間体はカチオンに酸化されて，芳香化したベンゾスピロ体を形成している[60]．

3.4.2 多環系構築反応

アルコールに Fe^{3+} を作用させることにより，酸化的にアルコキシルラジカルを発生させ，そのラジカル β 開裂による環拡大と環化反応を連動させてビシクロ体を合成する手法がある．たとえば，式3.147はシクロプロパノール骨格をもつシリルエーテルを Fe(NO$_3$)$_3$/1,4-シクロヘキサジエン系で反応させることによる，シクロプロパノキ

シルラジカルの発生，そのラジカル β 開裂による環拡大，続く 5-*exo-trig* 環化を経たビシクロ [3.3.0] オクタノン骨格構築反応である[61]．

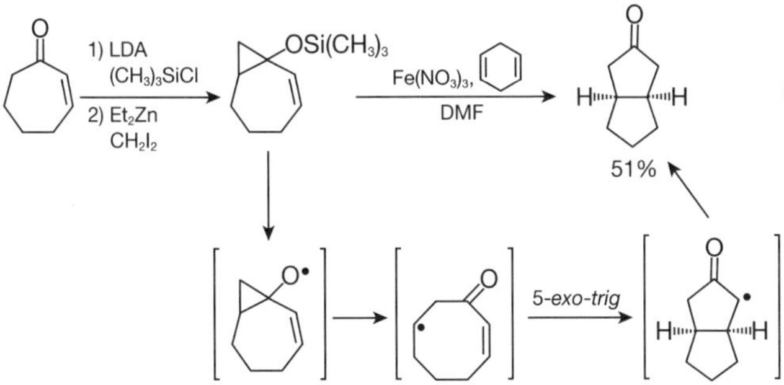

(3.147)

同様の，連動型ラジカル環化反応（tandem radical cyclization あるいは cascade radical cyclization）を用いた多環系化合物のワンポット（one-pot）環構築反応として，式 3.148 の例があげられる．この反応は [(CH$_3$)$_3$Si]$_3$SiH の反応による芳香族ヨウ化物からの sp^2 ラジカルの生成，その側鎖炭素-炭素不飽和結合への 5-*exo-trig* 環化，続いて生じた炭素ラジカルによる窒素-窒素不飽和結合を有するアジド基への 5-*exo-trig* 環化を利用したアルカロイド化合物 Aspidospermidine の合成である．この反応では窒素ガスが発生する[62]．このような連動型反応で，多環系化合物をワンポットで構築できるのもラジカル反応特有の反応である．

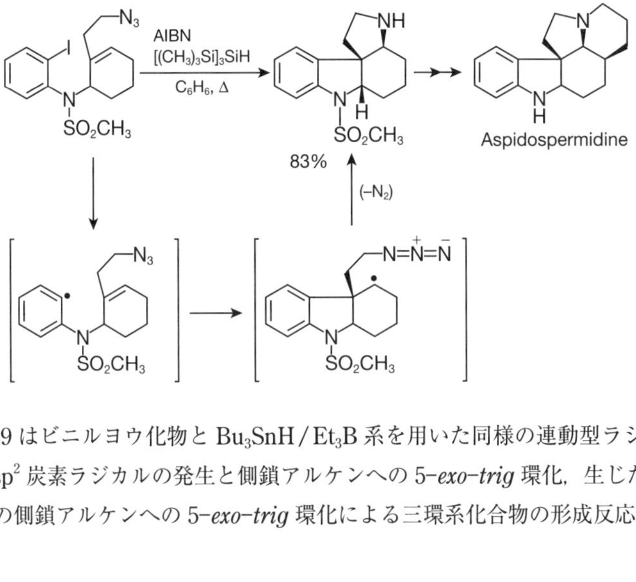

(3.148)

式 3.149 はビニルヨウ化物と Bu$_3$SnH/Et$_3$B 系を用いた同様の連動型ラジカル環化反応で，sp^2 炭素ラジカルの発生と側鎖アルケンへの 5-*exo-trig* 環化，生じた sp^3 炭素ラジカルの側鎖アルケンへの 5-*exo-trig* 環化による三環系化合物の形成反応である[62]．

$$\text{(3.149)}$$

式 3.150 の反応は，グリコシダーゼ阻害剤や抗 HIV 活性が期待されているビシクロ体 polyhydroxyindolizidine 骨格構築反応である．α-クロロアセトアミド誘導体に Ph_3SnH を作用させて，α-アミドラジカルを発生させ，その 5-*endo-trig* 環化，および生じた α-エステルラジカルの 6-*endo-trig* 環化を用いた tandem 合成反応である[63]．一段階目の 5-*endo-trig* 環化は Baldwin 則に反するが，この環化モードで生じた α-エステルラジカルがカプトデーティブ効果により安定化されているためである．つまりこれは，熱力学的支配の反応である．二段階目の 6-*endo-trig* 環化では，より安定な第二級炭素ラジカルを生じ，Baldwin 則に従った 5-*exo-trig* 環化体と平衡を生じるが，平衡は原系の α-エステルラジカルに著しく片寄っている．そのため，結果的にBaldwin 則に反して熱力学的支配となり，6-*endo-trig* 環化体を生成する．もちろん，二段階目の 6-*endo-trig* 環化は，一段階目で生成した五員環のひずみが反映しているとも考えられる．式 3.150 右に示した polyhydroxyindolizidine アルカロイド化合物はグリコシダーゼ阻害剤として注目されているため，この連動型環化反応によるアルカロイド骨格の構築反応も有用である．

$$\text{(3.150)}$$

さらに式 3.151 に示した反応は，アルカロイドである Paniculatine 骨格の構築反応である[63]．ここでは，α-ヨードケトンから発生した求電子性 α-ケトラジカルの環化反応性を向上させるために，側鎖アセチレン基を TMS-アセチレン基として，三重結合の電子密度を上げて，5-*exo-dig* 型環化反応生成物の収率を向上させている．5-*exo-dig* 型環化で生じた sp^2 炭素ラジカルは 5-*exo-trig* 環化して三環系化合物を生じる．式 3.152 に示した反応は，ヨウ化ベンゼン誘導体と Ph_3SnH の反応から生じた sp^2 炭素ラジカルが 5-*exo-trig* 環化し，さらに生じた sp^3 炭素ラジカルが 5-*exo-trig* 環化して Triquinane を生じる tandem ラジカル環化反応である[63]．

(3.151)

同様の多環系骨格のワンポット構築反応として，*Se*-フェニルセレノカルボン酸エステルと Bu_3SnH を用いて生じたアシルラジカルによる多環型セスキテルペン系抗生物質 Pentalenene の構築反応がある．たとえば，式 3.153 は *Se*-フェニルセレノカルボン酸エステルと Bu_3SnH を用いたアシルラジカルの生成と，生じたアシルラジカルによる 5-*exo-trig* 環化，続いて生じた炭素ラジカルの 5-*endo-trig* 環化による三環型セスキテルペン系抗生物質のワンポット構築反応である[64]．最後の 5-*endo-trig* 環化は安定な α-ケトラジカルを生じるため，熱力学的支配の反応となる．さらに，この手法を用いた有機ラジカル反応の究極的な反応として，式 3.154 および式 3.155 に示したように，ポリエン鎖を有する *Se*-フェニルセレノカルボン酸エステルと Bu_3SnH を

用いた,生じたアシルラジカルからのステロイド骨格のワンポット構築や七環系化合物のワンポット構築反応がある[64].

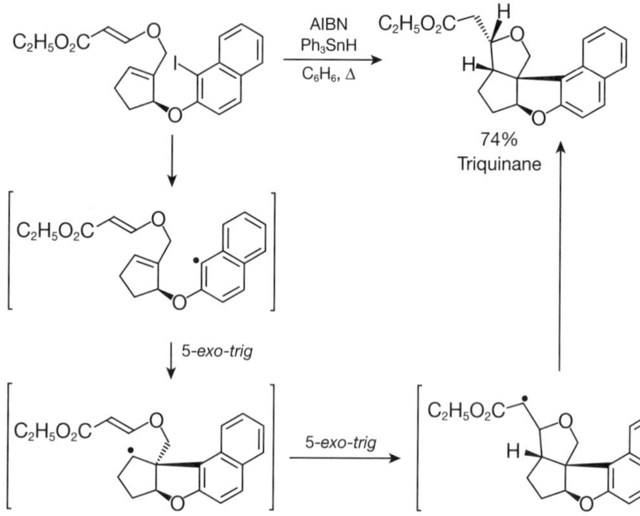

(3.152)

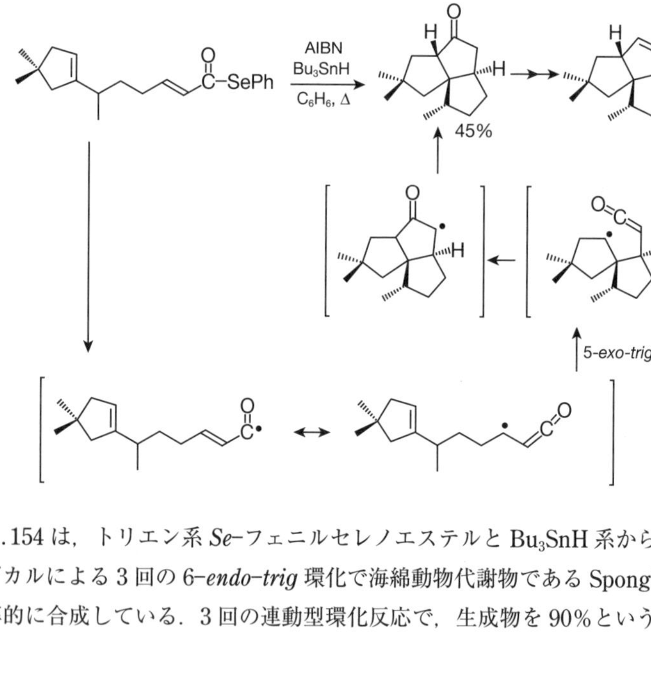

74%
Triquinane

5-exo-trig

5-exo-trig

(3.153)

5-exo-trig

式3.154は,トリエン系 Se-フェニルセレノエステルと Bu_3SnH 系から生じたアシルラジカルによる3回の 6-endo-trig 環化で海綿動物代謝物である Spongian-16-one を効率的に合成している.3回の連動型環化反応で,生成物を90%という高収率で与

えることは感動的である[64]．また，式3.155の反応は，ヘプタエン系 *Se*-フェニルセレノエステル（all-*E*-heptaene）から，アシルラジカルによる7回の 6-*endo-trig* 環化により，all-*trans* で七環系化合物を一気に形成する．たとえ17%でも，7回の連動型反応であることを考えると，驚異的である．

$$(3.154)$$

$$(3.155)$$

一方，式3.156の反応は，酸化的条件下の反応で，酢酸中でテトラエン鎖をもつβ-ケトエステルに Mn^{3+}/Cu^{2+} を作用させてα-ケトラジカルを生じ，3回の 6-*endo-trig* 環化反応と1回の 6-*exo-trig* 環化反応で，ステロイド骨格をワンポット合成している[64]．また，還元的条件下として，式3.157の反応では，ケトン，*exo*-メチレンシクロプロパン，およびアルキン鎖をもつ化合物に一電子還元剤である SmI_2 を作用させることにより，ケチルラジカルを生じ，続いて 5-*exo-trig* 環化とラジカルβ開裂，および生じた sp^3 炭素ラジカルによる 5-*exo-dig* 環化反応を連動することにより，二環系化合物をワンポットで生じる[64]．

$$\text{(3.156)}$$

$$\text{(3.157)}$$

以上で述べてきたように，有機ラジカル反応には多くの機動的，機能的，そして特異的反応があり，なかには驚異的な一工程多環系構築反応もある．

■実験項

【実験3.1】ジチオカーボナートからのγ-ラクトン形成反応（式3.14）

アルゴン雰囲気下，Bu_3SnH（0.5 mol L^{-1}, 1.1 mmol）を，Et_3B（1.1 mL, 1.0 mol L^{-1} ヘキサン溶液, 1.1 mmol）とジチオカーボナート（1.0 mmol）を溶かしたトルエン（20 mL）溶液に−78 ℃で滴下する．滴下後，同じ温度で30分撹拌後，1 mol L^{-1}塩酸水溶液を加え，クロロホルムで抽出する．有機層をNa_2SO_4で乾燥後，沪過し，溶媒を除去する．残留をpTLCで精製するとα-ベンジリデン-γ-ブチロラクトンが78％の収率で得られる．

[K. Nozaki, K. Oshima, K. Utimoto, *Tetrahedron. Lett.*, **29**, 6127 (1988)]

【実験3.2】$(Ph_2SiH)_2$/AIBN系によるビシクロ糖合成(式3.15)

糖臭化物(0.3 mmol), $(Ph_2SiH)_2$ (0.36 mmol), およびAIBN (0.15 mmol)を酢酸エチル3 mLに加え, アルゴンガス雰囲気下で還流する. 4時間後に原料が残っている場合は, 同量のAIBNを追加して再び還流を続ける. 反応後, K_2CO_3 (0.15 mmol)と水を加えて, クロロホルムで抽出し, 有機層をNa_2SO_4で乾燥後, 沪過し, 溶媒を除去し, 残留をシリカゲルカラムクロマトグラフィーあるいは薄層クロマトグラフィー(ヘキサン:酢酸エチル = 1:1〜3:1)で処理することによりビシクロ糖が78 mg (収率78%)得られる.

[H. Togo, *et al*., *J. Org. Chem*., **65**, 5440 (2000)]

【実験3.3】$(Ph_2SiH)_2$/Et_3B系によるビシクロ糖合成(式3.15)

糖臭化物(0.3 mmol), $(Ph_2SiH)_2$ (0.36 mmol), および酢酸エチル3 mLの入った反応器に冷却管を付け, 大気雰囲気下で, Et_3B (0.2 mL, 1 mol L^{-1} THF溶液)を加えて室温で撹拌する. 1時間後, K_2CO_3 (0.15 mmol)と水を加えて, クロロホルムで抽出し, 有機層をNa_2SO_4で乾燥後, 沪過し, 溶媒を除去し, 残留をシリカゲルカラムクロマトグラフィーあるいは薄層クロマトグラフィー(ヘキサン:酢酸エチル = 1:1〜3:1)で処理することによりビシクロ糖が84 mg (収率84%)得られる.

[H. Togo, *et al*., *J. Org. Chem*., **65**, 5440 (2000)]

【実験3.4】2,2,2-トリクロロエチルエーテルからのフラン環形成反応(式3.37)

アルゴン雰囲気下で, 2,2,2-トリクロロエチルエーテル(1 mmol)のTHF (2 mL)溶液を, 室温下で$CrCl_3$ (15 mol%), Mn粉末(4 mmol), およびMe_3SiCl (4 mmol)のTHF (8 mL)溶液に加える. その後, 溶液を12時間, 60℃に加熱する. 反応溶液に水を加えて, エーテルで3回抽出する. エーテル層を溶媒除去し, 残留をシリカゲルクロマトグラフフィーで処理することによりフラン誘導体が85%の収率で得られる.

[D. K. Barma, *et al*., *Org. Lett*., **4**, 1387 (2002)]

【実験3.5】ホルミル基をもつα,β-不飽和エステルから四員環形成反応(式3.45)

SmI_2 (1.0 mmol)のTHF (10 mL)溶液とCH_3OH (2.5 mL)の混合溶液に, 0℃窒素雰囲気下, アルデヒド(0.5 mmol)のTHF (2 mL)溶液を加える. 混合液は0℃で2時間撹拌した後, 飽和NaCl水溶液(2 mL)とクエン酸(0.61 mmol)を加える. 反応物は酢酸エチルで数回抽出し, 集めた有機層をNa_2SO_4で乾燥した後, 濃縮して, 残留をシリカゲルカラムクロマトグラフィー(酢酸エチル:ヘキサン = 3:7)で処理す

ることにより 67 mg（収率 65％）の目的物が無色のオイルとして得られる.
[D. Johnston, C. M. McCusker, D. J. Procter, *Tetrahedron Lett.*, **40**, 4913 (1999)]

【実験 3.6】 *o*-ハロフェニルアリルエーテルの環化反応と付加反応（式 3.53）
アルゴン雰囲気下，臭化物（2 mmol）とアクリル酸エステル（4 mmol）を溶かしたトルエン（10 mL）溶液を還流し，この系内に，Bu_3SnH（2.5 mmol）と AIBN（30 mg）を溶かしたトルエン（8 mL）溶液を，滴下漏斗を通じて 40 分かけて滴下する．滴下後，さらに 30 分還流を続ける．反応後，溶媒を除去し，残留をフラッシュカラムクロマトグラフィーで処理することにより目的物が 60％の収率で得られる．
[H. Togo, O. Kikuchi, *Tetrahedron Lett.*, **29**, 4133 (1988)]

【実験 3.7】側鎖芳香環への環化反応（式 3.60）
Bu_3SnH（1 mmol），AIBN（0.1 mmol）のトルエン溶液を，9-(*o*-ブロモ)アニリノアクリジン（1 mmol）の還流トルエン溶液に 1 時間かけて滴下する．12 時間後，溶媒を除去し，残留をシリカゲルカラムクロマトグラフィー（酢酸エチル）で処理することにより 50％の収率で目的物が得られる（mp 118〜119 ℃）.
[M. J. Ellis, M. F. G. Stevens, *J. Chem. Soc., Perkin Trans. 1*, **2001**, 3180]

【実験 3.8】三環系の isoindolinone 合成（式 3.64）
加熱還流している芳香族 *o*-ブロモアミド（2.6 mmol）のベンゼン（50 mL）溶液に，Bu_3SnH（3.2 mmol）あるいは $[(CH_3)_3Si]_3SiH$（3.2 mmol）と AIBN（0.15 mmol）を加える．2 時間後，AIBN（0.15 mmol）を追加する．反応混合物はさらに 12 時間還流する．反応後は溶媒を除去し，残留をシリカゲルカラムクロマトグラフィーで処理することにより三環系化合物が 478 mg（収率 80％）得られる．
[W. Zhang, G. Pugh, *Tetrahedron Lett.*, **40**, 7591 (1999)]

【実験 3.9】sp^2 炭素ラジカルの発生，1,5-H シフトによる sp^3 炭素ラジカルの生成，続く 5-*exo-trig* 環化によるシクロペンタン環形成反応（式 3.76）
アルゴン雰囲気下，芳香族臭化物（1.0 mmol）と AIBN（0.1 mmol）を溶かしたベンゼン溶液（基質は 0.01 mol L^{-1} 濃度）を還流し，この系内に，Bu_3SnH（1.3〜1.5 mmol）と AIBN（0.3 mmol）を溶かしたベンゼン溶液をシリンジポンプから 10〜15 時間かけて滴下していく．反応後，溶媒を除去し，残留にエーテルを加え，続いて DBU（2.0 mmol）と I_2 の 1 mol L^{-1} エーテル溶液を加えると白色沈澱が生じる．20 分撹拌後，セ

ライト沪過し，沪液を濃縮し，残留をフラッシュカラムクロマトグラフィーで処理することにより目的物が75%の収率で得られる．

[D. P. Curran, A. C. Abraham, H. Liu, *J. Org. Chem.*, **56**, 4355 (1991)]

【実験 3.10】 ジアルデヒドから環状 1,2-ジオールの合成反応（式 3.84）

ジアルデヒド（0.89 mmol），Bu_3SnH（1.07 mmol），および AIBN（0.089 mmol）をベンゼン（36 mL）に溶かした反応溶液を窒素雰囲気下で還流する．その後，3 時間ごとに，AIBN（0.089 mmol）を 3 回追加していく．12 時間後，溶媒を除去し，残留をフラッシュカラムクロマトグラフィーで処理することによりジオールが無色オイルとして得られる．

[D. S. Hays, G. C. Fu, *J. Org. Chem.*, **63**, 6375 (1998)]

【実験 3.11】 ベンゾイソニトリル誘導体からインドール誘導体の合成反応（式 3.95）

イソシアノベンゼン誘導体（0.85 mmol），Bu_3SnH（0.93 mmol），および AIBN（0.04 mmol）を乾燥アセトニトリル（5 mL）に溶かした溶液を，アルゴン雰囲気下で 1 時間還流する．反応後，反応混合物に 3 mol L^{-1} の HCl を加えて，エーテル抽出する．有機層は飽和 KF 水溶液で洗浄して乾燥する．溶媒を除去して残留をカラムクロマトグラフィーで処理することによりインドールが 91% の収率で得られる．

[T. Fukuyama, X. Chen, G. Peng, *J. Am. Chem. Soc.*, **116**, 3127 (1994)]

【実験 3.12】 *p*-TsBr を用いたピロリジン誘導体の合成反応（式 3.102）

p-toluenesulfonyl bromide（0.4 mmol），ビスアレン（0.36 mmol），および AIBN（0.07 mmol）をトルエン（4 mL）に溶かした溶液を脱気して密閉し，90 ℃で 4 時間反応させる．反応後は，溶媒を除去し，残留をカラムクロマトグラフィーで処理することにより環化体が 73% の収率で得られる．

[S. K. Kang, *et al.*, *Chem. Commun.*, **2001**, 1306]

【実験 3.13】 α-ブロモアセタートから八員環ラクトンの合成反応（式 3.110）

α-ブロモアセタート（0.015 mol L^{-1}）のベンゼン溶液を還流し，この系内にシリンジポンプを用いて，Bu_3SnH（1.4 eq.）と AIBN（0.1 eq.）を溶かしたベンゼン溶液を 5 時間かけて滴下していく．反応後，溶媒を除去し，残留をフラッシュカラムクロマトグラフィーで処理することによりラクトンが 52% の収率で得られる．

[E. Lee, C. H. Yoon, T. H. Lee, *J. Am. Chem. Soc.*, **114**, 10981 (1992)]

【実験3.14】α-ヨードアセタートから八員環ラクトンの合成反応（式3.111）

BF$_3$·Et$_2$O（3 mmol）を4-ペンテニル α-ヨードアセタート（1.0 mmol）のベンゼン（33 mL）溶液に加えて，さらに，(Bu$_3$Sn)$_2$（0.1 mmol）を加えて，窒素雰囲気下で，20℃，300 W の sunlamp を6時間光照射する．反応後は溶媒を除去して，残留をカラムクロマトグラフィーで処理することにより γ-ヨードラクトンが70％の収率で得られる．

[J. Wang, C. Li, *J. Org. Chem.*, **67**, 1271 (2002)]

【実験3.15】C$_1$ 環拡大反応（式3.122）

AIBN（1.5～2.5 mmol）のトルエン（10～15 mL）溶液を，還流下の環状 β-ケトエステル（0.5 mmol）と (Ph$_2$SiH)$_2$（0.6 mmol）のトルエン（10 mL）溶液に8時間かけて滴下する．12時間後に溶媒を除去し，残留をフラッシュカラムクロマトグラフィー（ヘキサン：酢酸エチル ＝ 5：1～10：1）で処理することにより C$_1$ 環拡大生成物が75％の収率で得られる．

[M. Sugi, H. Togo, *Tetrahedron*, **58**, 3171 (2002)]

【実験3.16】シクロプロパノールの β 開裂反応（式3.126b）

シクロプロパノール誘導体（2 mmol）を乾燥 DMF（40 mL）に溶かし，0℃，アルゴン雰囲気下，無水 FeCl$_3$（4.4 mmol）の DMF（40 mL）溶液を 40 分かけて滴下する．生じた黄褐色溶液は0℃でさらに1時間攪拌する．反応後，水（500 mL）に注ぎ，酢酸エチルで3回（3×200 mL）抽出する．集めた有機層は，さらに水で洗浄（2×200 mL）した後，乾燥してから溶媒を除去する．残留をフラッシュカラムクロマトグラフィー（エーテル：石油エーテル ＝ 1：10）で処理することにより64％の収率で目的物が得られる．

[K. I. Booker-Milburn, D. F. Thompson, *J. Chem. Soc., Perkin Trans. 1*, **1995**, 2315]

【実験3.17】Se-フェニルセレノエステルから七環系化合物の合成反応（式3.155）

Se-フェニルセレノエステル（23.9 μmol）と AIBN（1 mg）の乾燥ベンゼン（6 mL）溶液を，アルゴンで脱気した後，還流する．この溶液に Bu$_3$SnH（29.8 μmol）と AIBN（1 mg）を溶かしたベンゼン（2 mL）溶液を2時間かけて滴下する．滴下後，さらに3時間還流する．反応後，溶媒を除去し，残留をシリカゲルカラムクロマトグラフィー（エーテル／石油エーテル）で処理することにより七環系化合物が17％の収率で得られる．

[S. Handa, G. Pattenden, *J. Chem. Soc., Perkin Trans. 1*, **1999**, 843]

参考文献

1) C. Walling, A. Cioffari, *J. Am. Chem. Soc.*, **94**, 6059 (1972); A. L. J. Beckwith, G. Moad, *J. Chem. Soc., Chem. Commun.*, **1974**, 472; A. L. J. Beckwith, C. J. Easton, A. K. Serelis, *J. Chem. Soc., Chem. Commun.*, **1980**, 482; A. L. J. Beckwith, C. H. Schiesser, *Tetrahedron*, **41**, 3925 (1985); A. L. J. Beckwith, C. H. Schiesser, *Tetrahedron Lett.*, **26**, 373 (1985); W. R. Dolbier Jr., et al., *J. Org. Chem.*, **63**, 5687 (1998).
2) J. Baldwin, *Chem. Commun.*, **1976**, 734.
3) B. Giese, B. Kopping, C. Chatgilialoglu, *Tetrahedron Lett.*, **30**, 681 (1989).
4) C. Walling, A. Cioffari, *J. Am. Chem. Soc.*, **94**, 6059 (1972); A. L. J. Beckwith, G. Moad, *Chem. Commun.*, **1974**, 472; A. L. J. Beckwith, C. J. Easton, A. K. Serelis, *Chem. Commum.*, **1980**, 482; A. L. J. Beckwith, L. Lawrence, A. K. Serelis, *Chem. Commun.*, **1980**, 484; A. L. J. Beckwith, G. Phillipou, A. K. Serelis, *Tetrahedron Lett.*, **22**, 2811 (1981); A. L. J. Beckwith, et al., *Aust. J. Chem.*, **36**, 545 (1983); E. W. Della, A. M. Knill, *J. Org. Chem.*, **60**, 3518 (1995); W. R. Dolbier Jr., X. X. Rong, *Tetrahedron Lett.*, **37**, 5321(1996).
5) D. L. J. Clive, P. L. Beaulieu, *Chem. Commun.*, **1983**, 307; G. Stork, et al., *J. Am. Chem. Soc.*, **105**, 3741 (1983); M. Ladlow, G. Pattenden, *Tetrahedron Lett.*, **25**, 4317 (1984); Y. Ueno, et al., *J. Chem. Soc., Perkin Trans. 1*, **1986**, 1351; D. L. J. Clive, D. R. Cheshire, *Chem. Commun.*, **1987**, 1520; A. Spikrishna, G. Sunderbabu, *Chem. Lett.*, **1988**, 371.
6) K. Nozaki, K. Oshima, K. Utimoto, *Tetrahedron Lett.*, **29**, 6127 (1988): M. D. Bachi, E. Bosch, *J. Org. Chem.*, **54**, 1236 (1989); G. V. M. Sharma, S. R. Vepachedu, *Tetrahedron Lett.*, **31**, 4931 (1990).
7) A. L. J. Beckwith, I. Blair, G. Phillipon, *J. Am. Chem. Soc.*, **96**, 1613 (1974); D. J. Hart, Y. M. Tsai, *J. Am. Chem. Soc.*, **104**, 1430 (1982); G. Stork, N. H. Baine, *J. Am. Chem. Soc.*, **104**, 2321 (1982); Y. Ueno, et al., *J. Am. Chem. Soc.*, **104**, 5564 (1982); J. K. Choi, D. J. Hart, Y. M. Tsai, *Tetrahedron Lett.*, **23**, 4765 (1982); A. L. J. Beckwith, D. M. O'Shea, D. H. Roberts, *Chem. Commun.*, **1983**, 1445; G. Stork, P. M. Sher, *J. Am. Chem. Soc.*, **105**, 6765 (1983); G. Stork, R. Mook Jr., *J. Am. Chem. Soc.*, **105**, 3720 (1983); Y. Ueno, R. K. Khare, M. Okawara, *J. Chem. Soc., Perkin Trans. 1*, **1983**, 2637; A. Padwa, H. Nimmesgern, G. S. K. Wong, *J. Org. Chem.*, **50**, 5620 (1985); A. Padwa, H. Nimmesgern, G. S. K. Wong, *Tetrahedron Lett.*, **26**, 957 (1985); O. Moriya, et al., *J. Org. Chem.*, **51**, 4708 (1986); M. Pezechk, A. P. Brunetiere, J. Y. Lallemand, *Tetrahedron Lett.*, **27**, 2715 (1986); A. Srikrishna, K. C. Rullaiah, *Tetrahedron Lett.*, **28**, 5203 (1987); S. Knapp, F. S. Gibson, Y. H. Choe, *Tetrahedron Lett.*, **31**, 5397(1990); H. Tanaka, et al., *Tetrahedron Lett.*, **33**, 6495 (1992); C. K. Sha, et al., *Tetrahedron Lett.*, **34**, 7641 (1993); E. Lee, K. S. Li, J. Lim, *Tetrahedron Lett.*, **37**, 1445 (1996); E. W. Della, A. M. Knill, *Tetrahedron Lett.*, **37**, 5805 (1996); Y. Watanabe, et al., *Tetrahedron Lett.*, **40**, 3411 (1999).
8) H. Togo, et al., *J. Org. Chem.*, **65**, 5440 (2000).
9) Y. Watanabe, et al., *Tetrahedron Lett.*, **28**, 3953 (1987); Y. Watanabe, T. Endo, *Tetrahedron Lett.*, **29**, 321 (1988); F. Barth, C. O. Yang, *Tetrahedron Lett.*, **32**, 5873 (1991).
10) C. P. Chung, D. J. Hart, *J. Org. Chem.*, **48**, 1784 (1983): C. S. Wilcox, L. M. Thomasco, *J. Org. Chem.*, **50**, 546 (1985); M. Ladlow, G. Pattenden, *J. Chem. Soc., Perkin Trans. 1*, **1988**, 1107; A. L. J. Beckwith, D. H. Roberts, *J. Am. Chem. Soc.*, **108**, 5893(1986); C. Bonini, *Tetrahedron Lett.*, **31**, 5369 (1990).
11) H. Ishibashi, et al., *Chem. Lett.*, **1987,** 795; T. Sato, et al., *J. Chem. Soc., Perkin Trans. 1*, **1987**, 879; M. D. Bachi, A. Mesmaeker, N. Mesmaeker, *Tetrahedron Lett.*, **28**, 2637 (1987); T. Sato, et

al., J. Chem. Soc., Perkin Trans. 1. **1995**, 1115; T. Itoh, H. Ohara, S. Emoto, *Tetrahedron Lett.*, **36**, 3531 (1995); K. Goodall, A. F. Parsons, *Tetrahedron Lett.*, **38**, 491 (1997).

12) J. A. Murphy, M. S. Sherburn, *Tetrahedron Lett.*, **31**, 1625, 3495 (1990); C. J. Moody, C. L. Norton, *J. Chem. Soc., Perkin Trans. 1*, **1997**, 2639; S. M. Leit, L. A. Paquette, *J. Org. Chem.*, **64**, 9225 (1999); E. W. Della, S. D. Graney, *Tetrahedron Lett.*, **41**, 7987 (2000).

13) F. E. Ziegler, Z. I. Zheng, *Tetrahedron Lett.*, **28**, 5973 (1987); D. S. Middleton, N. S. Simpkins, *Tetrahedron*, **29**, 1315 (1988); M. D. Bachi, E. Bosch, *J. Chem. Soc., Perkin Trans. 1*, **1988**, 1517; T. Morikawa, M. Uejima, Y. Kobayashi, *Chem. Lett.*, **1989**, 623; A. Srikrishna, G. Sunderbabu, *Tetrahedron Lett.*, **30**, 3561 (1989); E. J. Enholm, K. S. Kinter, *J. Am. Chem. Soc.*, **113**, 7784 (1991); J. L. Esker, M. Newcomb, *Tetrahedron Lett.*, **34**, 6877 (1993); J. Boivin, A. M. Schiano, S. Z. Zard, *Tetrahedron Lett.*, **35**, 249 (1994); W. R. Bowman, *et al.*, *Tetrahedron Lett.*, **38**, 6301 (1997); A. J. Clark, J. L. Peacock, *Tetrahedron Lett.*, **39**, 6029 (1998); S. Y. Chang, *et al.*, *Org. Lett.*, **1**, 945 (1999); D. Bebbington, *et al.*, *Tetrahedron Lett.*, **41**, 8941 (2000).

14) H. Nishiyama, *et al.*, *J. Org. Chem.*, **49**, 2298 (1984); G. Stork, M. Kahn, *J. Am. Chem. Soc.*, **107**, 500 (1985); G. Stork, M. J. Sofia, *J. Am. Chem. Soc.*, **108**, 6826 (1986); M. Koreeda, I. A. George, *J. Am. Chem. Soc.*, **108**, 8098 (1986); K. Tamao, *et al.*, *J. Am. Chem. Soc.*, **111**, 4984 (1989); G. K. Friestad, *Org. Lett.*, **1**, 1499 (1999).

15) D. Crich, S. M. Fortt, *Tetrahedron Lett.*, **29**, 2585 (1988); P. A. Evans, J. D. Rosenman, *J. Org. Chem.*, **61**, 2252 (1996); C. J. Hayes, G. Pattenden, *Tetrahedron Lett.*, **37**, 271 (1996); A. Stojanovic, P. Renaud, *Synlett*, **1997**, 181; J. H. Rigby, D. M. Danca, J. H. Horner, *Tetrahedron Lett.*, **39**, 8413 (1998); P. A. Evans, T. Manangan, A. L. Rheingold, *J. Am. Chem. Soc.*, **122**, 11009 (2000); D. L. J. Clive, Elena-S. Ardelean, *J. Org. Chem.*, **66**, 4841 (2001).

16) A. L. J. Beckwith, S. Wang, J. Warkentin, *J. Am. Chem. Soc.*, **109**, 5289 (1987); S. Kim, G. H. Joe, J. Y. Do, *J. Am. Chem. Soc.*, **116**, 5521 (1994).

17) J. H. Udding, *et al.*, *Tetrahedron Lett.*, **32**, 3123 (1991); A. J. Clark, *et al.*, *J. Org. Chem.*, **64**, 8954 (1999); A. J. Clark, *et al.*, *Tetrahedron Lett.*, **40**, 8619 (1999); D. T. Davies, N. Kapur, A. F. Parsons, *Tetrahedron Lett.*, **40**, 8615 (1999); D. K. Barma, *et al.*, *Org. Lett.*, **4**, 1387 (2002).

18) Z. Zhou, S. M. Bennett, *Tetrahedron Lett.*, **38**, 1153 (1997); S. M. Bennett, R. K. Biboutou, B. S. F. Salari, *Tetrahedron Lett.*, **39**, 7075 (1998); S. Bobo, I. S. de Gracia, J. L. Chiara, *Synlett*, **1999**, 1551.

19) D. Riber, R. Hazell, T. Skrydstrup, *J. Org. Chem.*, **65**, 5382 (2000); Anne-C. Durand, J. Rodriguez, Jean-P. Dulcere, *Synlett*, **2000**, 731; K. Kakiuchi, *et al.*, *Tetrahedron Lett.*, **42**, 7595 (2001).

20) H. Ishibashi, *et al.*, *Tetrahedron Lett.*, **32**, 1725 (1991); K. Ogura, *et al.*, *Chem. Lett.*, **1992**, 1487; M. E. Jung, I. D. Trifunovich, N. Lensen, *Tetrahedron Lett.*, **33**, 6719 (1992); M. E. Jung, M. Kiankarimi, *J. Org. Chem.*, **60**, 7013 (1995); H. Ishibashi, *et al.*, *Synlett*, **1995**, 915; A. D'Annibale, S. Resta, C. Trogolo, *Tetrahedron Lett.*, **36**, 9039 (1995); A. D'Annibale, *et al.*, *Tetrahedron*, **53**, 13129 (1997); A. D'Annibale, P. Pesce, C. Trogolo, *Tetrahedron Lett.*, **38**, 1829 (1997); M. E. Jung, R. Mraquez, *Tetrahedron Lett.*, **38**, 6521 (1997); B. Attenni, *et al.*, *Tetrahedron Lett.*, **54**, 12029 (1998); D. Johnston, C. M. McCusker, D. J. Procter, *Tetrahedron Lett.*, **40**, 4913 (1999); M. E. Jung, R. Marquez, K. N. Houk, *Tetrahedron Lett.*, **40**, 2661 (1999); A. D'Annibale, *et al.*, *Org. Lett.*, **2**, 401 (2000); J. S. Bryans, *et al.*, *Tetrahedron Lett.*, **42**, 2901 (2001); K. Castle, *et al.*, *Org. Lett.*, **5**, 759 (2003); H. Kumamoto, S. Kuwahigashi, H. Wakabayashi, *Chem. Commun.*, **48**, 10993 (2012).

21) H. David, *et al.*, *Tetrahedron Lett.*, **40**, 8557 (1999); P. Wessig, O. Muhling, *Angew. Chem. Int. Ed.*, **40**, 1064 (2001); H. Villar, F. Guibe, *Tetrahedron Lett.*, **43**, 9517 (2002); C. Cammoun, *et al.*, *Tetrahedron*, **63**, 3728 (2007).

22) M. S. Newman, *et al.*, *J. Org. Chem.*, **38**, 2760 (1973); D. P. Curran, A. E. Gabarda, *Tetrahedron*, **55**, 3327 (1999); T. Ohkita, H. Togo, *Tetrahedron*, **64**, 7247 (2008); Y. Tsuchiya, Y. Izumisawa, H. Togo, *Tetrahedron*, **65**, 7533 (2009).

23) A. L. J. Beckwith, W. B. Gara, *J. Chem. Soc., Perkin Trans. 1*, **1975**, 795; K. Shankaran, C. P. Sloan, V. Snieckus, *Tetrahedron Lett.*, **26**, 6001 (1985); A. N. Abeywick, A. L. J. Beckwith, *Chem. Commun.*, **1986**, 464; K. Jones, M. Thompson, C. Wright, *Chem. Commun.*, **1986**, 115; K. H. Parker, D. M. Spero, K. C. Inman, *Tetrahedron Lett.*, **27**, 2833 (1986); D. L. Boger, R. S. Coleman, *J. Am. Chem. Soc.*, **110**, 1321 (1988); H. Togo, O. Kikuchi, *Tetrahedron Lett.*, **29**, 4133 (1988); J. P. Dittami, H. Ramanathan, *Tetrahedron Lett.*, **29**, 45 (1988); D. J. Hart, S. C. Wu, *Tetrahedron Lett.*, **32**, 4099 (1991).
24) S. Takano, *et al.*, *Tetrahedron Lett.*, **31**, 2315 (1990); A. J. Clark, *et al.*, *Tetrahedron Lett.*, **32**, 2829 (1991); W. Zhang, G. Pugh, *Tetrahedron Lett.*, **40**, 7591 (1999); C. G. Martin, J. A. Murphy, C. R. Smith, *Tetrahedron Lett.*, **41**, 1833 (2000).
25) A. M. Rosa, S. Prabhakar, A. M. Lobo, *Tetrahedron Lett.*, **31**, 1881 (1990); J. C. Estevez, *et al.*, *Tetrahedron Lett.*, **32**, 529 (1991); K. Jones, T. C. T. Ho, J. Wilkinson, *Tetrahedron Lett.*, **36**, 6743 (1995); K. Jones, A. Fiumana, *Tetrahedron Lett.*, **37**, 8049 (1996); A. P. Dobbs, K. Jones, K. T. Veal, *Tetrahedron Lett.*, **38**, 5383 (1997); K. Orito, *et al.*, *Org. Lett.*, **2**, 307 (2000); M. J. Ellis, M. F. G. Stevens, *J. Chem. Soc., Perkin Trans. 1*, **2001**, 3180; D. C. Harrowven, B. J. Sutton, S. Coulton, *Tetrahedron Lett.*, **42**, 9061 (2001); D. C. Harrowven, M. I. T. Nunn, D. R. Fenwick, *Tetrahedron Lett.*, **43**, 7345 (2002).
26) A. J. Walkington, D. A. Whiting, *Tetrahedron Lett.*, **30**, 4731 (1989); J. M. D. Storey, *Tetrahedron Lett.*, **41**, 8173 (2000); G. W. Gribble, H. L. Fraser, J. C. Badenock, *Chem. Commun.*, **2001**, 805; D. Crich, K. Ranganathan, X. Huang, *Org. Lett.*, **3**, 1917 (2001); N. Al-Maharik, *et al.*, *J. Org. Chem.*, **66**, 6286 (2001).
27) W. Zhang, G. Pugh, *Tetrahedron Lett.*, **40**, 7591 (1999); C. K. Sha, Z. P. Zhan, F. S. Wang, *Org. Lett.*, **2**, 2011 (2000); E. N. Prabhakaran, *et al.*, *Org. Lett.*, **4**, 4197 (2002).
28) D. P. Curran, A. C. Abraham, H. Liu, *J. Org. Chem.*, **56**, 4335 (1991); D. P. Curran, J. Xu, *J. Am. Chem. Soc.*, **118**, 3142 (1996); J. Robertson, M. A. Peplow, J. Pillai, *Tetrahedron Lett.*, **37**, 5825 (1996); C. R. A. Godfrey, *et al.*, *Tetrahedron Lett.*, **39**, 723 (1998); J. Rancourt, V. Gorys, E. Jolicoeur, *Tetrahedron Lett.*, **39**, 5339 (1998).
29) A. Studer, M. Bossart, T. Vasella, *Org. Lett.*, **2**, 985 (2000); K. Wakabayashi, *et al.*, *Org. Lett.*, **2**, 1899 (2000); D. L. J. Clive, S. Kang, *Tetrahedron Lett.*, **41**, 1315 (2000); H. Senboku, *et al.*, *Tetrahedron Lett.*, **41**, 5699 (2000); W. B. Motherwell, S. Vazquez, *Tetrahedron Lett.*, **41**, 9667 (2000); D. L. J. Clive, S. Kang, *J. Org. Chem.*, **66**, 6083 (2001); A. Ryokawa, H. Togo, *Tetrahedron*, **57**, 5915 (2001); W. Zhang, G. Pugh, *Tetrahedron Lett.*, **42**, 5613 (2001).
30) D. P. Curran, A. C. Abraham, H. Liu, *J. Org. Chem.*, **56**, 4335 (1991); D. P. Curran, J. Xu, *J. Am. Chem. Soc.*, **118**, 3142 (1996); J. Robertson, M. A. Peplow, J. Pillai, *Tetrahedron Lett.*, **37**, 5825 (1996); J. Rancourt, V. Gorys, E. Jolicoeur, *Tetrahedron Lett.*, **39**, 5339 (1998).
31) A. L. J. Beckwith, G. F. Meijs, *J. Org. Chem.*, **52**, 1922 (1987); A. J. Clark, K. Jones, *Tetrahedron Lett.*, **30**, 5485 (1989); J. Inanaga, O. Ujikawa, M. Yamaguchi, *Tetrahedron Lett.*, **32**, 1737 (1991); J. M. D. Storey, *Tetrahedron Lett.*, **41**, 8173 (2000); J. N. Johnston, *et al.*, *Org. Lett.*, **3**, 1009 (2001).
32) G. Martelli, P. Spagnolo, M. Tiecco, *J. Chem. Soc. (B)*, **1970**, 1413.
33) R. Tsang, B. F. Reid, *J. Am. Chem. Soc.*, **108**, 2116, 8102 (1986); Y. M. Tsai, K. H. Tang, W. T. Jiaang, *Tetrahedron Lett.*, **34**, 1303 (1993); Y. M. Tsai, K. H. Tang, W. T. Jiaang, *Tetrahedron Lett.*, **37**, 7767 (1996); S. Y. Chang, *et al.*, *J. Org. Chem.*, **62**, 9089 (1997); S. Y. Chang, *et al.*, *Org. Lett.*, **1**, 945 (1999).
34) E. J. Enholm, G. Prasad, *Tetrahedron Lett.*, **30**, 4939 (1989); E. Lee, *et al.*, *Tetrahedron Lett.*, **35**, 129 (1994); A. F. Parsons, R. M. Pettifer, *Tetrahedron Lett.*, **38**, 5907 (1997); D. S. Hays, G. C. Fu, *J. Org. Chem.*, **63**, 6375 (1998); J. Tormo, D. S. Hays, G. C. Fu, *J. Org. Chem.*, **63**, 201 (1998); P. Devin, L. Fensterbank, M. Malacria, *Tetrahedron Lett.*, **39**, 833 (1998); T. Naito, *et al.*, *J. Org. Chem.*, **64**, 2003 (1999); L. P. T. Hong, C. Chak, C. D. Donner, *Org. Biomol. Chem.*, **11**, 6186

(2013).
35) F. L. Harris, L. Weiler, *Tetrahedron Lett.*, **28**, 2941 (1987); C. Audin, J. M. Lancelin, J. M. Beau, *Tetrahedron Lett.*, **29**, 3691 (1988); A. D. Mesmaeker, *et al.*, *Synlett*, **1990**, 201; D. P. Curran, H. Liu, *J. Org. Chem.*, **56**, 3463 (1991); J. M-Contelles, *et al.*, *Tetrahedron Lett.*, **32**, 6437 (1991); S. Kim, Y. Kim, K. S. Yoon, *Tetrahedron Lett.*, **38**, 2487 (1997); U. Iserloh, D. P. Curran, *J. Org. Chem.*, **63**, 4711 (1998); G. E. Keck, S. F. McHardy, J. A. Murry, *J. Org. Chem.*, **64**, 4465 (1999); D. L. J. Clive, R. Subedi, *Chem. Commun.*, **2000**, 237.
36) P. Devin, L. Fensterbank, M. Malacria, *Tetrahedron Lett.*, **40**, 5511 (1999).
37) G. K. Friestad, *Org. Lett.*, **1**, 1499 (1999); X. Lin, D. Stien, S. M. Weinreb, *Org. Lett.*, **1**, 637 (1999); J. Bentley, P. A. Nilsson, A. F. Parsons, *J. Chem. Soc., Perkin Trans. 1*, **2002**, 1461.
38) G. A. Kraus, L. Chen, *J. Am. Chem. Soc.*, **112**, 3464 (1990); G. A. Kraus, P. J. Thomas, M. D. Schwinder, *Tetrahedron Lett.*, **31**, 1819 (1990); T. Hasegawa, *et al.*, *Chem. Commun.*, **1991**, 1617; P. J. Wagner, Q. Cao, R. Pabon, *J. Am. Chem. Soc.*, **114**, 346 (1992); G. Pandey, G. D. Reddy, *Tetrahedron Lett.*, **33**, 6533 (1992); Y. Ueda, *et al.*, *Tetrahedron Lett.*, **34**, 7933 (1993); J. Cossy, J. L. Ranaivosata, V. Bellosta, *Tetrahedron Lett.*, **35**, 8161 (1994); S. Sauer, *et al.*, *Tetrahedron Lett.*, **39**, 3685 (1998).
39) T. Fukuyama, X. Chen, G. Peng, *J. Am. Chem. Soc.*, **116**, 3127 (1994); M. T. Reding, T. Fukuyama, *Org. Lett.*, **1**, 973 (1999); J. D. Rainier, A. R. Kennedy, E. Chase, *Tetrahedron Lett.*, **40**, 6325 (1999); H. Tokuyama, *et al.*, *Synlett*, **2001**, 1403.
40) M. J. Laws, C. H. Schiesser, *Tetrahedron Lett.*, **38**, 8429 (1997); L. Engman, *et al.*, *J. Org. Chem.*, **64**, 6764 (1999); C. H. Schiesser, S. L. Zheng, *Tetrahedron Lett.*, **40**, 5095 (1999); Y. Nishiyama, *et al.*, *Tetrahedron Lett.*, **40**, 6293 (1999); N. Al-Maharik, *et al.*, *J. Org. Chem.* **66**, 6286 (2001); L. Benati, *et al.*, *Org. Lett.* **4**, 3079 (2002).
41) C. P. Chuang, T. J. Ngoi, *Tetrahedron Lett.*, **30**, 6369 (1989); C. P. Chuang, *Tetrahedron Lett.*, **33**, 6311 (1992); G. L. Edwards, K. A. Walker, *Tetrahedron Lett.*, **33**, 1779 (1992); C. P. Chuang, S. F. Wang, *Synlett*, **1995**, 763; F. E. Gueddari, J. R. Grimaldi, J. M. Hatem, *Tetraheron Lett.*, **36**, 6685 (1995); M. P. Bertrand, S. Gastaldi, R. Nouguier, *Tetrahedron Lett.*, **37**, 1229 (1996); C. Wang, G. A. Russell, *J. Org. Chem.*, **64**, 2346, 2066 (1999); F. Villar, O. Andrey, P. Renaud, *Tetrahedron Lett.* **40**, 3375 (1999); S. K. Kang, *et al.*, *Chem. Commun.*, **2001**, 1306.
42) N. A. Porter, D. R. Magnin, B. T. Wright, *J. Am. Chem. Soc.*, **108**, 2787 (1986); N. A. Porter, V. H. T. Chang, *J. Am. Chem. Soc.*, **109**, 4976 (1987); N. A. Porter, *et al.*, *J. Am. Chem. Soc.*, **110**, 3554 (1988); N. A. Porter, *et al.*, *J. Am. Chem. Soc.*, **111**, 8309 (1989); J. Marco-Contelles, E. de Opazo, *Tetrahedron Lett.*, **41**, 5341 (2000); J. Marco-Contelles, E. de Opazo, *J. Org. Chem.* **67**, 3705 (2002); B. Vauzeilles, P. Sinay, *Tetrahedron Lett.* **42**, 7269 (2011).
43) E. Lee, C. H. Yoon, T. H. Lee, *J. Am. Chem. Soc.*, **114**, 10981 (1992); N. J. G. Cox, S. D. Mills, G. Pattenden, *J. Chem. Soc., Perkin Trans. 1*, **1992**, 1313; S. A. Hitchcock, G. Pattenden, *J. Chem. Soc., Perkin Trans. 1*, **1992**, 1323; G. A. Russell, C. Li, *Tetrahedron Lett.*, **37**, 2557 (1996); E. Lee, *et al.*, *J. Am. Chem. Soc.*, **120**, 7469 (1998); B. Ding, R. Keese, H. Stoecli-Evans, *Angew. Chem. Int. Ed.*, **38**, 375 (1999).
44) J. Wang, C. Li, *J. Org. Chem.*, **67**, 1271 (2002).
45) M. P. Astley, G. Pattenden, *Synlett*, **1991**, 333; K. J. Shea, R. O'Dell, D. Y. Sasaki, *Tetrahedron Lett.*, **33**, 4699 (1992).
46) T. Yoshinaga, H. Nishino, K. Kurosawa, *Tetrahedron Lett.*, **39**, 9197 (1998).
47) F. De Campo, D. Lastecoueres, J. B. Verlhac, *J. Chem. Soc., Perkin Trans. 1*, **2000**, 575.
48) B. Maillard, D. Forrest, K. U. Ingold, *J. Am. Chem. Soc.*, **98**, 7024 (1976); A. A. Martin-Esker, *et al.*, *J. Am. Chem. Soc.*, **116**, 9174 (1994); J. M. Tanko, *et al.*, *J. Am. Chem. Soc.*, **116**, 1785 (1994); F. Tian, W. R. Dolbier Jr., *Org. Lett.*, **2**, 835 (2000).
49) P. Dowd, S. C. Choi, *J. Am. Chem. Soc.*, **109**, 3493, 6548 (1987); A. L. J. Beckwith, D. M. O'Shea, S. W. Westwood, *J. Am. Chem. Soc.*, **110**, 2565 (1988); P. Dowd, S. C. Choi, *Tetrahedron,*

45, 77 (1989); P. Dowd, S. C. Choi, *Tetrahedron Lett.*, **30**, 6129 (1989); P. Dowd, S. C. Choi, *Tetrahedron Lett.*, **32**, 565 (1991); H. Nemoto, *et al.*, *Tetrahedron Lett.*, **37**, 6355 (1996); M. T. Crimmins, S. Huang, L. E. Guise-Zawacki, *Tetrahedron Lett.*, **37**, 6519 (1996); C. Chatgilialoglu, V. I. Timokhin, M. Ballestri, *J. Org. Chem.*, **63**, 1327 (1998); J. R. Rodriguez, L. Castedo, J. L. Mascarenas, *Org. Lett.*, **3**, 1181 (2001); M. Sugi, H. Togo, *Tetrahedron*, **58**, 3171 (2002).
50) M. Sugi, D. Sakuma, H. Togo. *J. Org. Chem.*, **68**, 7629 (2003).
51) K. I. Booker-Milburn, D. F. Thompson, *J. Chem. Soc., Perkin Trans. 1*, **1995**, 2315; J. S. U, J. Lee, J. K. Cha, *Tetrahedron Lett.*, **38**, 5233 (1997); K. I. Booker-Milburn, A. Barker, W. Brailsford, *Tetrahedron Lett.*, **39**, 4373 (1998); K. I. Booker-Milburn, *et al.*, *Tetrahedron Lett.*, **41**, 4651 (2000).
52) A. Johns, *et al.*, *Chem. Commun.*, **1987**, 1238; D. A. Corser, B. A. Marples, R. K. Dart, *Synlett*, **1992**, 987; J. A. Murphy, C. W. Patterson, *Tetrahedron Lett.*, **34**, 867 (1993); V. H. Rawal, H. M. Zhong, *Tetrahedron Lett.*, **34**, 5197 (1993).
53) S. Kim, S. Lee, J. S. Koh, *J. Am. Chem. Soc.*, **113**, 5106 (1991); H. S. Dang, B. P. Roberts, *Tetrahedron Lett.*, **33**, 6169 (1992); S. Kim, J. S. Koh, *Tetrahedron Lett.*, **33**, 7391 (1992); V. H. Rawal, V. Krishnamurthy, *Tetrahedron Lett.*, **33**, 3439 (1992); V. H. Rawal, V. Krishnamurthy, A. Fabre, *Tetrahedron Lett.*, **34**, 2899 (1993); N. Prevost, M. Shipman, *Org. Lett.*, **3**, 2383 (2001).
54) C. Destabel, J. D. Kilburn, J. Knight, *Tetrahedron Lett.*, **34**, 3151 (1993); M. Santagostino, J. D. Kilburn, *Tetrahedron Lett.*, **35**, 8863 (1994); E. J. Kantorowski, *et al.*, *Tetrahedron Lett.*, **39**, 2483 (1998); S. Kim, K. H. Kim, J. R. Cho, *Tetrahedron Lett.*, **38**, 3915 (1997); P. H. Lee, *et al.*, *Tetrahedron Lett.*, **40**, 3427 (1999).
55) D. A. Singleton, K. M. Church, M. J. Lucero, *Tetrahedron Lett.*, **31**, 5551 (1990); K. S. Feldman, A. K. K. Vong, *Tetrahedron Lett.*, **31**, 823 (1990); D. A. Singleton, *et al.*, *Tetrahedron Lett.*, **32**, 5765 (1991); K. S. Feldman, R. E. Ruckle, A. L. Romanelli, *Tetrahedron Lett.*, **30**, 5845 (1991); E. J. Enholm, Z. J. Jia, *Tetrahedron Lett.*, **36**, 6819 (1995).
56) G. L. Lange, C. Gottardo, *Tetrahedron Lett.*, **31**, 5985 (1990); W. Zhang, P. Dowd, *Tetrahedron Lett.*, **33**, 7307 (1992); G. L. Lange, C. Gottardo, A. Merica, *J. Org. Chem.*, **64**, 6738 (1999); G. L. Lange, A. Merica, *Tetrahedron Lett.*, **40**, 7897 (1999).
57) P. Dowd, W. Zhang, *J. Am. Chem. Soc.*, **113**, 9875 (1991); W. Zhang, P. Dowd, *Tetrahedron Lett.*, **33**, 3285 (1992); G. Lange, C. Gottardo, *Tetrahedron Lett.*, **35**, 6607, 8513 (1994); W. Zhang, *et al.*, *Tetrahedron Lett.*, **35**, 3865 (1994); A. G. Schultz, X. Zhang, *Chem. Commun.* **2000**, 399; K. Kakiuchi, *et al.*, *Tetrahedron Lett.*, **44**, 1963 (2003).
58) M. Newcomb, *et al.*, *Tetrahedron Lett.*, **26**, 5651 (1985); W. R. Bowman, D. N. Clark, R. J. Marmon, *Tetrahedron Lett.*, **32**, 6441 (1991); S. Kim, G. H. Joe, J. Y. Do, *J. Am. Chem. Soc.*, **115**, 3328 (1993); G. Pattenden, D. J. Schulz, *Tetrahedron Lett.*, **34**, 6787 (1993); L. Benati, *et al.*, *J. Org. Chem.*, **64**, 7836 (1999).
59) D. S. Middleton, N. S. Simpkins, *Tetrahedron Lett.*, **30**, 3865 (1989); D. S. Middleton, N. S. Simpkins, *Tetrahedron*, **46**, 545 (1990); J. M. Mellor, S. Mohammed, *Tetrahedron Lett.*, **32**, 7111 (1991); C. D. S. Brown, N. S. Simpkins, K. Clinch, *Tetrahedron Lett.*, **34**, 131 (1993); C. K. Sha, *et al.*, *Tetrahedron Lett.*, **41**, 9685 (2000); C. P. Chuang, Y. L. Wu, *Tetrahedron Lett.*, **42**, 1717 (2001); H. Zhang, *et al.*, *J. Am. Chem. Soc.*, **135**, 16610 (2013); H. Wang, L. Gao, X. Duan, *Org. Lett.*, **15**, 5254 (2013).
60) M. Santagostino, J. D. Kilburn, *Tetrahedron Lett.*, **36**, 1365 (1995); G. V. M. Sharma, *et al.*, *Tetrahedron Lett.*, **41**, 1997 (2000); W. Zhang, *Tetrahedron Lett.*, **41**, 2523 (2000); M. Arisawa, *et al.*, *J. Org. Chem.*, **66**, 59 (2001).
61) Z. Cekovic, S. Saicic, *Tetrahedron Lett.*, **27**, 5981 (1986); K. I. Booker-Milburn, R. F. Dainty, *Tetrahedron Lett.*, **39**, 5049 (1998).
62) D. P. Curran, D. M. Rakiewicz, *J. Am. Chem. Soc.*, **107**, 1448 (1985); D. P. Curran, M. H. Chen, *Tetrahedron Lett.*, **26**, 4991 (1985); P. J. Parsons, P. A. Willis, S. C. Eyley, *Chem.Commun.*, **1988**,

283; M. Kizil, *et al.*, *J. Org. Chem.*, **64**, 7856 (1999); B. Patro, J. A. Murphy, *Org. Lett.*, **2**, 3599 (2000); L. Fensterbank, *et al.*, *Synlett*, **2000**, 1342; K. Takatsu, *et al.*, *Tetrahedron Lett.*, **42**, 2517 (2001); S. Zhou, B. Bommezijn, J. A. Murphy, *Org. Lett.*, **4**, 443 (2002).

63) S. R. Baker, *et al.*, *Tetrahedron Lett.*, **39**, 7179 (1998); C. K. Sha, F. K. Lee, C. J. Chang, *J. Am. Chem. Soc.*, **121**, 9875 (1999); S. J. Gharpure, P. Niranjana, S. K. Porwal, *Org. Lett.*, **14**, 5476 (2012).

64) P. A. Zoretic, *et al.*, *Tetrahedron Lett.*, **33**, 2637 (1992); Q. Zhang, *et al.*, *J. Org. Chem.*, **58**, 7640 (1993); K. I. Booker-Milburn, D. F. Thompson, *J. Chem. Soc., Perkin Trans. 1*, **1995**, 2315; P. A. Zoretic, Z. Shen, M. Wang, *Tetrahedron Lett.*, **36**, 2929 (1995); G. Pattenden, L. Roberts, *Tetrahedron Lett.*, **37**, 4191 (1996); P. A. Zoretic, *et al.*, *Tetrahedron Lett.*, **37**, 7909 (1996); S. Handa, G. Pattenden, *J. Chem. Soc., Perkin Trans. 1*, **1999**, 843; N. M. Harrington-Frost, G. Pattenden, *Synlett*, **1999**, 1917; H. M. Boehm, *et al.*, *J. Chem. Soc., Perkin Trans. 1*, **2000**, 3522; N. M. Harrington-Frost, G. Pattenden, *Tetrahedron Lett.*, **41**, 403 (2000); R. J. Boffey, W. G. Whittingham, J. D. Kilburn, *J. Chem. Soc., Perkin Trans. 1*, **2001**, 487.

4

付 加 反 応

4.1 アルケンへの付加反応
4.1.1 非酸化的条件系

1.4節で述べたように,ラジカルには求核的性質を有するラジカル($R_N\cdot$, SOMOのエネルギー準位が高い,例:$Et\cdot$や$^tBu\cdot$)と求電子的性質を有するラジカル($R_E\cdot$, SOMOのエネルギー準位が低い,例:$\cdot CH_2CO_2C_2H_5$や$\cdot CH(CO_2C_2H_5)_2$)がある.これらラジカルはアルケンにラジカル付加反応するが,ラジカルが求核的性質を有するか,求電子的性質を有するかでアルケンとの反応性が大きく変化する.つまり,ラジカルの電子状態に応じて,電子密度の低いアルケン(電子求引基 EW をもつ)を用いたり,逆に電子密度の高いアルケン(電子供与基 ED をもつ)を用いたりして,SOMO-LUMO 軌道間相互作用あるいは SOMO-HOMO 軌道間相互作用を促進させ,収率を向上させることができる.整理すると,図4.1に示した組合せが好ましいことになる.つまり,モード A は電子密度の高い炭素ラジカル($R_N\cdot$)の電子欠損アルケンへの

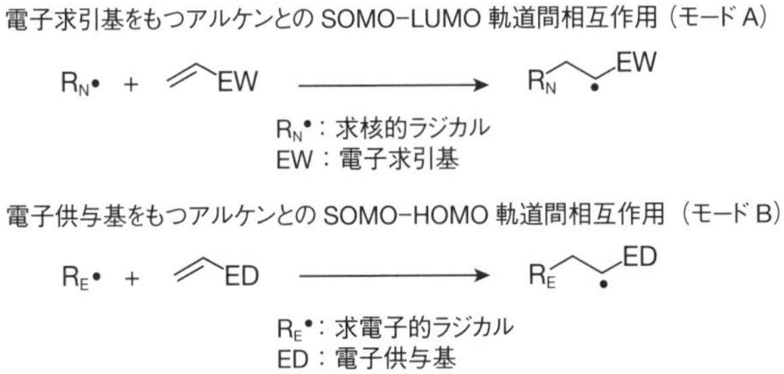

電子求引基をもつアルケンとの SOMO-LUMO 軌道間相互作用(モード A)

$R_N\cdot$ + ⟋EW ⟶ R_N⟋⟋⟍EW

$R_N\cdot$:求核的ラジカル
EW:電子求引基

電子供与基をもつアルケンとの SOMO-HOMO 軌道間相互作用(モード B)

$R_E\cdot$ + ⟋ED ⟶ R_E⟋⟋⟍ED

$R_E\cdot$:求電子的ラジカル
ED:電子供与基

図 4.1 ラジカルとアルケンとの軌道間相互作用

付加反応（SOMO-LUMO 軌道間相互作用）．モード B は電子密度の低い炭素ラジカル（$R_E\cdot$）の電子過剰アルケンへの付加反応である（SOMO-HOMO 軌道間相互作用）．これを逆に組み合わせた場合，たとえば $R_N\cdot$ と電子過剰アルケンとの反応はほとんど進行しなくなる．

4.1.2 還元的反応

モード A のラジカル付加反応は，炭素ラジカルによるラジカル Michael 付加反応として，今日もっとも頻繁に用いられている．その代表的な反応系は，ハロゲン化アルキル（RX：とくにヨウ化物や臭化物）と電子欠損アルケンの存在下に，Bu_3SnH と AIBN を作用させる手法である．Bu_3GeH や Ph_3GeH も Bu_3SnH の代わりに用いることはできるが，コストや反応性の観点から Bu_3SnH を超えることはない．式4.1～式4.7に示した反応は，ハロゲン化アルキル，臭化グルコシル，臭化ドデカヘドロン，第三級ニトロアルカンを基質とした Bu_3SnH/AIBN 系による電子欠損アルケン類へのラジカル付加反応である．つまり，SOMO-LUMO 軌道間相互作用による反応であり，モード A のラジカル付加反応である[1)]．

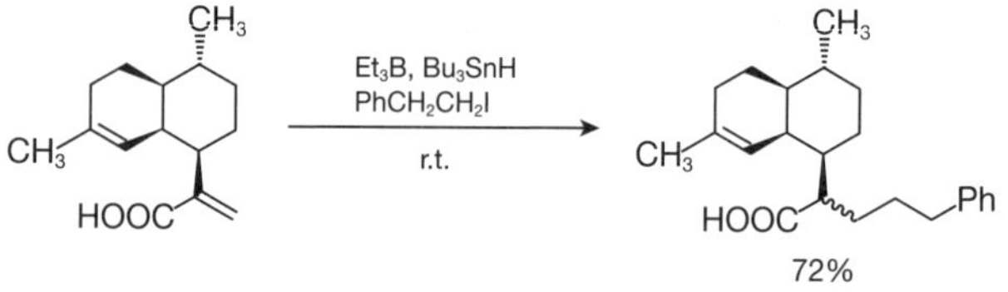

(4.1)

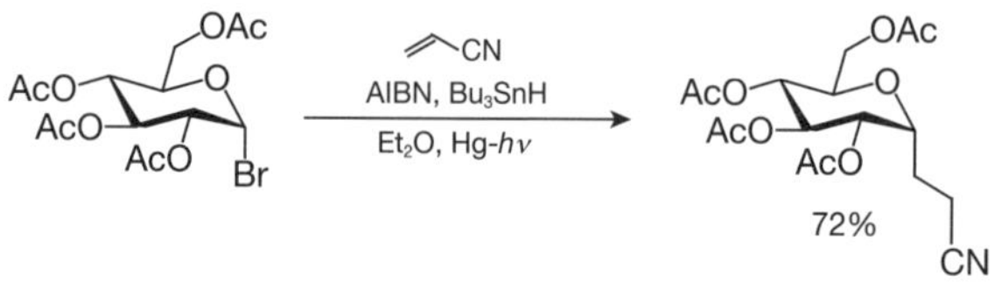

(4.2)

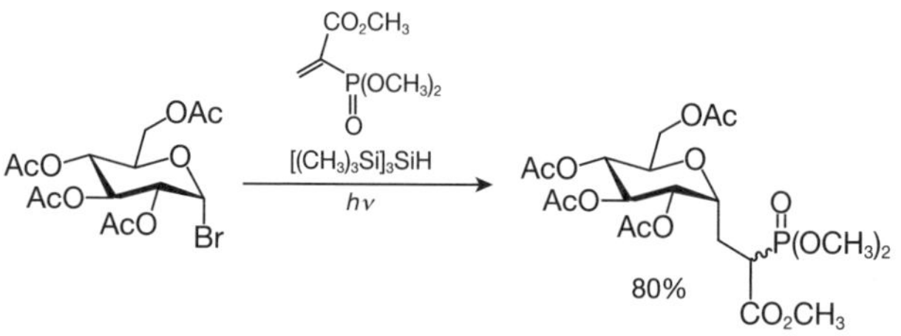

(4.3)

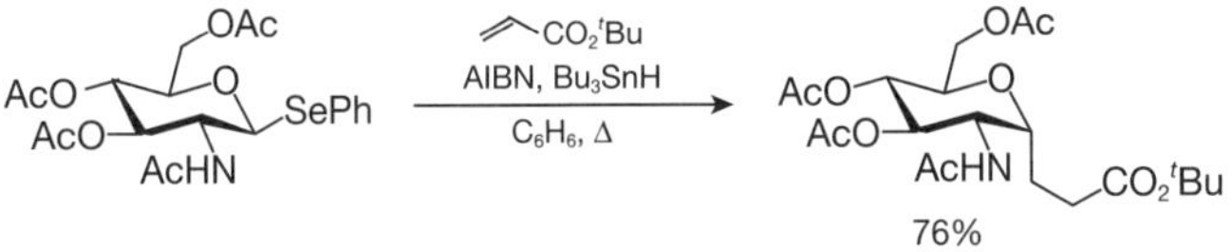

4.1 アルケンへの付加反応   143

(4.4)

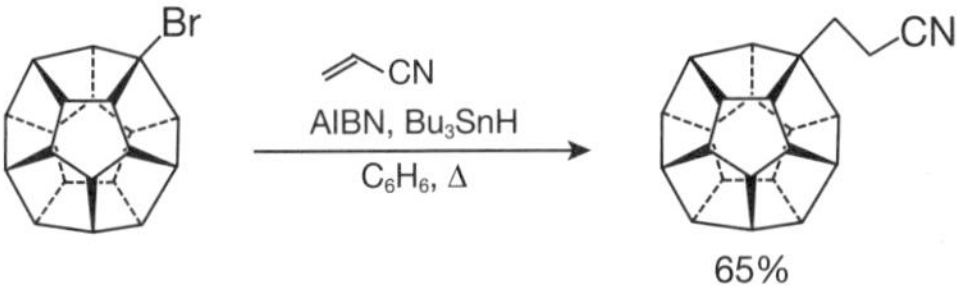

(4.5)

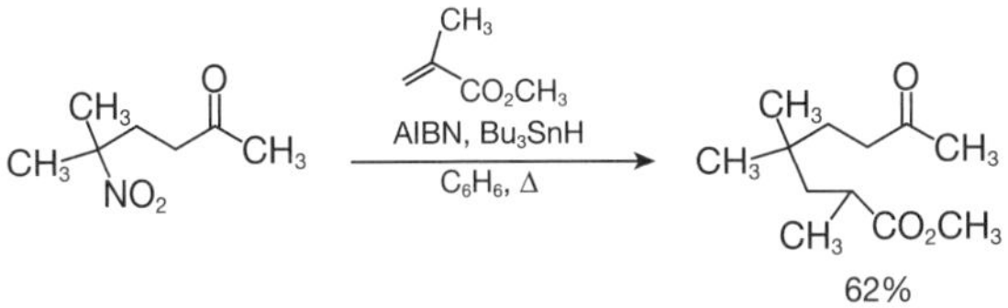

(4.6)

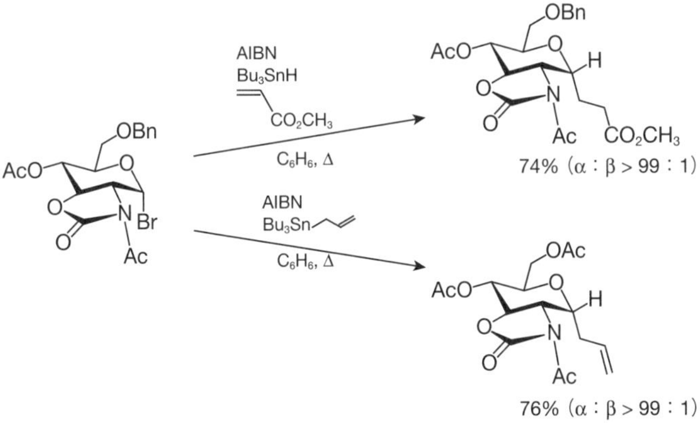

(4.7a)

(4.7b)

　一般にBu_3SnHを用いたラジカル反応はベンゼン溶媒が用いられる．これはベンゼンの π 電子系がラジカル反応の促進に効果があるからである．しかしながら，今日は環境問題の視点から，1,4-ジオキサンやトルエンが代替溶媒として用いられている．基質としてニトロ化合物の反応性は低く，第三級アルキル鎖のニトロ化合物に限られる．他方，臭化アルキルやヨウ化アルキルの反応性は高く，第一級，第二級，および第三級アルキル化合物に適用できる．糖アノマー位が臭素化された臭化糖は不安定な基質であるが，反応を水銀灯照射下の室温で行うことにより，付加体が良好な収率で得られる．ここで生じる糖アノマーラジカルは，図4.2に示したように，アキシアル

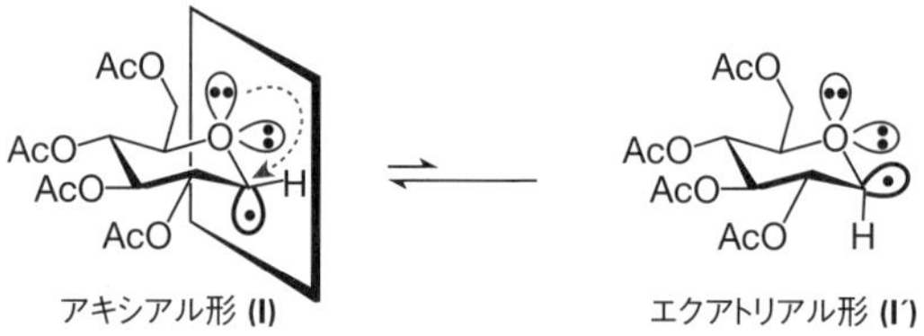

アキシアル形 (I)　　　　エクアトリアル形 (I')

図4.2　アノマーラジカル

ラジカル (I) とエクアトリアル ラジカル (I') が共存する．しかしながら，アキシアル ラジカルはエクアトリアル ラジカルに比べて隣接酸素原子のアキシアル孤立電子対による立体電子的効果により求核性が向上する（隣接酸素原子のアキシアル位の孤立電子対 (n) が，アキシアル ラジカルの SOMO 軌道に流れ込んでくる：同一平面のため，n と SOMO の軌道間相互作用が生じる）．つまり，アキシアル ラジカルの電子密度は，より高く求核的となり，反応性も高くなることからアクリロニトリルと優先的に反応し，α-付加体を優先的に生じる（式4.2～式4.4および式4.7）．

基質として臭化物 (R-Br) でなくアルコール由来のキサンテートエステル [R-OC(=S)SCH$_3$] を用いても同様の反応を行える．芳香族ハロゲン化物やビニルハロゲン化物（ヨウ化物，臭化物）からも加熱条件下で，対応する sp^2 炭素ラジカルが発生し，電子欠損アルケンへの付加反応を効果的に進めることができる．これも，モード **A** のラジカル付加反応である．

一方，モード **B** のラジカル付加反応として，式4.8に示した例がある．つまり，α-ブロモ酢酸エチルを Bu$_3$SnH/AIBN 系と作用させることにより，求電子的な酢酸エチルの α ラジカルが発生し，電子密度の高い糖環状ビニルエーテルに付加した反応である[2]．

ここで，生成物の立体について考えてみる．生じた酢酸エチルの α ラジカルは式4.8下に示したように，立体障害が少なくかつ電子密度の高い糖エキソメチレンの外側炭素に付加する．このとき，当然，立体障害の少ない糖上側から付加して，中間体 (II) と (II') を生じる．中間体 (II) と (II') は平衡にある．ここで，アノマー位置換基がイソプロピリデン基のトランス側にある中間体 (II') のほうが求核性が高い．しかしながら，次の還元反応段階でかさ高い Bu$_3$SnH から水素原子をもらうときは，その遷移状態は中間体 (II) のほうが有利である．よって，Bu$_3$SnH からの水素引抜きは糖の β 側で起こるために α-C-グリコシドを優先的に生成する．

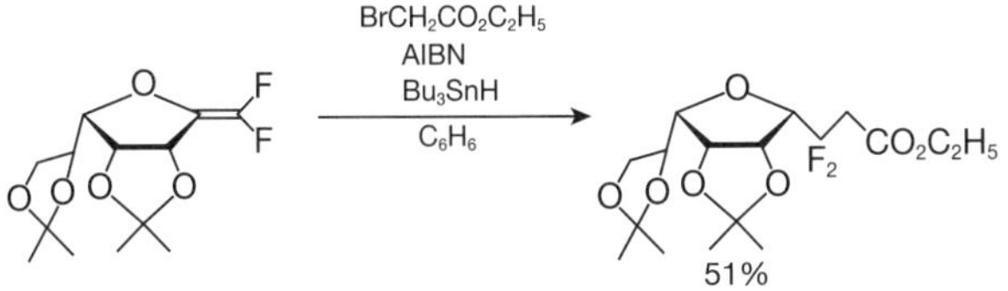

4.1 アルケンへの付加反応

(4.8)

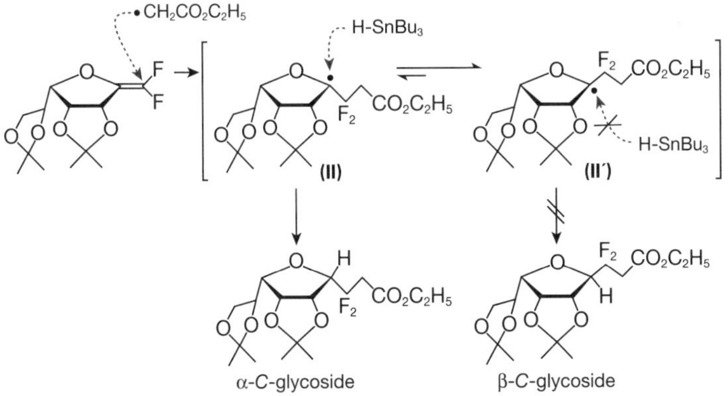

同様のモード **B** の反応として，さらにいくつかの例を以下にあげた．式 4.9 は AIBN 存在下で α,α-ジシアノアルキル-α-SePh の加熱から生じた α,α-ジシアノアルキルラジカルのビニルエーテルへの付加反応であり，式 4.10 の反応は AIBN 存在下で α-ヨードメチルホスホン酸エステルの加熱から生じた α-ホスホン酸エステルメチルラジカルの 1-ヘキセンへの 1,2-付加反応である．いずれも atom-transfer 型の反応であるが，前者はセレノアセタールがケトンに加水分解されている．同様のモード **B** の反応として，式 4.11 の反応は α-ヨード酢酸スズエステルから生じた α-酢酸スズエステルラジカルの電子過剰アルケンへの付加反応である．この場合は，α-ヨード酢酸スズエステルから発生する $Bu_3Sn\cdot$ が連鎖反応を成立させている[3)]．この反応は，スズエステル基から $Bu_3Sn\cdot$ が脱離して環化体を生成するとともに $Bu_3Sn\cdot$ を再生するので，Bu_3SnH を添加する必要はない．

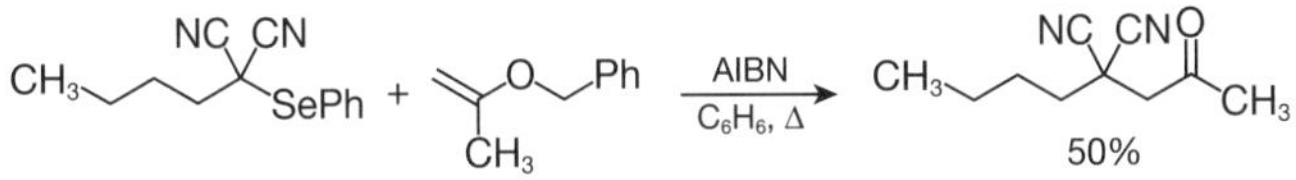

(4.9)

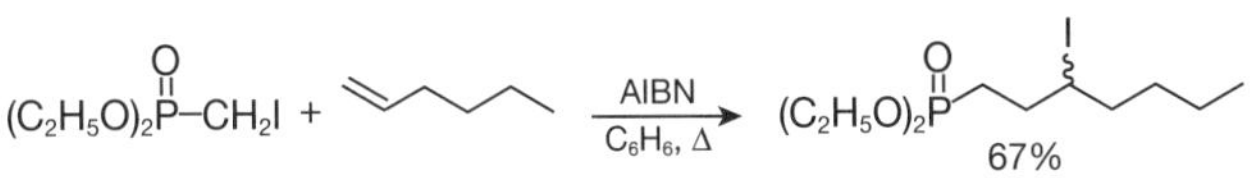

(4.10)

$$\text{ICH}_2\text{CO}_2\text{SnBu}_3 \xrightarrow[\text{C}_6\text{H}_6, \Delta]{\overset{\displaystyle \diagup\!\!\!\diagdown \text{C}_4\text{H}_9}{\text{AIBN}}} \underset{76\%}{\text{(γ-ラクトン, C}_4\text{H}_9\text{置換)}} \quad (4.11)$$

(4.11) 式: 反応機構図 — [Bu$_3$Sn•] を介して、•CH$_2$CO$_2$SnBu$_3$ ラジカルが生成し、(−Bu$_3$SnI) を経て環化中間体を経由して γ-ラクトンを与える.

式 4.12a および式 4.12b に示したように, Se-フェニルセレノエステルに Bu$_3$SnH / AIBN 系を作用させると対応するアシルラジカルが発生する. 求核的性質を有するアシルラジカルは種々の電子欠損アルケンと反応し, 還元的付加体であるケトン誘導体を生じる. これは, モード A のラジカル付加反応である[4].

$$\text{CH}_3\text{O–C}_6\text{H}_4\text{–C(=O)–SePh} \xrightarrow[\text{C}_6\text{H}_6, \Delta]{\overset{\displaystyle \diagup\!\!\!\diagdown \text{CO}_2\text{CH}_2\text{Ph}}{\text{AIBN, Bu}_3\text{SnH}}} \underset{60\%}{\text{CH}_3\text{O–C}_6\text{H}_4\text{–C(=O)–CH}_2\text{CH}_2\text{–CO}_2\text{CH}_2\text{Ph}} \quad (4.12\text{a})$$

$$\text{(1-メチルインドール-2-イル)–C(=O)–SePh} \xrightarrow[\text{C}_6\text{H}_6, \Delta]{\overset{\displaystyle \diagup\!\!\!\diagdown \text{CO}_2\text{CH}_3}{\text{AIBN, Bu}_3\text{SnH}}} \underset{82\%}{\text{(1-メチルインドール-2-イル)–C(=O)–CH}_2\text{CH}_2\text{–CO}_2\text{CH}_3} \quad (4.12\text{b})$$

同様のモード A のラジカル付加反応として, 式 4.13a や式 4.13b に示したように, 電子欠損したイミンやアルケンにヨウ化アルキル (RI) / Et$_3$B 系から生じた求核的炭素ラジカル (R•) を付加させ, α-アミノ酸誘導体や α-ヒドロキシカルボン酸誘導体を合成する反応もある[5]. [(CH$_3$)$_3$Si]$_3$SiH は, Bu$_3$SnH の代替品として 1989 年に報告された. Bu$_3$SnH は有機ラジカル反応試剤として優れた機能を有するが, Me$_3$SnCl や Bu$_3$SnCl の致死量 (LD$_{50}$/kg) は 9〜20 mg および 122 mg ときわめて高い毒性を有することが問題となっている. Bu$_3$SnH および [(CH$_3$)$_3$Si]$_3$SiH の反応様式は類似しているが, Bu$_3$SnH の Sn–H 結合エネルギーが 74 kcal mol^{-1} なのに対し, [(CH$_3$)$_3$Si]$_3$SiH の Si–H 結合エネルギーは 79 kcal mol^{-1} で, 約 5 kcal mol^{-1} の差があり, この分 [(CH$_3$)$_3$Si]$_3$SiH の還元能力は低下していることになる. しかしながら, これは炭素–

4.1 アルケンへの付加反応　　*147*

炭素結合形成には有利となってくる.

$$CH_3O_2C-CH=N-NPh_2 \xrightarrow[CH_3OH:H_2O=1:1]{^iPrI,\ In} {}^iPr\underset{\underset{H}{N-NPh_2}}{\overset{CO_2CH_3}{-CH-}} \quad 98\% \quad (4.13a)$$

$$Ph-CH_2CH_2-C(=CH_2)-CO_2C_2H_5 \xrightarrow[THF,\ H_2O]{CF_3I,\ Et_3B} Ph-CH_2CH_2-\underset{CO_2C_2H_5}{\overset{CF_3CH_2\ OH}{-C-}} \quad 75\% \quad (4.13b)$$

たとえば，6-ブロモ-1-ヘキセンを同一条件下（70℃）で，Bu_3SnH および $[(CH_3)_3Si]_3SiH$ との反応による還元体，5-*exo-trig* 体，および 6-*endo-trig* 体の生成量を比べると，それぞれ前者が 15%，83%，1.2%，後者が 4%，93%，2% となる．つまり，Bu_3SnH は還元体を 15% 与え，環化体は 84% 生成する．他方，$[(CH_3)_3Si]_3SiH$ は還元体を 4% 与え，環化体は 95% 生成し，後者の環化体収率は増加していることがわかる．相対比としては大きな相違である．このようなことから，ラジカル付加反応において Bu_3SnH の代わりに $[(CH_3)_3Si]_3SiH$ を代替試剤として用いると有効な結果が得られる.

金属を用いた系として，SmI_2 はカルボニル基への優れた SET 剤として合成反応によく用いられている．式 4.14 の反応では SmI_2 からケトンの LUMO への SET で生じたケチルラジカルによる電子欠損アルケンへのラジカル付加反応，続く極性反応による環化で γ-ラクトンを生成する[6].

$$R^1R^2C=O + R^3CH=CR^4-CO_2C_2H_5 \xrightarrow[THF]{SmI_2,\ ROH} \text{(γ-lactone)} \quad (4.14)$$

α,α-ブロモクロロカルボン酸エステルに $CuBr/Fe$ を作用させると，式 4.15 に示したように SET を経て α-クロロカルボン酸エステルの α-エステルラジカルが生成し，アルケンに求電子的に付加する．この反応は生成物に α,α-ブロモクロロカルボン

酸エステル由来の臭素原子が導入されてくる．これは atom-transfer 型の連鎖反応である[6]．atom-transfer 型反応は，反応の前後で原子や原子団が失われたり，増えたりしない，いわゆる合体型反応である．つまり，原子や原子団が失われることがないので，環境的に無駄のない反応ともいえる．一方，α,α-ジクロロカルボン酸エステルはこれら金属からの SET は起こりにくいので反応しない．

$$(4.15)$$

$Na_2S_2O_4$ も一電子還元剤として機能し，親電子性の高い R_fI（ヨウ化ペルフルオロアルキル）への SET により，求電子的性質を有する $R_f•$ が発生し，電子過剰アルケンに付加する[7]．たとえば式 4.16 は，$Na_2S_2O_4$ による C_4F_9I への SET で発生した $C_4F_9•$ がケテンジチオケタールへ求電子付加し，C_4F_9 基とヨウ素原子の 1,2-付加体を生じる反応である．反応系内には塩基が存在するので，この 1,2-付加体から HI が脱離し，結果的に C_4F_9 基のアルケン上への置換体を生成する．

$$(4.16)$$

Et_3B は酸素分子存在下で求核的な $Et•$ を発生し，電子欠損したヨウ素原子を有する R_fI が存在すると，$Et•$ によるヨウ素原子上での求核的なラジカル置換反応（S_H2 反応）により $R_f•$ が発生し，電子過剰アルケンへの 1,2-付加体を与える．

第二級ホスフィン（R_2PH）と N-ビニルピロールを AIBN 存在下で加熱すると，AIBN から生じたラジカル開始剤が第二級ホスフィンと反応し，$R_2P•$ を生じ，連鎖反応で N-ビニルピロールに還元的に付加して，第三級ホスフィンを生じる（式 4.17a）[8]．また，チオホスファイト（H–P(=S)(OEt)$_2$：thiophosphite）と Et_3B の反応から，•P(=S)

(OEt)$_2$ を生じ,α-ピネンと反応して,付加とラジカル β 開裂反応を伴った還元的付加体を生じる(式 4.17b)[8].

$$\text{(PhCH}_2\text{CH}_2)_2\text{PH} + \quad\text{(vinyl-tetrahydroindole)} \xrightarrow[60\sim75^\circ\text{C}]{\text{AIBN}} \text{(PhCH}_2\text{CH}_2)_2\text{P-CH}_2\text{CH}_2\text{-indole} \quad 91\% \quad (4.17\text{a})$$

$$\downarrow$$

$$[(\text{PhCH}_2\text{CH}_2)_2\text{P}\cdot] \longrightarrow [(\text{PhCH}_2\text{CH}_2)_2\text{P-CH}_2\text{CH}_2\text{-indole}\cdot]$$

(式 4.17b): α-ピネン + H–P(=S)(OEt)$_2$, Et$_3$B, C$_6$H$_5$CH$_3$, r.t. → 付加体 91%

機構: H–P(=S)(OEt)$_2$ →[Et·] [·P(=S)(OEt)$_2$] → 付加中間体 →[β 開裂] 開環ラジカル → H–P(=S)(OEt)$_2$ 移動 → 生成物

開始剤として過酸化物存在下で NaPO$_2$H$_2$ とアルケンを反応させると,還元的付加体であるアルキルホスフィン酸塩を生じる(式 4.18)[8].

4.1.3 酸化的反応

　過酸化物存在下による分子間の炭素-炭素結合形成は合成的に限られるが，簡単な化合物合成は容易である．たとえば，ブロモ酢酸と1-ヘキセンを触媒量の過酸化ベンゾイルの存在下ベンゼン還流すると，γ-ブロモオクタン酸を形成し，最終的に環化したγ-ブチル-γ-ラクトンを生成する．また，式4.19に示した例は，過酸化ベンゾイルを開始剤としたヨードメチルスルホンと1-ヘキセンの反応で，α-スルホニルメチルラジカルによる1-ヘキセンへの付加を経た，γ-ハロスルホンの形成反応である[9]．これは，atom-transfer型反応である．

　式4.20に示した反応も，$ArSO_2Br$ を用いた atom-transfer 型反応であり，アレンへの1,2-付加反応である．$ArSO_2Br$ は比較的安定であるが，芳香族ヨウ化スルホニル

4.1 アルケンへの付加反応

($ArSO_2I$) は不安定な化合物であり，アルケンと共存させるだけで対応する1,2-付加体を生じる．これは中間体のスルホニルラジカルを発生しやすいためである．スルフィン酸塩 ($ArSO_2Na$) を Cu^{2+} や Mn^{3+} で一電子酸化してもスルホニルラジカルは発生する．式4.21a は TsNa / $Cu(OAc)_2$ 系による反応で，発生したスルホニルラジカルのアルケンへの付加，生成した炭素ラジカルの Cu^{2+} による酸化および脱プロトンによるアリルスルホンの生成である．この反応は，金属の酸化能力を上げるために酢酸のような酸性溶媒で行う[10]．

$$\text{(4.20)}$$

$$\text{(4.21a)}$$

Ce^{4+} や Mn^{3+} も強い一電子酸化剤なので，式4.21b に示したように，TsNa を用いた同様の反応を行える[10]．

$$\text{(4.21b)}$$

β-ケトエステルとビニルエーテルの混合物に $Mn(OAc)_3$ と $Cu(OAc)_2$ を作用させると，β-ケトエステルのαラジカルが発生し，式4.22 に示したように求電子的にビニルエーテルと反応し，酸化的付加体を生じる[11]．

ArX/Bu_3SnH あるいは $(Ph_2SiH)_2$ 系以外で芳香族 sp^2 炭素ラジカルを発生させることは容易ではないが，式 4.23 に示したように，アリールヒドラジンに Cu^{2+} を作用させると，Cu^{2+} によるジアゾニウムへの酸化，続いて副生した Cu^+ によるジアゾニウムへの SET により反応性の高い芳香族 sp^2 炭素ラジカルを発生し，オレフィンやイミンへ求核的に付加反応させることができる[12]．

代表的なフラーレンである C_{60} は，ややひずんだ高度な共役系のため，HOMO が高く LUMO が低いエネルギー準位にあるという特徴がある．そのため，酸化剤や還元剤を添加すると，容易に対応する酸化体あるいは還元体を生成する．たとえば，C_{60} と過酸化物 $[(RCO_2)_2]$ の反応では，C_{60} の HOMO 軌道から過酸化物への SET を経て，生じたラジカル $C_{60}^{+\bullet}$ に，$[(RCO_2)_2]$ の SET 還元で生じた $R\bullet$ と RCO_2^- の 1,2-付加体を生成する．

4.1.4 光化学反応

式 4.24 に示した反応は，ジホスホン酸エステル基のような電子求引基で活性化された Se-フェニルセレニドを水銀灯照射するだけで，PhSe-C (sp^3 炭素) 結合が均一開

裂し，求電子的な $[(EtO)_2P(=O)]_2CH\cdot$ を生じて，電子過剰アルケンに付加反応する例である．この反応は，Bu_3SnH のような還元的ラジカル反応試剤を加えていないので，扱いやすい反応であり，atom-transfer 型付加反応である[13)].

$$(C_2H_5O)_2P(O)-CH(SePh)-P(O)(OC_2H_5)_2 \xrightarrow[C_6H_6]{Hg-h\nu} (C_2H_5O)_2P(O)-CH-CH_2-CH(SePh)-\cdots \quad 83\% \quad (4.24)$$

式 4.25 の反応も同様に，光照射で $PhC(=O)CF_2\cdot$ を発生させ，アクリル酸エステルに atom-transfer 型付加反応させている[13)].

$$Ph-C(=O)-CF_2I \xrightarrow{\text{CO}_2{}^tBu, h\nu} Ph-C(=O)-CF_2-CH_2-CHI-CO_2{}^tBu \quad 97\% \quad (4.25)$$

式 4.26 に示した反応は，C_{60} とケテンアセタールの混合物を水銀灯照射することにより，電子密度の高いケテンアセタールから C_{60} の LUMO への SET が生じてラジカルイオン対を形成し，続くカップリング反応により 1,2-付加体を生じる反応である[14)].

$$C_{60} + \text{CH}_2=\text{C}(OTMS)(OC_2H_5) \xrightarrow[C_6H_6, \text{r.t.}]{Hg-h\nu} C_{60}(H)(CO_2C_2H_5) \quad 71\% \quad (4.26)$$

$$\downarrow$$

$$[C_{60}^{\cdot-} \cdots {}^+\text{C}(OTMS)(OC_2H_5)] \longrightarrow [C_{60}^- - CH_2-{}^+\text{C}(OTMS)(OC_2H_5)] \xrightarrow{H_2O}$$

また，古い手法として，ベンゾフェノンを用いた反応もある．ベンゾフェノンに 340 nm 付近の光を照射すると，$n-\pi^*$ 電子遷移が生じてビラジカルとなる．式 4.27a では，ベンゾフェノンの水銀灯照射により生成したベンゾフェノンビラジカルの酸素（求電子的）ラジカルが，β-ヒドロキシプロピオン酸エステルにおける電子密度の高いヒドロキシ側 α 水素原子を引き抜き，求核的性質を有する α-ヒドロキシエステルラジカル（III）を生成する（$Ph_2(HO)C\cdot$ を副生）．この（III）は，電子欠損アルケンにラジカル反応で Michael 付加し，生じた炭素ラジカルは $Ph_2(HO)C\cdot$ から水素原子をもらい，結果的に還元的付加体を生成する．ベンゾフェノンは触媒として再生する．ここで，親

電子性のベンゾフェノンビラジカルの酸素（求電子的）ラジカルは電子密度の少ないエステル側のα水素原子を引き抜かないため，ラジカル（III'）は生じない[15]．式 4.27b の反応も同様な手法で，C-α-アリルグリコシドと亜リン酸ジエチルをベンゾフェノン誘導体存在下で光照射した反応で，ベンゾフェノン誘導体由来のビラジカルが亜リン酸ジエチルから水素原子を引き抜き，生じた亜リン酸エステルのリンラジカルが C-α-アリルグリコシドに末端付加し，生じた炭素ラジカルが亜リン酸ジエチルから水素原子をもらう反応であり，連鎖反応の可能性がある[15]．

4.1.5 付加−脱離反応

Bu$_3$Sn 基のようにラジカル脱離能の高い官能基がアルケンに直結したβ-stannyl acrylate を用いると，生じた炭素ラジカルによる β-stannyl acrylate への付加，続く Bu$_3$Sn 基のラジカル β 脱離反応により，式 4.28 に示したようなアクリル酸エステルの β 置換体を生成する[16]．結果的に，この種の反応はオレフィン上での付加−脱離を伴ったラジカル置換反応となる．

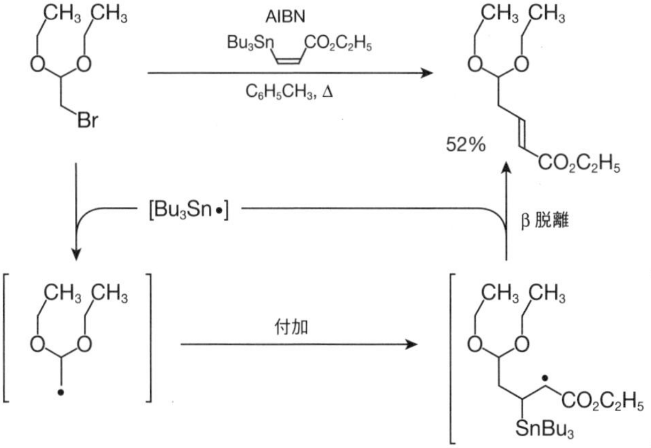

4.1 アルケンへの付加反応

(4.28)

また、臭化糖と $(Bu_3Sn)_2$ 存在下で、式 4.29 に示したようなオキシムエーテル誘導体を水銀灯照射しても $Bu_3Sn\cdot$ と臭化糖の反応から糖のアノマーラジカルが発生し、オキシムエーテル誘導体への付加および $PhSO_2\cdot$ のラジカル β 脱離による置換反応生成物である糖オキシムエーテルを与える[17]. 実際、式 4.29 における付加反応は $10^5\sim 10^6\ M^{-1}\ s^{-1}$ 程度の速度定数で進行する.

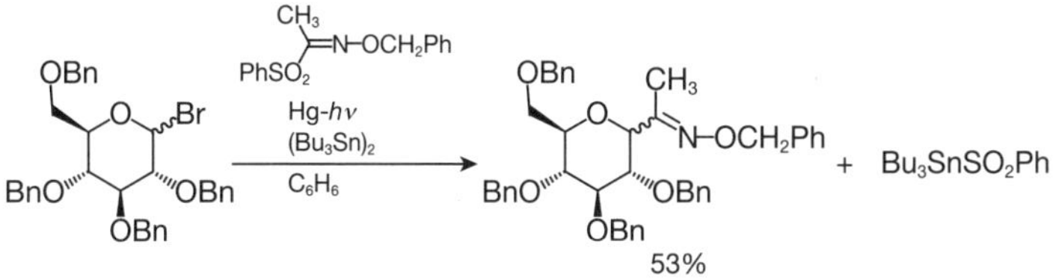

(4.29)

同様に、ヨウ化アルキルと trifluoromethanesulfonylacetylene 誘導体を $(Bu_3Sn)_2$ 存在下で光照射すると、式 4.30 に示したように、生じたアルキルラジカルの三重結合上でのラジカル付加−脱離を経た置換反応が起こる[18].

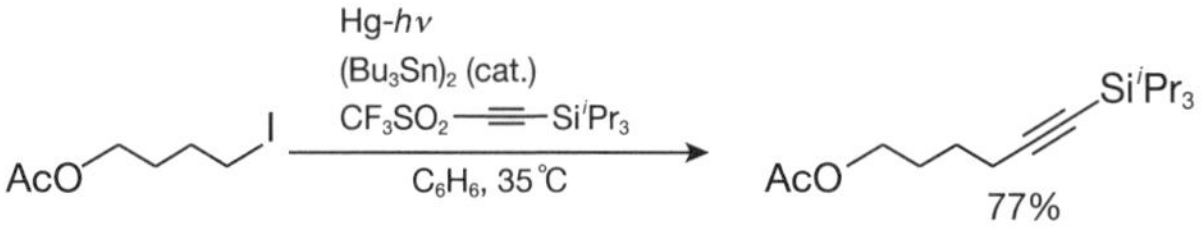

(4.30)

同様のラジカル付加−脱離反応を酸化的条件下で行う例として、過酸化物存在下でのヨウ化アルキルと ethyl β-phenylvinyl sulfone の反応がある. この場合はスズを使わないで済む. しかしながら、この反応は式 4.31 に示したように非常に複雑な経路で

進行する[19]. つまり, 触媒量の (^{t}BuO)$_2$ は熱分解により ^{t}BuO• を生じ, その β 開裂反応で CH$_3$• とアセトンを生成する. 生じた CH$_3$• は ethyl β-phenylvinyl sulfone への付加–脱離反応により, β-メチルスチレンと C$_2$H$_5$SO$_2$• を発生する. 生じた C$_2$H$_5$SO$_2$• は速やかに C$_2$H$_5$• と二酸化硫黄に分解する. この C$_2$H$_5$• が基質ヨウ化アルキルのヨウ素原子上での S$_H$2 反応により, ヨウ化エチルとアルキルラジカルを生じる. この反応の原動力は第一級のアルキルラジカル (C$_2$H$_5$•) から, より安定な第二級のアルキルラジカルを生成することにある. ここで生じたアルキルラジカルは, やっと ethyl β-phenylvinyl sulfone にラジカル付加–脱離反応を起こして, スチレニル化した生成物と C$_2$H$_5$SO$_2$• を再生する. C$_2$H$_5$SO$_2$• はその分解により C$_2$H$_5$• を再生し, 連鎖反応が成立する. 実に複雑で長い反応経路である.

$$(^tBuO)_2 \xrightarrow{\Delta} 2\ ^tBuO\bullet$$

$$^tBuO\bullet \longrightarrow \overset{\bullet}{C}H_3 + CH_3\underset{\underset{O}{\|}}{C}CH_3$$

(4.31)

式 4.32 に示した反応は, 2-アリール-1-ニトロ-1-ブテンと 1-ヨードアダマンタンに, 空気存在下で Et$_3$B を作用させることにより, Et$_3$B と酸素分子の反応から生じた Et• が 1-ヨードアダマンタンと S$_H$2 反応を生じ, EtI とより安定な 1-アダマンチルラジカルを生じる. 求核的な 1-アダマンチルラジカルは 2-アリール-1-ニトロ-1-ブテンへの付加–脱離反応により, 2-アリール-1-アダマンチル-1-ブテンを生じ, NO$_2$ を副生する[20].

炭素ラジカルの不飽和結合への付加–脱離反応は, 結果的に置換反応である. すべての系で還元剤である Bu$_3$SnH を用いない点がポイントである[20].

$$\underset{C_2H_5}{\overset{Ar}{>}}=\underset{NO_2}{\overset{H}{<}} + \text{Ad-I} \xrightarrow[\text{THF, r.t.}]{Et_3B, \text{Air}} \underset{C_2H_5}{\overset{Ar}{>}}=\underset{Ad}{\overset{H}{<}} \quad (4.32)$$

Ar = 3,4-(CH$_3$O)$_2$C$_6$H$_3$–
74%
($E:Z$ = 96 : 4)

4.2 アリル化反応

ラジカル反応におけるアリル化反応も，式4.33a に示したイオン反応（S$_N$2 か S$_N$2′）と同様，式4.33b に示したように S$_H$2 か S$_H$2′反応かの問題が生じる．しかしながら，ラジカル反応ではアリル化反応の大半が S$_H$2′反応で進行する．たとえば，式4.33b 下に示したように，1-ヨウ化アダマンチルに末端アリル位を D 化したアリルトリフェニルスズ-d_2 を作用させると，生じるアリルアダマンタンはアリル基の内側が D 化されていることがわかる[21]．つまり，アリル基二重結合の位置が生成物では反転している．

極性アリル化反応

$$Nu^- + \diagup\!\!\!\diagdown\!\!\!X \xrightarrow{S_N2} \diagup\!\!\!\diagdown\!\!\!Nu + X^- \quad (4.33a)$$

$$Nu^- + \diagup\!\!\!\diagdown\!\!\!X \xrightarrow{S_N2'} Nu\diagup\!\!\!\diagdown + X^-$$

ラジカルアリル化反応

$$R\cdot + \diagup\!\!\!\diagdown\!\!\!X \xrightarrow{S_H2'} R\diagup\!\!\!\diagdown + X\cdot \quad (4.33b)$$

$$RI + (D_2)\diagup\!\!\!\diagdown\!\!SnPh_3 \xrightarrow[50℃]{k} R\diagup\!\!\!\diagdown(D_2) + R(D_2)\diagup\!\!\!\diagdown + Ph_3SnI$$

88% (>10 : 1)

R = Ad, $k = 10^4 \sim 10^5 \text{ M}^{-1}\text{ s}^{-1}$

ラジカル反応で，もっともよく用いられるアリル化剤はアリルトリブチルスズ（allyl tributyltin）であり，高圧水銀灯照射するか，AIBN 存在下での加熱することによりアリル化反応が進行する[21]．式 4.34 は α-ブロモスルホンの α-アリル化反応，式 4.35 は α-PhSe シクロペンタノンの α-アリル化反応，式 4.36 はヨウ化ペルフルオロアルキルの C-アリル化反応，式 4.37 は 4-ヨウ化グリコシドの 4 位アリル化反応である．これらの反応は $Bu_3Sn\cdot$ が臭素やセレン，あるいはヨウ素原子上で S_H2 反応し，生じた炭素ラジカルがアリルトリブチルスズと S_H2' 反応して進行する．$Bu_3Sn\cdot$ がチェーンキャリアとなっている．

$$(4.34)$$

$$(4.35)$$

$$(4.36)$$

$$(4.37)$$

糖やヌクレオシドにおいては，それらのヒドロキシ基をキサンテートエステルに誘導してから用いる．式 4.38 はアリルトリブチルスズを用いた pyrimidine 3′-allyl-2′,3′-dideoxyribonucleoside の合成例である．当然ながら，立体障害の少ない α 側にアリル基が導入される[21]．式 4.39 は糖由来の臭化シクロプロピルメチル誘導体にアリルトリブチルスズを作用させ，シクロプロピルメチルラジカルのラジカル β 開裂反応と，生じた第三級炭素ラジカルの β 位アリル化反応により，3,3-ジアリル糖を合成した例である[21]．

式 4.40 の反応は，フェニルセレニド，シクロペンテノン，およびアリルトリブチルスズを用いた 3 成分反応で，$Bu_3Sn\cdot$ がフェニルセレニドと反応して生じた求核的

4.2 アリル化反応　*159*

炭素ラジカルはシクロペンテノンにラジカル Michael 付加反応し，生じた α-ケトラジカルは求電子的にアリルトリブチルスズと S_H2' 反応して生成物を生じる．

アリルトリブチルスズの代わりに，アリルスズ基をポリマーに導入した高分子試剤も開発され，種々のハロゲン化物のアリル化反応に使われている．アリルトリブチルスズの代替試剤として，アリル トリス(トリメチルシリル)シラン [allyl tris(trimethylsilyl) silane] やアリル アルキル スルホン (allyl alkyl sulfone) も AIBN 存在下，ハロゲン化アルキルとの加熱反応によりアリル体を生じる．反応例を式 4.41～式 4.43 に示した[22]．これらは，毒性の高いスズ試薬を用いないアリル化反応である．式 4.41 および

式 4.42 では [(CH$_3$)$_3$Si]$_3$Si• がラジカルチェーンキャリアとなり，式 4.43 では EtSO$_2$• の分解から生じた Et• がラジカルチェーンキャリアとなっている．

$$\text{allyl-Si[Si(CH}_3)_3]_3 + \text{2-bromo-}\gamma\text{-butyrolactone} \xrightarrow[\text{C}_6\text{H}_6, \Delta]{\text{AIBN}} \text{2-allyl-}\gamma\text{-butyrolactone} \quad 87\% \quad (4.41)$$

$$\text{2-cyanoallyl-Si[Si(CH}_3)_3]_3 + \text{cyclohexyl-I} \xrightarrow[\text{C}_6\text{H}_6, \Delta]{\text{AIBN}} \text{product} \quad 81\% \quad (4.42)$$

$$\text{allyl-SO}_2\text{C}_2\text{H}_5 + \text{iodosugar (BzO)} \xrightarrow[^n\text{C}_7\text{H}_{16}, \Delta]{\text{AIBN}} \text{allyl sugar} \quad 75\% \quad (exo:endo = 85:15) \quad (4.43)$$

ハロゲン化アリルやアリルスルフィドは，ラジカルアリル化剤としての機能が低下する．興味深い例として，ラジカル反応による芳香族アルデヒドの C-アリル化反応を式 4.44 に示した．この反応の汎用性はきわめて限られるが，反応機構は，酸素に強い親和力を有するケイ素ラジカル ([(CH$_3$)$_3$Si]$_3$Si•) がカルボニル酸素に付加してベンジル系ラジカルを生成し，アリル トリス(トリメチルシリル)シラン誘導体と S$_\text{H}$2′ 反応してアリル付加体を与える[23]．

$$\text{PhCHO} + \text{CH}_2=\text{C(CO}_2\text{CH}_3)\text{-CH}_2\text{-Si[Si(CH}_3)_3]_3 \xrightarrow[\text{C}_6\text{H}_6, \Delta]{\text{AIBN}} \text{Ph-CH(OSi[Si(CH}_3)_3]_3)\text{-CH}_2\text{-C(=CH}_2)\text{-CO}_2\text{CH}_3 \quad 81\% \quad (4.44)$$

酸化的条件下で活性メチレンやメチン部をアリル化する反応として，式 4.45 に示したアリル ブチル スルフィド/Mn^{3+},Cu^{2+} 系や式 4.46 に示した臭化アリル/Mn^{3+} 系がある．式 4.45 の反応は α-(ethoxycarbonyl)cyclopentanone と 2-methyl-2-propenyl t-butyl sulfide の酢酸溶液に Mn^{3+} と Cu^{2+} を作用させることにより，α-(ethoxycarbonyl)cyclopentanone の α-ケトラジカルを発生させ，続いて求電子的に 2-methyl-2-propenyl t-butyl sulfide に付加させ，^{t}BuS 基の β 脱離により (S$_\text{H}$2′ 反応)，α-(ethoxycarbonyl)cyclopentanone の活性メチン水素をアリル置換した反応である．この場合，^{t}BuS 基が ^{t}BuS• として脱離していくために，アリル化剤としてはスルホンよりスルフィドのほうが好ましい．式 4.46 は 2-シクロペンテン-1-オンの活性

4.2 アリル化反応

メチレンを Mn^{3+} で α-ケトラジカルとし,続く S_H2' 反応で α 位をアリル化した反応である[24].

$$(4.45)$$

反応性:
$$\underset{SO_2^tBu}{\overset{CH_3}{\diagup}} < \underset{SO_2Ph}{\overset{CH_3}{\diagup}} < \underset{SPh}{\overset{CH_3}{\diagup}} < \underset{S^tBu}{\overset{CH_3}{\diagup}}$$

$$(4.46)$$

式 4.47 に示したように,TsBr はラジカル反応性を有するため,TsBr とアレンを AIBN 存在下で加熱すると Ts• がアレンの sp 混成炭素に付加してアリルラジカルを生じ,TsBr と反応して 1,2-付加物を生じる[25]. これは連鎖反応であり,atom-transfer 型付加反応である.

$$(4.47)$$

4.3 付加−環化反応

式 4.48 は $(Bu_3Sn)_2$ を触媒量用いて，4-ヨード-1-ブチンと電子欠損アルケンの混合物を加熱下，タングステンランプ光照射した反応である[26]．この反応は，生じた $Bu_3Sn\cdot$ が 4-ヨード-1-ブチンからヨウ素原子を引き抜くことで 3-ブチニルラジカルを発生し，メタクリル酸メチルに分子間付加，続く 5-*exo-dig* 環化，そして生じた sp^2 炭素ラジカルによる 4-ヨード-1-ブチンからのヨウ素原子の引抜きという一連の反応により，連鎖反応で環状ヨウ化物を与える．この反応は 4-ヨード-1-ブチンとメタクリル酸メチルの合体反応であり，atom-transfer 型反応である．式 4.49 は $(Bu_3Sn)_2$ から生じた $Bu_3Sn\cdot$ が，N-ヨードエチルインドールからヨウ素原子を引き抜き，生じた sp^3 炭素ラジカルがアクリル酸メチルにラジカル付加反応し，生じた α-エステルラジカルが側鎖インドール α 位へ六員環化する反応である[26]．同様に，式 4.50 は $(Bu_3Sn)_2$ から生じた $Bu_3Sn\cdot$ が Se-フェニルセレノエステルと反応して求核的なアシルラジカルを生じ，フマル酸ジメチルにラジカル付加反応し，生じた α-エステルラジカルが側鎖インドール β 位へ五員環化する反応である[26]．

式4.51では $(Bu_3Sn)_2$ から生じた $Bu_3Sn\cdot$ が R_fI と反応して，求電子的な $R_f\cdot$ を生じて α-クロロスチレンに付加し，生じたベンジル系ラジカルが酸素分子で酸化されてケトンになる．Et_3N の作用で HF のイオン的 β 脱離反応が生じ，β-フルオロビニルケトンとなる．最後にヒドラジンと反応してヒドラゾンを形成し，ヒドラゾンアミノ基による分子内付加反応と β 位フッ素の脱離反応による環化反応でピラゾール環を生じる[26]．

$$\text{(4.51)}$$

これらの反応は二環性骨格の構築にも適用できる．式4.52では1,6-ジエンに $(^tBuS)_2$ と酸素ガス存在下で Et_3B を作用させることにより，生じた $Et\cdot$ は $(^tBuS)_2$ と反応して比較的安定な $^tBuS\cdot$ を生じ，これが1,6-ジエンの末端二重結合炭素に付加し，生じた sp^3 炭素ラジカルは 5-*exo-trig* 環化し，さらに環化で生じた sp^3 炭素ラジカルは側鎖硫黄原子上でラジカル環化置換反応 (S_Hi) が起こり *cis*-thiabicyclo[3.3.0]octane を生じる．一方，式4.53の反応はイミノ結合をもつアクリル酸エステル型1,6-ジエンに EtI と酸素ガス存在下で Et_3B を作用させることにより，生じた $Et\cdot$ は求核的にアクリルエステル β 位に付加し，生じた sp^3 炭素ラジカルがイミノ二重結合に 5-*exo-trig* 環化して，β-アミノ-γ-ラクトンを生じる[27]．

ラジカル [3+2] 型環化反応として，式4.54の反応を示した．dimethyl 2-(iodomethyl)cyclopropane-1,1-dicarboxylate と 1-ヘキセンに酸素ガス存在下で Et_3B を作用させることにより，生じた $Et\cdot$ は dimethyl 2-(iodomethyl)cyclopropane-1,1-dicarboxylate のヨウ素原子上で S_Hi 反応を生じて，シクロプロピルメチルラジカルを生じ，その速やかなラジカル β 開裂反応による開環反応で，比較的安定で求電子的な α-アリルマロン酸ジメチルの α ラジカルを生じる．その後，α ラジカルは電子密度

の高い 1-ヘキセンに分子間付加し，さらに生じた sp^3 炭素ラジカルが側鎖アリル基に 5-*exo-trig* 環化して環化体を生じ，2-(iodomethyl)cyclopropane-1,1-dicarboxylate からヨウ素原子を引き抜き，ヨードメチル基をもつシクロペンタン環を生成してシクロプロピルメチルラジカルを再生する[27]. これも atom-transfer 型反応である.

$$(4.52)$$

$$(4.53)$$

$$(4.54)$$

　亜リン酸も還元的ラジカル反応試薬として機能する. 式 4.55 は，エーテル系 1,6-ジエンに過酸化ベンゾイル存在下で (EtO)$_2$POH (diethyl phosphite) を作用させると，(EtO)$_2$P(O)・(diethyl phosphonyl radical) を発生し，これが 1,6-ジエンの末端二重結合炭素に付加し，生じた sp^3 炭素ラジカルは 5-*exo-trig* 環化し，テトラヒドロフラン誘導体を生じる反応である. PH$_3$ もラジカル反応開始剤存在下では，リンラジカルを生じる. 式 4.56 は PH$_3$ とリモネンの反応で，H$_2$P・の生成とリモネンの末端メチレンへの還元的付加，および RHP・の生成と側鎖二重結合への還元的 6-*exo-trig* 環化に

4.3 付加−環化反応　165

による 4,8-dimethyl-2-phosphabicyclo[3.3.1]nonane の形成反応である[28].

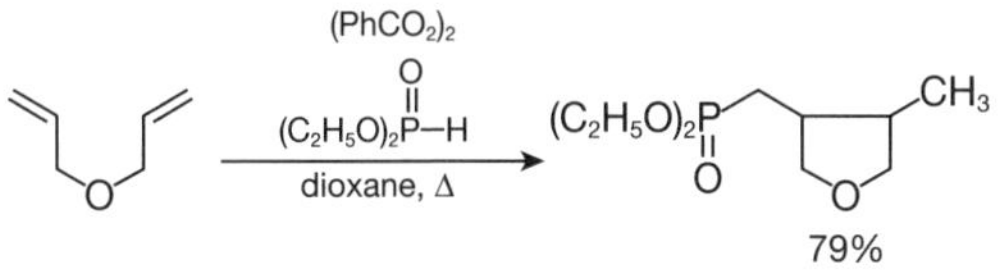

(4.55)

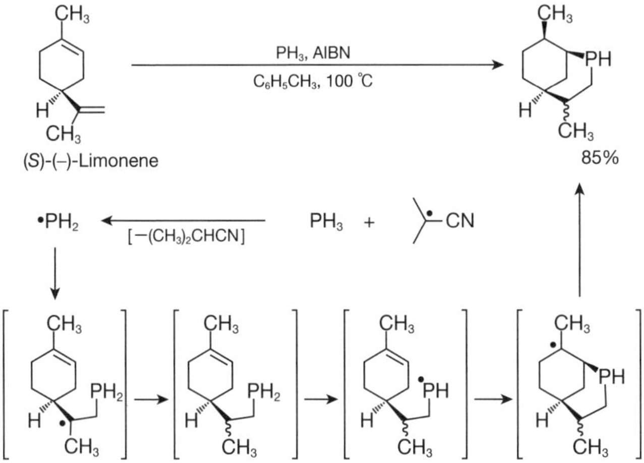

(4.56)

Barton 脱炭酸反応を用いた [3+2] 反応として，式 4.57 の反応は γ,δ-不飽和カルボン酸の Barton エステルとビニルスルホンをタングステンランプ光照射という温和な条件下で，(2′-cyclopentenyl)methyl ラジカルの生成とビニルスルホンへの分子間付加反応，生じた sp^3 炭素ラジカルによる側鎖二重結合への 5-*exo-trig* 環化反応で bicyclo[3.3.0]octane 環を構築する反応である[29].

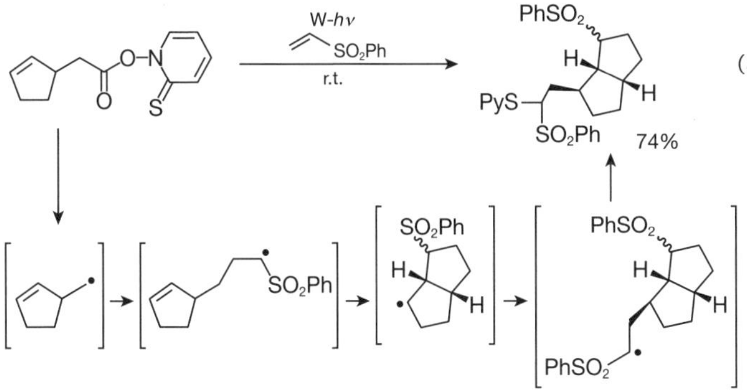

(4.57)

BrCCl$_3$, CBr$_4$, CHI$_3$ などの C–Br や C–I 結合は弱いため，ラジカル反応開始剤の存在下で，それらの結合を切断することができる．式 4.58 の反応は AIBN 存在下で ene-yne-ketone と BrCCl$_3$ を加熱すると，•CCl$_3$ の末端二重結合への付加反応，生じた sp^3 炭素ラジカルの 5-*exo-dig* 環化反応，BrCCl$_3$ によるビニルラジカルの臭素化で連鎖反応が成り立ち，α-ブロモアルキリデン鎖をもつシクロペンタノンを生じる[30]．

$$(4.58)$$

酸化的条件下の反応として，Mn(OAc)$_3$ を用いた反応がある．式 4.59 は，1,4-ナフトキノンと diethyl α-benzylmalonate を酢酸溶媒中で Mn(OAc)$_3$ と加熱し，α-マロニルラジカルが生じて，1,4-ナフトキノンの炭素-炭素二重結合に分子間付加し，生じた α-ケトラジカルが，側鎖芳香環に環化して四環系化合物 benzo[*a*]anthraquinone を生じる反応である．活性メチレンやメチンをもつ化合物は同様の酸化的環化反応が進行する[31]．

$$(4.59)$$

式 4.60 は 1,3-ジカルボニル化合物と 1-オクテンの酢酸溶液に Mn(OAc)$_3$ を加えた

4.3 付加-環化反応　*167*

反応であり，式 4.61 は 1,3-ジカルボニル化合物であるアセチルアセトンとエナミンの酢酸溶液に $Mn(OAc)_3$ を加えた反応で，ともに 1,3-ジケトンの α ラジカルの発生とそのアルケンへの求電子的分子間付加反応，および酸化的環化反応によりアルカロイド誘導体を合成している[31]．

Ce^{4+}[Ce(NH$_4$)$_2$(NO$_3$)$_6$, CAN] も Mn(OAc)$_3$ と同様の機能をもつ. 式 4.62 では CAN を用いてエナミン型の 1,4-ナフトキノンとアセチルアセトンをメタノール中で反応させている[31]. 式 4.63 の反応は 1,5-シクロオクタジエンにアセチルアセトンと Mn(OAc)$_3$ および Co(OAc)$_2$ を作用させた反応で,*cis*-ビシクロ [3.3.0] オクタン環を構築する反応である[31]. 式 4.64 は活性メチレンをもつ化合物にビニルアセテート存在下で CAN を作用させ,同様の機構で環化してフラン環を生じる反応である[31]. いずれも 1,3-ジケトン種の α ラジカルの発生とそのアルケンへの求電子的分子間付加反応,および酸化的環化反応により環状化合物を合成している.

4.3 付加-環化反応   169

$$(C_2H_5O)_2\overset{O}{\underset{\|}{P}}CH_2\overset{O}{\underset{\|}{C}}CH_3 + \underset{OAc}{\overset{CH_3}{\underset{|}{C}}=CH_2} \xrightarrow[CH_3OH,\ r.t.]{CAN} \underset{70\%}{\text{furan product}} \quad (4.64)$$

式4.65a はグリカール (glycal) とマロン酸ジメチルに CAN を作用させ，グルコースの2位に炭素-炭素を形成させた反応である[31]．この反応も 1,3-ジカルボニル化合物から酸化的に電子欠損したαラジカルを生じ，グリカール二重結合に求電子的に付加反応し，生じたアノマーラジカルは速やかにアノマーカチオンとなり，メタノールと反応して O-メチルグリコシドとなる．

$$(4.65a)$$

式 4.65b はイソプロピルアルコール中で ^{t}BuOOH の熱分解から HO• を発生させ，イソプロピルアルコールの α 水素を引き抜いて，生じた $HO(CH_3)_2C$• を求核的に α,β-不飽和アミドにラジカル Michael 付加させ，次に生じた α-アミドラジカルを側鎖 N-フェニル芳香環上に酸化的に環化させている[31]．式 4.65c は Togni 試薬を用いて，•CF_3 を発生させ，同様に，α,β-不飽和アミドにラジカル Michael 付加させ，次に生じた α-アミドラジカルを側鎖 N-フェニル芳香環上に酸化的に環化させている[31]．式 4.65d も Togni 試薬を用いて同様に •CF_3 を発生させ，イソニトリル基の炭素に付加させて反応性の高いビニルラジカルを発生させ，側鎖ベンゼン環に環化させている[31]．

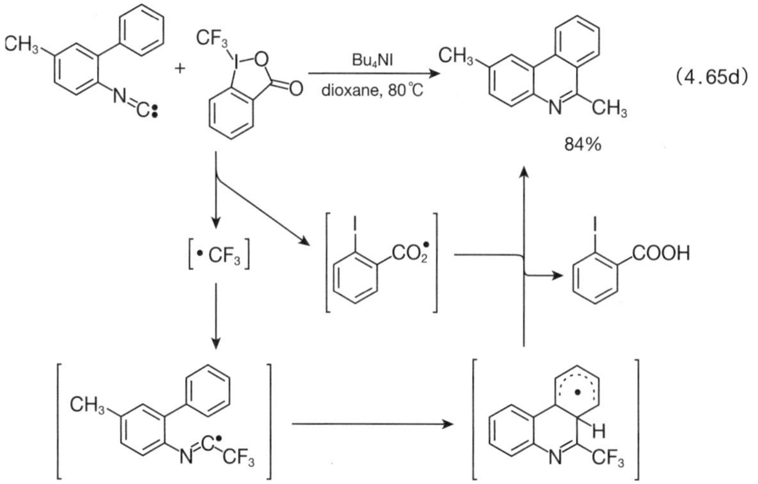

4.3 付加‐環化反応

(4.65d)

一方,還元的条件下の反応として,$Na_2S_2O_4$ を SET 還元剤として用いる反応がある.式 4.66 は,O-allyl 4,6-di-O-acetyl-2,3-dideoxy-α-D-pyranoside と $CF_3(CF_2)_7I$ に $Na_2S_2O_4$ を作用させ,$Na_2S_2O_4$ から $CF_3(CF_2)_7I$ への SET を経て求電子的な $CF_3(CF_2)_7\cdot$ が生じ,糖のアリル基末端炭素に付加し,続いて生じた sp^3 炭素ラジカルが 5-*exo-trig* 環化を経て,ビシクロ糖を生じる反応である[32]. これは atom-transfer 型環化反応である.

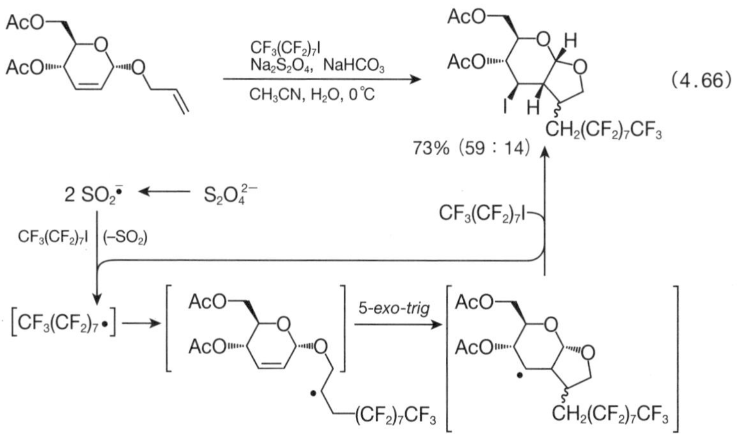

(4.66)

4.4 カルボニル化反応

　Hunsdiecker 反応や Barton 脱炭酸反応から予想されるように，脂肪族カルボキシルラジカル（$RCO_2\cdot$）は $10^{10}\sim10^9$ s^{-1} の反応速度定数でラジカル脱炭酸（β 開裂）し，二酸化炭素と $R\cdot$ になってしまう．芳香族カルボキシルラジカル（$ArCO_2\cdot$）でも $10^5\sim10^4$ s^{-1} の反応速度定数で脱炭酸してしまう．裏を返せば，二酸化炭素加圧雰囲気下でも $R\cdot$ と二酸化炭素の反応から $RCO_2\cdot$ を合成することは困難であることを示唆しており，実際にも不可能である．一方，アシルラジカル（$RCO\cdot$）の一酸化炭素と $R\cdot$ へのラジカル α 開裂は反応速度定数が $\sim10^3$ s^{-1} と遅くなる．このことは，裏を返せば $R\cdot$ と一酸化炭素の反応が，条件次第で遂行できることを示唆している．式 4.67 の反応は，オートクレーブ中，臭化オクチルを一酸化炭素加圧下，Bu_3SnH/AIBN 系と反応させることにより，生成したオクチルラジカルが一酸化炭素と反応してアシルラジカルを可逆的に発生し，Bu_3SnH から水素原子を引き抜いて 1-ノナナール［$CH_3(CH_2)_7CH=O$］を生成する反応である[33]．

$$\text{(4.67)}$$

　この反応は，収率が一酸化炭素の圧力と Bu_3SnH の濃度に大きく左右される．芳香族の場合も同様に行え，芳香環上の置換基効果の実験より，炭素ラジカルと一酸化炭素の反応段階が律速であるとわかった．さらに，式 4.68a に示したように，この系内に電子欠損オレフィンであるアクリロニトリルを共存させると，発生したアシルラジカルは求核的性質を有するために還元的付加体である 2-シアノエチルケトンを生じる．また，アリル化剤であるアリルトリブチルスズを加えると，式 4.68b に示したようにアリルケトンを生成する[34]．

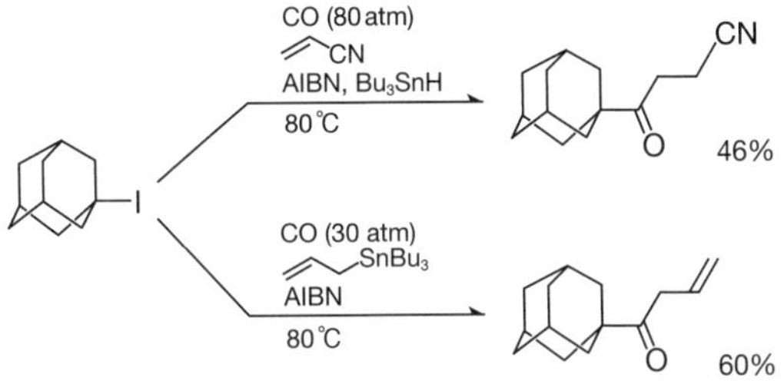

4.4 カルボニル化反応   173

(4.68a)

(4.68b)

　式 4.69 は，四酢酸鉛 [Pb(OAc)$_4$] と n-ヘプタノールの混合物を一酸化炭素加圧下，オートクレーブで加温すると，ヒドロキシ基の酸化で生成した n-ヘプタノキシルラジカルの 1,5-H シフト，生じた 4 位の sp^3 炭素ラジカルの一酸化炭素との反応，続く四酢酸鉛によるアシルカチオンへの酸化後，最後に閉環して δ-ラクトンを形成する反応である[35]．

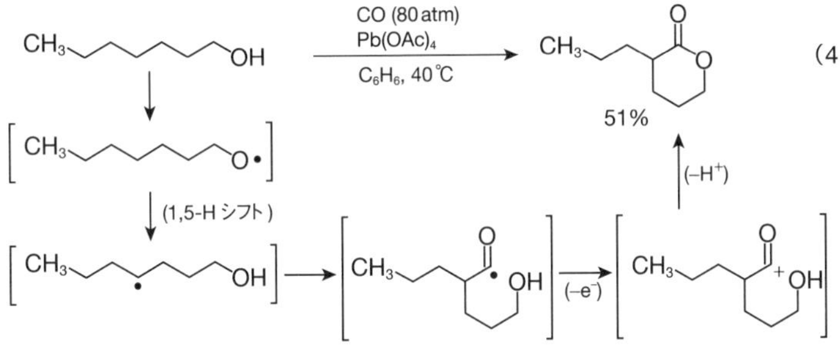

(4.69)

　この反応は，第一級および第二級のアルコールには適用できるが，第三級のアルコールでは生じたアルコキシルラジカルのラジカル β 開裂が優先するために適用できない．この反応系では，4 位側鎖に炭素-炭素二重結合を有するアルケニルハライドを用いると，生成したアシルラジカルの 5-*exo-trig* 環化によりシクロペンタノン誘導体を生成する．また，式 4.70 に示したように，6-iodohexyl acrylate を CO/AIBN/[(CH$_3$)$_3$Si]$_3$SiH 系で反応させると，γ 位にケトン基をもつ 11 員環状ラクトンを生じる．興味深い類似の反応例である式 4.71 は，4 位に窒素-炭素二重結合であるイミノ基を有する臭化物を一酸化炭素加圧下，Bu$_3$SnH/AIBN 系と反応させると，生じた sp^3 炭素ラジカルが一酸化炭素と反応してアシルラジカルを生成し，続くアシルラジカルの窒素原子上への 5-*exo-trig* 環化により γ-ラクタムを与える．このイミノ窒素上での環化反応は珍しいことである[36]．一般に，求核的アシルラジカルは 6-*endo-trig* 環化

モードによりイミノ基炭素原子上で環化すると予想されが,この場合,速度論的支配でBaldwin則に従った5-*exo-trig*環化体を生成している.

$$\text{CH}_2=\text{CHCOO(CH}_2)_6\text{I} \xrightarrow[\substack{80\,℃ \\ \text{super critical CO}_2}]{\substack{\text{CO (295 atm)} \\ \text{AIBN, Bu}_3\text{SnH}}} \text{環状ケトエステル} \quad 68\% \qquad (4.70)$$

$$\text{C}_6\text{H}_{11}\text{CH=N(CH}_2)_3\text{Br} \xrightarrow[\substack{\text{C}_6\text{H}_6, 80\,℃}]{\substack{\text{CO (80 atm)} \\ \text{AIBN, Bu}_3\text{SnH}}} \text{N-シクロヘキシルメチル-2-ピロリドン} \quad 81\% \qquad (4.71)$$

[C₆H₁₁CH=N(CH₂)₃•] → [C₆H₁₁CH=N-CH₂CH₂-C(=O)•] → [C₆H₁₁CH•-N(2-オキソピロリジニル)]

Bu₃SnHの代わりに,Mn³⁺試剤をオートクレーブで反応させても,一酸化炭素の取込み反応を行える[37].

4.5 アルキンへの付加反応

Bu₃SnHや[(CH₃)₃Si]₃SiHはAIBNやEt₃Bのようなラジカル反応開始剤の存在下でアセチレン誘導体を作用させると,Bu₃Sn•や[(CH₃)₃Si]₃Si•を生じて,これらが立体障害の少ない末端アセチレン炭素に付加し,ビニルラジカルを経て還元的付加体を生じる[38].式4.72はフェニルアセチレンを[(CH₃)₃Si]₃SiH/AIBN系90℃の条件下で反応させた場合と,[(CH₃)₃Si]₃SiH/Et₃B系25℃の条件下で反応させた場合のE体とZ体の生成比を比較したものであり,低温で反応させたほうが,Z体は増加して選択性が向上する[38].これは,式4.72下に示した反応経路を経るためであり,[(CH₃)₃Si]₃Si基が立体的に非常にかさばっているためである.Bu₃SnHを用いた同様の反応を式4.73に示した[38].

4.5 アルキンへの付加反応

$$\text{Ph-C≡C-H} \xrightarrow[\text{[(CH}_3\text{)}_3\text{Si]}_3\text{SiH}]{\text{initiator}} \text{Ph} \underset{H}{\overset{}{\diagup}} C=C \underset{H}{\overset{\text{Si[Si(CH}_3\text{)}_3\text{]}_3}{\diagup}} \quad (4.72)$$

initiator		収率(%)	異性体比
AIBN	90℃	88	$Z:E = 84:16$
Et_3B, O_2	25℃	85	$Z:E = 99:1$

Ph-C≡C-H + [(CH$_3$)$_3$Si]$_3$Si• ⟶

(反応機構図：ビニルラジカル中間体、立体障害、[(CH$_3$)$_3$Si]$_3$Si-H との反応を経て (Z) 体生成)

〰〰：立体障害

$$\text{HO}-\equiv-\text{OH} \xrightarrow[\underset{C_6H_6, \Delta}{Bu_3SnH}]{AIBN} \text{Bu}_3\text{Sn}\underset{OH}{\diagup}\underset{}{\diagdown}\text{OH} + \text{Bu}_3\text{Sn}\underset{HO}{\diagup}\underset{}{\diagdown}\text{OH} \quad (4.73)$$

88% (95:5)

一方，Bu_3SnH や Ph_3SnH が末端アルキンに付加する場合は，式 4.74 に示したように，E 体が主生成物になる傾向がある[38]．

$$^n\text{C}_{10}\text{H}_{21}-\text{C}\equiv\text{CH} \xrightarrow[\underset{C_6H_5CH_3}{Ph_3SnH}]{Et_3B} \underset{H}{\overset{^n\text{C}_{10}\text{H}_{21}}{\diagup}}C=C\underset{H}{\overset{H}{\diagdown}}\underset{SnPh_3}{} + \underset{H}{\overset{^n\text{C}_{10}\text{H}_{21}}{\diagup}}C=C\underset{H}{\overset{SnPh_3}{\diagdown}} \quad (4.74)$$

80% (79:21)

式 4.75 の反応は，$Bu_3Sn•$ がエン・イン化合物の末端アセチレン炭素に付加し，生じた sp^2 ビニルラジカルが側鎖炭素-炭素二重結合に 5-*exo-trig* 環化して *exo*-メチレン基をもつシクロペンタン環を生じる合成反応である[38]．式 4.76 も同様の反応である．ここで，生成物のビニル基に結合した Bu_3Sn 基は，シリカゲルや酸で容易に水素原子に置換できる[38]．式 4.77 は末端アルキンへの $Bu_3Sn•$ の付加により生じた sp^2 ビニルラジカルがイミノ炭素に 5-*exo-trig* 環化した反応で，式 4.78 も糖誘導体エン・イン化合物の末端アセチレン炭素に $Bu_3Sn•$ が付加し，生じた sp^2 ビニルラジカルが糖鎖

炭素-炭素二重結合に 5-*exo-trig* 環化した反応である[38]．式 4.79 は糖誘導体エン・イン化合物への Bu₃Sn• の付加により生じたビニルラジカルが側鎖炭素-炭素二重結合に 7-*exo-trig* 環化した反応である[38]．

	R₁	R₂	収率 (%) a	収率 (%) b
	CH₃	CH₃	91	88
	Ph	H	92	92
	CO₂C₂H₅	H	88	82

■実験項

【実験 4.1】 R_fI のアルケンへの付加反応（式 4.16）

窒素雰囲気下，ヨウ化物 (5 mmol) を $Na_2S_2O_4$ (10 mmol)，$NaHCO_3$ (10 mmol)，およびアルケン (6 mmol) を溶かした DMF (10 mL) に加え，50℃で4時間撹拌する．反応後，水 (10 mL) を加え，エーテルで抽出し，有機層を $MgSO_4$ で乾燥後，溶媒を除去する．残留をクロマトグラフィーで処理することにより目的物が 44% の収率で得られる．

[Z. Y. Long, Q. Y. Chen, *J. Org. Chem.*, **64**, 4775 (1999)]

【実験 4.2】 diethyl thiophosphite のピネンへの付加反応（式 4.17b）

(+)-ピネン (1 mmol) と diethyl thiophosphite (1.3 mmol) のトルエン (5 mL) 溶液に，大気雰囲気下で，Et_3B (1 mL, 1 mol L^{-1} ヘキサン溶液) を加える．15 分撹拌後，NaOH 水溶液 (2 mol L^{-1}, 15 mL) を加えてエーテル抽出し，有機層を Na_2SO_4 乾燥し，蒸留することにより付加体が 91% の収率で得られる．

[A. Gautier, *et al.*, *Tetrahedron Lett.*, **42**, 5673 (2001)]

【実験 4.3】 p-TsNa のスチレンへの付加反応（式 4.21b）

スチレン (1 mmol)，p-TsNa (1.2 mmol)，および NaI (1.2 mmol) を含む CH_3CN (10 mL) 溶液に，$Ce(NH_4)_2(NO_3)_6$ (CAN, 2.5 mmol) の CH_3CN (15 mL) 溶液を加えて，アルゴン雰囲気下で 45 分反応させる．反応後は水を加えて，ジクロロメタンで抽出し，有機層を濃縮してから，残留をクロマトグラフィーで処理することにより目的物が 76% の収率で得られる．

[V. Nair, A. Augustine, T. D. Suja, *Synthesis*, **2002**, 2259]

【実験 4.4】 β-ケトエステルのビニルエーテルへの付加反応（式 4.22）

α-メチルアセト酢酸エチル (1.38 mmol) のジクロロメタン (10 mL) 溶液にビニル ブチル エーテル (8.32 mmol) を加え，続いて $Mn(OAc)_3 \cdot 2H_2O$ (3.19 mmol) と $Cu(OAc)_2 \cdot H_2O$ (0.41 mmol) を加える．混合物は 18 時間還流する．反応後にジクロロメタンを加えて沪過する．沪液は水で分液し，有機層を乾燥する．溶媒を除去することにより α-メチル-α-オキソメチルアセト酢酸エチルが 92% の収率で得られる．

[G. Bar, A. F. Parsons, C. B. Thomas, *Synlett*, **2002**, 1069]

4 付加反応

【実験 4.5】ジリン酸エステルのアルケンへの付加反応(式 4.24)

Ph-セレニド(0.33 mmol)とアルケン(1 mmol)をベンゼン(2 mL)に溶かし,ネジ蓋式パイレックス試料管(screw-cap pyrex test tube)に詰め,溶液を 30 分ほどアルゴンでバブルして脱気した後,速やかに蓋をして水銀灯照射(450 W Hanovia lamp)する.反応後(通常,48〜72 時間後),溶媒を除去し,残留をフラッシュカラムクロマトグラフィー(アセトニトリル:酢酸エチル = 1:5)で処理することにより付加体が 83% の収率で得られる.

[J. H. Byers, J. G. Thissell, M. A. Thomas, *Tetrahedron Lett.*, **36**, 6403 (1995)]

【実験 4.6】α-ブロモスルホンの α-アリル化反応(式 4.34)

α-ブロモスルホン(2 mmol)を乾燥ベンゼン(12 mL)に溶かし,アリルトリブチルスズ(4 mmol)と AIBN(0.4 mmol)を加える.混合物をアルゴン雰囲気下,2 時間還流する.反応後,溶媒を除去し,残留をエーテル(30 mL)に溶かし,10%KF 水溶液で 3 回(5 mL×3)洗浄する.有機層を Na_2SO_4 で乾燥し,溶媒を除いた残留をフラッシュカラムクロマトグラフィーで処理することにより 85% の目的物が得られる.

[A. Giardina, R. Giovannini, M. Petrini, *Tetrahedron Lett.*, **38**, 1995 (1997)]

【実験 4.7】臭化シクロプロピルメチル糖誘導体のアリル化反応(式 4.39)

乾燥ベンゼン(3 mL)に臭化シクロプロピルメチル誘導体(0.4 mmol),アリルトリブチルスズ(0.8 mmol)と AIBN(5 mol%)を溶かし,アルゴンガスで 30 分脱気置換した後,12 時間還流する.反応後に溶媒を除去し,KF 水溶液(5 mL)とエーテル(10 mL)を加えて 1 時間撹拌する.この後,混合物を濾過し,濾液を分液し,有機層を乾燥して溶媒を除去する.残留をシリカゲルカラムクロマトグラフィー(酢酸エチル/ヘキサン)で処理することにより 3,3-ジアリル糖が得られる.

[M. K. Gurjar, S. V. Ravindranadh, S. Karmarkar, *Chem. Commun.*, **2001**, 241]

【実験 4.8】2-シクロペンテン-1-オンの α-アリル化反応(式 4.46)

$Mn(OAc)_3 \cdot 2 H_2O$(14.0 mmol)のベンゼン(150 mL)溶液を Dean-Stark 装置を用いて 45 分還流し,脱水する.冷却後,溶液に α,β-不飽和ケトン(7 mmol)と臭化アリル(7.0 mmol)を加えて還流する.反応溶液の黒褐色が失色した後(8 時間),酢酸エチルを加えて有機層を 1 mol L^{-1} HCl 水溶液,飽和 $NaHCO_3$ 水溶液,最後に飽和食塩水で分液洗浄し,有機層を乾燥し,濃縮し,残留をシリカゲルカラムクロマトグラフィーで処理することによりアリル化物が 79% の収率で得られる.

[C. Tanyeli, D. Ozdemirhan, *Tetrahedron Lett.*, **43**, 3977 (2002)]

【実験4.9】R_fI と α-クロロスチレンからピラゾール環の構築反応（式4.51）

R_fI (0.4 mmol)，α-クロロスチレン (1.2 mmol)，および $(Bu_3Sn)_2$ (0.44 mmol) のベンゼン (3 mL) 溶液を酸素ガス雰囲気下で5時間，ハロゲンランプで光照射する．反応後，エタノールとヒドラジン，酢酸を加えて，2時間還流する．反応後は溶媒を除去し，残留をシリカゲルカラムクロマトグラフィーで処理することによりピラゾールが59％の収率で得られる．

[M. Ohkoshi, *et al.*, *Tetrahedron Lett.*, **42**, 33 (2001)]

【実験4.10】dimethyl 2-(iodomethyl)cyclopropane-1,1-dicarboxylate と 1-ヘキセンの反応（式4.54）

dimethyl 2-(iodomethyl)cyclopropane-1,1-dicarboxylate (0.5 mmol)，1-ヘキセン (1 mmol)，$Yb(OTf)_3$ (0.5 mmol) のジクロロメタン (4 mL) 溶液に，酸素ガス存在下で Et_3B (0.5 mL，1 mol L^{-1} ヘキサン溶液) を加える．0℃で5時間反応させた後，飽和 NH_4Cl 水溶液を加え，エーテルで抽出する．有機層を乾燥，濃縮後に，残留をシリカゲルカラムクロマトグラフィーで処理することにより環化体が82％の収率で得られる．

[O. Kitagawa, H. Fujiwara, T. Taguchi, *Tetrahedron Lett.*, **42**, 2165 (2001)]

【実験4.11】1,4-ナフトキノンと diethyl α-benzylmalonate の反応（式4.59）

1,4-ナフトキノン体 (0.49 mmol)，diethyl benzylmalonate (1.98 mmol)，および $Mn(OAc)_3$ (2.99 mmol) を酢酸 (10 mL) に溶かし，80℃で16時間加熱する．反応後，酢酸エチル (100 mL) を加え，飽和 $NaHSO_3$ 水溶液 (25 mL)，飽和 Na_2CO_3 水溶液 (50 mL×3)，および水で洗浄する．有機層を Na_2SO_4 で乾燥し，溶媒を除去した残留をカラムクロマトグラフィーで処理することにより目的物が59％の収率で得られる．

[C. P. Chuang, S. F. Wang, *Synlett*, **1996**, 829]

【実験4.12】グリカールとマロン酸ジメチルの反応（式4.65a）

CAN (2〜4 eq.) のメタノール (20〜40 mL) 溶液を，0℃下でグリカール (2 mmol) とマロン酸ジメチル (20 mmol) のメタノール (5 mL) 溶液に加える．反応後 (2〜5時間後)，$Na_2S_2O_4$ 水溶液 (100 mL) を加え，ジクロロメタンで抽出する．有機層を Na_2SO_4 で乾燥し，溶媒を除去し，残留をカラムクロマトグラフィー（ヘキサン／酢酸エチル）

で処理することにより,目的物が70％の収率で得られる.

[V. Gyollai, *et al.*, *Chem. Commun.*, **2002**, 1294]

【実験4.13】n-ヘプタノールからδ-ラクトンの構築反応（式4.69）

n-ヘプタノール（0.4 mmol）を溶かしたベンゼン（40 mL）溶液を100 mLステンレス製オートクレーブに入れる.続いて四酢酸鉛（0.6 mmol）を加え,器内を10 atmの一酸化炭素で2回フラッシュしてから,80 atmの一酸化炭素で加圧し,撹拌しながら40℃で3日反応させる.反応後,ガスを抜き,反応物を0.4 mol L^{-1}塩酸水溶液に注ぎ,エーテルで3回（20 mL×3）抽出する.溶媒をNa_2SO_4で乾燥後,除去し,残留をフラッシュカラムクロマトグラフィー（ヘキサンから酢酸エチル：ヘキサン＝1：9）で処理することによりラクトンが51％の収率で得られる.

[S. Tsunoi, *et al.*, *J. Am. Chem. Soc.*, **120**, 8692 (1998)]

【実験4.14】[$(CH_3)_3Si]_3SiH$のフェニルアセチレンへの付加反応（式4.72）

AIBN法：フェニルアセチレン（4 mmol）とAIBN（0.96 mmol）のトルエン（40 mL）溶液をアルゴンガスでフラッシュし,[$(CH_3)_3Si]_3SiH$（4.8 mmol）を加える.混合物は70℃で2～4時間加熱する.反応後,溶媒を除去し,残留を蒸留すると2-[tris(trimethylsilyl)silyl]styreneが88％の収率で得られる（170℃／0.02 mmHg）.

Et_3B法：フェニルアセチレン（4 mmol）と[$(CH_3)_3Si]_3SiH$（5.2 mmol）のトルエン（40 mL）溶液に,Et_3B（0.8 mL,1 mol L^{-1}ヘキサン溶液）と空気（10 mL）をシリンジポンプを用いて6～24時間かけて加える.反応後,水を加えて,エーテル抽出する.有機層を乾燥し,溶媒を除去し,残留をシリカゲルフラッシュカラムクロマトグラフィー（ペンタン）で処理することにより2-[tris(trimethylsilyl)silyl]styreneが85％の収率で得られる.

[B. Kopping, *et al.*, *J. Org. Chem.*, **57**, 3994 (1992)]

【実験4.15】Ph_3SnHの1-ドデシンへの付加反応（式4.74）

アルゴンガス雰囲気下の室温で,Et_3B（0.1 mL,1 mol L^{-1}ヘキサン溶液）を1-ドデシン（1 mmol）とPh_3SnH（1.2 mmol）のトルエン（8 mL）溶液に加える.20分後,反応液に水に加え,酢酸エチルで3回抽出する.有機層はNa_2SO_4で乾燥してから,溶媒を除去する.残留はpTLCで精製することにより1-(triphenylstannyl)-1-dodecene（Z：E＝21：79）が80％の収率で得られる.

[K. Nozaki, K. Oshima, K. Utimoto, *J. Am. Chem. Soc.*, **109**, 2547 (1987)]

参考文献

1) S. D. Burke, W. F. Fobare, D. M. Armistead, *J. Org. Chem.*, **47**, 3348 (1982); N. Ono, *et al.*, *Tetrahedron Lett.*, **23**, 2957 (1982); B. Giese, J. Dupuis, *Angew. Chem. Int. Ed.*, **22**, 622 (1983); B. Giese, *et al.*, *Angew. Chem. Int. Ed.*, **23**, 69 (1984); N. Ono, H. Miyake, A. Kaji, *Chem. Lett.*, **1985**, 635; P. Pike, S. Hershberger, J. Hershberger, *Tetrahedron Lett.*, **26**, 6289 (1985); G. Stork, P. M. Sher, H. L. Chen, *J. Am. Chem. Soc.*, **108**, 6384 (1986); B. Giese, T. Witzel, *Tetrahedron Lett.*, **28**, 2571 (1987); B. Giese, B. Kopping, *Tetrahedron Lett.*, **30**, 681 (1989); C. Chatgilialoglu, B. Giese, B. Kopping, *Tetraheron Lett.*, **31**, 6013 (1990); E. Lee, D. S. Lee, *Tetrahedron Lett.*, **31**, 4341 (1990); L. A. Paquette, D. R. Lagerwall, H. G. Korth, *J. Org. Chem.*, **57**, 5413 (1992); H. Junker, N. Phung, W. Fessner, *Tetrahedron Lett.*, **40**, 7063 (1999); B. Wu, B. A. Avery, M. A. Avery, *Tetrahedron Lett.*, **41**, 3797 (2000); R. SanMartin, *et al.*, *Org. Lett.*, **2**, 4051 (2001); L. Grant, *et al.*, *Org. Lett.*, **4**, 4623 (2002); S. Manabe, Y. Aihara, Y. Ito, *Chem. Commun.*, **47**, 9702 (2011)
2) W. B. Motherwell, B. C. Ross, M. J. Tozer, *Synlett*, **1989**, 68; P. Renaud, *et al.*, *Synlett*, **1992**, 211; M. Yoshida, *et al.*, *Tetrahedron Lett.*, **40**, 5731 (1999).
3) G. A. Kraus, K. Landgrebe, *Tetrahedron Lett.*, **25**, 3939 (1984); M. D. Castaing, *et al.*, *Tetrahedron Lett.*, **27**, 5927 (1986); P. Balczewski, T. Bialas, M. Mikolajczyk, *Tetrahedron Lett.*, **41**, 3687 (2000); M. G. Roepel, *Tetrahedron Lett.*, **43**, 1973 (2002).
4) M. Yoshida, T. kimura, M. Kobayashi, *Sulfur Lett.*, **2**, 29 (1984); D. L. Boger, R. J. Mathvink, *J. Org. Chem.*, **54**, 1777 (1989); K. Ogura, *et al.*, *Tetrahedron Lett.*, **39**, 9051 (1998); K. Ogura, *et al.*, *Tetrahedron Lett.*, **40**, 2537 (1999); M. L. Bennasar, *et al.*, *Org. Lett.*, **3**, 1697 (2001); M. L. Bennasar, *et al.*, *J. Org. Chem.*, **67**, 6268 (2002).
5) H. Miyabe, Y. Fujishima, T. Naito, *J. Org. Chem.*, 64, 2174 (1999); H. Miyabe, M. Ueda, T. Naito, *Chem. Commun.*, **2000**, 2059; H. Miyabe, *et al.*, *Org. Lett.*, **4**, 131 (2002); L. Yajima, H. Nagano, C. Saito, *Tetrahedron Lett.*, **44**, 7027 (2003).
6) S. Fukuzawa, *et al.*, *Chem. Commun.*, **1986**, 624; K. Otsubo, J. Inanaga, M. Yamaguchi, *Tetrahedron Lett.*, **27**, 5763 (1986); O. Ujikawa, J. Inanaga, M. Yamaguchi, *Tetrahedron Lett.*, **30**, 2837 (1989); L. Forti, F. Ghelfi, U. M. Pagnoni, *Tetrahedron Lett.*, **36** , 2509 (1995).
7) K. Nozaki, K. Oshima, K. Utimoto, *Tetrahedron Lett.*, **29**, 6125, 6127 (1988); K. Miura, *et al.*, *Tetrahedron Lett.*, **31**, 6391 (1990); S. Bergeron, *et al.*, *Tetrahedron Lett.*, **35**, 1985 (1994); X. Lu, Z. Wang, J. Ji, *Tetrahedron Lett.*, **35**, 613 (1994); E. Beyou, *et al.*, *Tetrahedron Lett.*, **36**, 1843 (1995); B. A. Trofimov, N. K. Gusarova, S. F. Malysheva, *Synthesis*, **2002**, 2207.
8) C. Lopin, *et al.*, *Tetrahedron Lett.*, **41**, 10195 (2000); S. Deprele, J. L. Montchamp, *J. Org. Chem.*, **66**, 6745 (2001); A. Gautier, *et al.*, *Tetrahedron Lett.*, **42**, 5673 (2001); O. Dubert, *et al.*, *Org. Lett.*, **4**, 359 (2002); B. A. Trofimov, S. F. Malysheva, *Tetrahedron Lett.*, **44**, 2629 (2003); C. De Schutter, E. Pfund, T. Lequeux, *Tetrahedron*, **69**, 5920 (2013).
9) T. Nakano, *et al.*, *Chem. Lett.*, **1981**, 415; M. Masnyk, *Tetrahedron Lett.*, **32**, 3259 (1991); C. L. Bumgardner, J. P. Burgess, *Tetrahedron Lett.*, **33**, 1683 (1992).
10) C. P. Chuang, *Synlett*, **1991**, 859; J. Y. Nedelec, K. Nohair, *Synlett*, **1991**, 660; C. P. Chuang, *Tetrahedron Lett.*, **33**, 6311 (1992); G. L. Edwards, K. A. Walker, *Tetrahedron Lett.*, **33**, 1779 (1992); T. Mochizuki, S. Hayakawa, K. Narasaka, *Bull. Chem. Soc. Jpn.*, **69**, 2317 (1996); S. K. Kang, B. S. Ko, Y. H. Ha, *J. Org. Chem.*, **66**, 3630 (2001); V. Nair, A. Augustine, T. D. Suja, *Synthesis*, **2002**, 2259.
11) G. Bar, A. F. Parsons, C. B. Thomas, *Synlett*, **2002**, 1069.
12) E. Baciocchi, G. Civitarese, R. Ruzziconi, *Tetrahedron Lett.*, **28**, 5357 (1987); T. Varea, M. E. G.

Nunez, J. R. Chiner, *Tetrahedron Lett.*, **30**, 4709 (1989); A. Clerici, O. Porta, *Tetrahedron Lett.*, **31**, 2069 (1990); Y. Kohno, K. Narasaka, *Chem. Lett.*, **1993**, 1689.
13) J. H. Byers, G. C. Lane, *Tetrahedron Lett.*, **31**, 5697 (1990); Z. Qju, D. J. Burton, *Tetrahedron Lett.* **35**, 1813 (1994); J. H. Byers, J. G. Thissell, M. A. Thomas, *Tetrahedron Lett.*, **36**, 6403 (1995); J. H. Byers, C. C. Whitehead, M. E. Duff, *Tetrahedron Lett.*, **37**, 2743 (1996); Z. Y. Long, Q. Y. Chen, *J. Org. Chem.*, **64**, 4775 (1999).
14) M. Yoshida, *et al.*, *Tetrahedron Lett.*, **34**, 7629 (1993); K. Mikami, S. Matsumoto, *Synlett*, **1995**, 229.
15) B. F. Reid, *et al.*, *Can. J. Chem.*, **55**, 3986 (1977); A. Dondoni, S. Stadrini, A. Marra, *Eur. J. Org. Chem.*, **2013**, 5370.
16) J. E. Baldwin, D. R. Kelly, C. B. Ziegler, *Chem. Commun.*, **1984**, 133; J. E. Baldwin, D. R. Kelly, *Chem. Commun.*, **1985**, 682.
17) S. Kim, *et al.*, *J. Am. Chem. Soc.*, **118**, 5138 (1996); S. Kim, I. Y. Lee, *Tetrahedron Lett.*, **39**, 1587 (1998); S. Kim, *et al.*, *Synlett*, **2001**, 1148; S. Kim, *et al.*, *Angew. Chem. Int. Ed.*, **40**, 2524 (2001); S. Kim, R. Kavali, *Tetrahedron Lett.*, **43**, 7189 (2002).
18) J. Xiang, P. L. Fuchs, *Tetrahedron Lett.*, **39**, 8597 (1998).
19) F. Bertrand, B. Q. Sire, S. Z. Zard, *Angew. Chem. Int. Ed.*, **38**, 203 (1999).
20) J. Liu, *et al.*, *J. Org. Chem.*, **66**, 6021 (2001); J. Liu, C. Yao, *Tetrahedron Lett.*, **42**, 3613, 6147 (2001).
21) G. E. Keck, J. B. Yates, *J. Am. Chem. Soc.*, **104**, 5829 (1982); R. R. Webb II, S. Danishefsky, *Tetrahedron Lett.*, **24**, 1357 (1983); N. Ono, K. Zinsmeister, A. Kaji, *Bull. Chem. Soc. Jpn.*, **58**, 1069 (1985); G. E. Keck, *et al.*, *Tetrahedron*, **41**, 4079 (1985); J. E. Baldwin, *et al.*, *Chem. Commun.*, **1986**, 1339; K. Mizuno, *et al.*, *J. Am. Chem. Soc.*, **110**, 1288 (1988); T. Toru, *et al.*, *J. Am. Chem. Soc.*, **110**, 4815 (1988); C. K. Chu, *et al.*, *J. Org. Chem.*, **54**, 2767 (1989); D. P. Curran, *et al.*, *J. Am. Chem. Soc.*, **112**, 6738 (1990); A. Giardina, R. Giovannini, M. Petrini, *Tetrahedron Lett.*, **38**, 1995 (1997); E. J. Enholm, *et al.*, *Org. Lett.*, **1**, 689 (1999); E. J. Enholm, *et al.*, *Org. Lett.*, **2**, 3355 (2000); M. K. Gurjar, S. V. Ravindranadh, S. Karmarkar, *Chem. Commun.*, **2001**, 241; L. Liu, M. H. D. Postema, *J. Am. Chem. Soc.*, **123**, 8602 (2001); I. Ryu, *et al.*, *Tetrahedron Lett.*, **42**, 947 (2001); D. Urabe, H. Yamaguchi, M. Inoue, *Org. Lett.*, **13**, 4798 (2011).
22) Y. Ueno, S. Aoki, M. Okawara, *J. Am. Chem. Soc.*, **101**, 5414 (1979); G. E. Keck, J. H. Byers, *J. Org. Chem.*, **50**, 5442 (1985); B. Barlaam, J. Boivin, S. Z. Zard, *Tetrahedron Lett.*, **31**, 7429 (1990); C. C. Huval, D. A. Singleton, *Tetrahedron Lett.*, **34**, 3041 (1993); C. Chatgilialoglu, *et al.*, *Tetrahedron Lett.*, **37**, 6383 (1996); C. Chatgilialoglu, *et al.*, *Tetrahedron Lett.*, **37**, 6387 (1996); C. Chatgilialoglu, *et al.*, *Tetrahedron Lett.*, **37**, 6391 (1996); B. Q. Sire, S. Z. Zard, *J. Am. Chem. Soc.*, **118**, 209 (1996); F. L. Guyader, *et al.*, *J. Am. Chem. Soc.*, **119**, 7410 (1997).
23) K. Miura, *et al.*, *J. Org. Chem.*, **63**, 5740 (1998).
24) P. Breuilles, D. Uguen, *Tetrahedron Lett.*, **31**, 357 (1990); J. M. Mellor, S. Mohammed, *Tetrahedron Lett.*, **32**, 7107 (1991); C. Tanyeli, D. Ozdemirhan, *Tetrahedron Lett.*, **43**, 3977 (2002).
25) S. Kang, H. Seo, Y. Ha, *Synlett*, **2001**, 1321.
26) A. G. Angoh, D. L. J. Clive, *Chem. Commun.*, **1985**, 980; Z. Cekovic, R. Saicic, *Tetrahedron Lett.*, **27**, 5893 (1986); D. P. Curran, M. H. Chen, *J. Am. Chem. Soc.*, **109**, 6558 (1987); K. Miura, *et al.*, *Tetrahedron Lett.*, **29**, 1543 (1988); P. Renaud, J. P. V. Vionnet, P. Vogel, *Tetrahedron Lett.*, **32**, 3491 (1991); D. C. Harrowven, *et al.*, *Tetrahedron Lett.*, **41**, 9345 (2000); L. D. Miranda, *et al.*, *Tetrahedron Lett.*, **41**, 10181 (2000); M. L. Bennasar, *et al.*, *J. Org. Chem.*, **66**, 7547 (2001); M. Ohkoshi, *et al.*, *Tetrahedron Lett.*, **42**, 33 (2001).
27) H. Miyabe, *et al.*, *Org. Lett.*, **2**, 4071 (2000); O. Kitagawa, *et al.*, *Angew. Chem. Int. Ed.*, **40**, 3865 (2001); O. Kitagawa, H. Fujiwara, T. Taguchi, *J. Org. Chem.*, **67**, 922 (2002).
28) A. Robertson, *et al.*, *Tetrahedron Lett.*, **42**, 2609 (2001); J. M. Barks, *et al.*, *Tetrahedron Lett.*, **42**,

3137 (2001).
29) D. H. R. Barton, E. D. Silva, S. Z. Zard, *Chem. Commun.*, **1988**, 285.
30) N. J. Cornwall, S. Linehan, R. T. Weavers, *Tetrahedron Lett.*, **38**, 2919 (1997).
31) C. P. Chuang, S. F. Wang. *Synlett*, **1996**, 829; W. S. Murphy, D. Neville, G. Ferguson, *Tetrahedron Lett.*, **42**, 7615 (1996); M. C. Jiang, C. P. Chuang, *J. Org. Chem.*, **65**, 5409 (2000); G. Bar, A. F. Parsons, C. B. Thomas, *Tetrahedron Lett.*, **41**, 7751 (2000); R. Ruzziconi, *et al.*, *Synlett*, **2001**, 703; V. Gyollai, *et al.*, *Chem. Commun.*, **2002**, 1294; K. Hirase, *et al.*, *J. Org. Chem.*, **67**, 970 (2002); C. T. Tseng, Y. L. Wu, C. P. Chuang, *Tetrahedron*, **58**, 7625 (2002); B. Zheng, *et al.*, *Angew. Chem. Int. Ed.*, **52**, 10792 (2013); P. Xu, *et al.*, *Chem. Eur. J.*, **19**, 14039 (2013); Z. Zhou, *et al.*, *Tetrahedron*, **69**, 10030 (2013).
32) M. Hein, R. Miethchen, *Eur. J. Org. Chem.*, **1999**, 2429.
33) I. Ryu, *et al.*, *J. Am. Chem. Soc.*, **112**, 1295 (1990); I. Ryu, *et al.*, *Tetrahedron Lett.*, **31**, 6887 (1990); 柳 日馨, "有機合成化学協会誌", **50**, 737 (1992).
34) I. Ryu, *et al.*, *Chem. Commun.*, **1991**, 1018; I. Ryu, *et al.*, *J. Am. Chem. Soc.*, **113**, 8558 (1991); I. Ryu, *et al.*, *J. Org. Chem.*, **56**, 5003 (1991); I. Ryu, *et al.*, *Synlett*, **1994**, 643; S. Berlin, C. Ericsson, L. Engman, *Org. Lett.*, **4**, 3 (2002).
35) S. Tsunoi, I. Ryu, N. Sonoda, *J. Am. Chem. Soc.*, **116**, 5473 (1994); S. Tsunoi, *et al.*, *Synlett*, **1994**, 1007; S. Tsunoi, *et al.*, *J. Am. Chem. Soc.*, **120**, 8692 (1998); Y. Kishimoto, T. Ikariya, *J. Org. Chem.*, **65**, 7656 (2000); S. Kreimerman, *et al.*, *Org. Lett.*, **2**, 389 (2000).
36) I. Ryu, *et al.*, *J. Am. Chem. Soc.*, **120**, 5838 (1998).
37) I. Ryu, H. Alper, *J. Am. Chem. Soc.*, **115**, 7543 (1993).
38) G. Stork, R. Mook. Jr., *J. Am. Chem. Soc.*, **109**, 2829 (1987); R. Mook. Jr., P. M. Sher, *Org. Synth.*, **66**, 75 (1987); C. Nativi, M. Taddei, *J. Org. Chem.*, **53**, 820 (1988); E. Lee, C. U. Hur, J. H. Park, *Tetrahedron Lett.*, **30**, 7219 (1989); E. J. Enholm, J. A. Burroff, L. M. Jaramillo, *Tetrahedron Lett.*, **31**, 3727 (1990); N. Moufid, Y. Chapleur, *Tetrahedron Lett.*, **32**, 1799 (1991); B. Kopping, *et al.*, *J. Org. Chem.*, **57**, 3994 (1992); K. Miura, K. Oshima, K. Utimoto, *Bull. Chem. Soc. Jpn.*, **66**, 2356 (1993); J. Marko-Contelles, E. de Opazo, *J. Org. Chem.*, **67**, 3705 (2002); L. Commeiras, M. Santelli, J. L. Parrain, *Tetrahedron Lett.*, **44**, 2311 (2003).

5

芳香環のアルキル化反応

5.1 酸化的条件

　芳香環上の代表的な極性反応である Friedel–Crafts 反応は，アルキルカチオンやアシルカチオンによる芳香環上での求電子置換反応である．そのため，アニソールのようにπ電子密度の高い芳香環ほど反応性が高くなる．よって，ピリジンのようなπ電子欠損型芳香族化合物に Friedel–Crafts 反応は適用できない．

　一方，アルキルラジカルやアシルラジカルになると，極性反応とは逆の反応性を示す．つまり，これらアルキルラジカルやアシルラジカルは求核的性質を有するため，アニソールのようなπ電子過剰型芳香族化合物とは反応しないが，ピリジンのようなπ電子欠損型芳香族化合物とは容易に反応する．式5.1にアルキルラジカルとγ-ピコリン（4-メチルピリジン）の反応を示した．この反応は，γ-ピコリンの2位の水素原子がアルキル基に置換される反応なので，最後は水素原子（あるいはプロトンと1電子）が抜けなくてはならない．このことから，芳香族化合物のラジカルアルキル化反応は連鎖反応では進行しない．また，γ-ピコリンのπ電子密度は2位と4位がとくに少ないが，すでに4位はメチル基で置換されているために，アルキルラジカルは2位でのみ反応する．γ-ピコリンのような含窒素芳香族化合物とアルキルラジカルの反応はおもに Minisci より研究された[1]．

$$R\cdot + \underset{N}{\text{4-MePy}} \longrightarrow \left[\underset{N}{\overset{H\,R}{\text{·}}} \right] \longrightarrow \underset{N}{\text{4-Me-2-R-Py}} + H\cdot (H^+ + e^-) \quad (5.1)$$

表 5.1 芳香環と Bu• および Ph• の反応速度定数 [$M^{-1}\,s^{-1}$] (25 ℃)

	k_1 (Bu•)	k_2 (Ph•)
ベンゼン	3.8×10^2	1.0×10^6
4-メチルピリジン	1.3×10^3	3.2×10^5
4-メチルピリジニウム	1.1×10^5	1.8×10^6
ベンゾチアゾリウム	9.9×10^5	7×10^5

Bu•（sp^3 炭素ラジカル）と Ph•（sp^2 炭素ラジカル）の種々の芳香族化合物との反応速度定数を表 5.1 に示した．この表より，Bu• はベンゼンより π 電子密度の少ない γ-ピコリンにおいて，数倍反応性が向上していることがわかる．さらに，γ-ピコリンをプロトン化すると 100 倍近く反応性が向上し，$10^5\,s^{-1}$ 程度の反応速度定数を有するようになる．ベンゾチアゾールがプロトン化されたベンゾチアゾリウムも同様の反応性を有する．つまり，含窒素芳香族化合物は，そのプロトン化により，芳香環上の π 電子密度がさらに低下して，炭素ラジカルに対する反応性が著しく向上する．一方，Ph• は sp^2 炭素ラジカルのため非常に反応性が高いことから，あまり芳香族化合物の電子密度に左右されない．これは Ph-H の結合エネルギーを反映したものである．そのためベンゼンとほかの含窒素芳香族化合物のプロトン化体との反応性の相違はみられず，いずれも $10^{5\sim6}\,M^{-1}\,s^{-1}$ の高い反応速度定数を有する．

sp^3 炭素ラジカルに比べ，sp^2 炭素ラジカルのほうが反応性の高い理由として，(sp^3)C-H 結合に比べ，(sp^2)C-H 結合は，約 15 kcal mol^{-1} 強い結合であることが反映している．また，炭素ラジカルの求核性は次の順に増加する．これは基本的に炭素ラジカル上の電子密度を反映している．

CH_3• < RCH_2• < $CH_3C(=O)$• < $PhC(=O)$• < R_2CH• < R_3C•

式 5.1 に示したように含窒素芳香族化合物のラジカルアルキル化反応は，結果的に水素原子が引き抜かれる反応なので，酸化的条件が好ましい．そのため，過酸化物 [$(RCO_2)_2$]／金属イオン（一電子還元剤：Cu^+, Fe^{2+}, Ag^+）の系がよく用いられる．い

わゆる Fenton 系である．Fenton 反応は $FeSO_4$ と過酸化水素水を用いた酸化反応で，Fe^{2+} から過酸化水素への SET により，Fe^{3+}，OH^-，および高い反応性を有するヒドロキシルラジカル（HO•）が発生する．反応性が非常に高い HO• は基質から水素原子を引き抜いて酸化する反応であり，たとえば α-ヒドロキシカルボン酸から α-ケト酸を生じる．ここで Fe^{2+} は触媒として機能する．

式 5.2 の反応はピリダジン環を過酸化水素水/Fe^{2+} という Fenton 系で HO• を発生させ，結合の弱いアルデヒドのホルミル水素を HO• で引き抜いて，アシルラジカル [RC(=O)•] を発生させ，酢酸酸性条件下で活性化されたピリダジン環を求核的にラジカルアシル化反応させている[2]．

$$Fe^{2+} + H_2O_2 \longrightarrow Fe^{3+} + [HO\bullet] + HO^-$$

$$CH_3CHO + [HO\bullet] \longrightarrow \left[CH_3\overset{O}{\underset{}{C}}\bullet \right] + H_2O$$

(5.2)

ピラジンのアシル化も同様に進行し，薬理活性の観点から興味がもたれるアルキルピラジン誘導体を生成する．また，フェロセンのような有機金属錯体にも本手法のアルキル化反応やアシル化反応を適用できる．

式 5.3 の反応はキノキサリンの $(RCO_2)_2$/Cu^+ 系を用いたアルキル化反応における反応経路である．この式からわかるように，Cu^+ が一電子還元剤，Cu^{2+} が一電子酸化剤として触媒的に機能している．

$$(RCO_2)_2 \xrightarrow[(-Cu^{2+})]{Cu^+} [(RCO_2)_2]^{\bullet-} \xrightarrow[(-RCO_2^-)]{} [RCO_2\bullet] \xrightarrow[(-CO_2)]{} [R\bullet]$$

(5.3)

一般に，カルボン酸をアルキルラジカルの供給源とする場合に，RCO_2H/$Na_2S_2O_8$/

$AgNO_3$ 系がよく用いられる.また,カルボン酸の代わりに α-ケト酸やシュウ酸モノエステルを用いると,対応するアシルラジカルやアルコキシカルボニルラジカルが発生し,含窒素芳香環にアシル基やアルコキシカルボニル基(エステル基)を導入することができる.式 5.4 に,$RCO_2H/Na_2S_2O_8/AgNO_3$ 系,$RCOCO_2H$(α-ケト酸)/$Na_2S_2O_8/AgNO_3$ 系,および RO_2CCO_2H(シュウ酸モノエステル)/$Na_2S_2O_8/AgNO_3$ 系による γ-ピコリンのアルキル化,アシル化,およびアルコキシカルボニル化反応の例を示した.これらは,過硫酸塩による Ag^+ の Ag^{2+} への一電子酸化,Ag^{2+} によるカルボン酸イオンの一電子酸化によるカルボキシルラジカルの生成,続くカルボキシルラジカルの脱炭酸(ラジカル β 開裂反応)による炭素ラジカルの発生,炭素ラジカルの含窒素芳香環上へのラジカル付加反応,最後に付加体の Ag^{2+} による酸化(Ag^{2+} の Ag^+ への還元)による芳香化を経て,芳香環のアルキル化体を生じる[3]).

(5.4)

先の Fenton 系で興味のもたれる反応として,過剰のクラウンエーテルと含窒素芳香族化合物を用いた,クラウンエーテル環への含窒素芳香環の導入がある.式 5.5 の反応は,2-メチルキノリンの 4 位へのクラウンエーテル環の導入であり,高い収率で目的物を生じる.キノリンは 2 位と 4 位の π 電子密度が少ないので,アルキルラジカルは,この 2 カ所の反応が競合する.しかしながら,2-メチルキノリンは,すでに 2 位がメチル置換されているために 4 位で反応した生成物のみを与える[4]).

変わった反応として,式 5.6 に示したように,Fenton 系で生成した HO• とジメチルスルホキシド(DMSO)の反応から CH_3• を発生させ,このものとヨウ化アルキル(RI)の S_H2 反応から対応するアルキルラジカル(R•)を発生させて,γ-ピコリンのような含窒素芳香環をアルキル化する反応がある.ここでは,ヨウ化アルキルと CH_3• の反応から,CH_3• よりも安定な,第三級,第二級,あるいは第一級のアルキルラジ

カルを生成する点がポイントとなる[5]．

$$\text{(crown ether)} + \text{2-methylquinolinium} \xrightarrow[\text{DMSO, r.t.}]{{}^t\text{BuOOH, FeSO}_4} [\text{radical}] \rightarrow \text{product} \quad (5.5)$$

n = 1 69%
n = 2 65%
n = 3 65%

$$\text{4-methylpyridinium} + RI + H_2O_2 + CH_3\overset{O}{\underset{\|}{S}}CH_3 \xrightarrow{FeSO_4}$$

$$\text{4-methyl-2-R-pyridine} + CH_3I + CH_3SO_2H + H_3O^+ \quad (5.6)$$

$$H_2O_2 + Fe^{2+} \longrightarrow HO\bullet + HO^- + Fe^{3+}$$

$$CH_3\overset{O}{\underset{\|}{S}}CH_3 + HO\bullet \longrightarrow CH_3\overset{O\bullet}{\underset{|}{\underset{CH_3}{S}}}\text{-OH} \xrightarrow{\beta\text{開裂}} \bullet CH_3 + CH_3SO_2H$$

$$RI + \bullet CH_3 \longrightarrow R\bullet + CH_3I$$

$$\text{4-methylpyridinium} + R\bullet \longrightarrow \text{intermediate} \xrightarrow[(-Fe^{2+})]{Fe^{3+}} \text{4-methyl-2-R-pyridine} + 2H^+$$

　（ジアシロキシヨード）ベンゼン [$PhI(O_2CR)_2$] は加熱あるいは水銀灯照射で脱炭酸的にアルキルラジカルを生じるので，含窒素芳香環のアルキル化に適用できる（式5.7）．アルコール由来のシュウ酸モノエステルを用いても，二酸化炭素2分子が発生し，含窒素芳香環をアルキル化できる．この反応は汎用性がある[6]．しかし，（ジアシロキシヨード）ベンゼンの二つのアシロキシ基の一方が脱炭酸的にアルキルラジカルを発生し，他方のアシロキシ基はカルボン酸として回収されてくることから効率上の問題がある[6]．（ジアシロキシ）ヨードベンゼンの特性が見出される前は，四酢酸鉛がカルボン酸から脱炭酸的にアルキルラジカルを発生させるのに利用されたが，毒性の観点から今日ではほとんど利用されていない．

式5.8の反応は，四酢酸鉛を用いて 1,4-cubanedicarboxylic acid ethyl ester からキュバンラジカルを経て，ベンゼン環を導入した反応例である[7].

Ce^{4+} や Mn^{3+} は，活性メチレンを有するマロン酸ジエステルから，求電子的性質を

有する・$CH(CO_2R)_2$ を発生させ，含窒素芳香環と反応させることができる．式5.9の反応は Mn^{3+} によるヌクレオシドのウラシル塩基部の修飾反応である[8]．

式5.10a に示した反応は，^tBuOOH/($^iPrSO_2)_2Zn$ 系による p-置換ピリジンのC-3/C-2 イソプロピル化体の相対生成比である．この反応は $^iPrSO_2^-$ の一電子酸化から生じた $^iPrSO_2$・の脱 SO_2 により ^iPr・を生じて，^iPr・がピリジン環に求核的に反応している．p-置換基が CN のような電子求引基であると，C-3/C-2 イソプロピル化体の混合物となるが，p-置換基が Ph，^tBu，あるいは CH_3O のような置換基では C-2 イソプロピル化体のみを生じる[8]．

式5.10b に示した反応は，^tBuOOH/($^iPrSO_2)_2Zn$ 系による，薬理活性のある Nevirapine の合成で，求核的なイソプロピルラジカルがピリジン環の2位で反応している[8]．

R	C-3	:	C-2	(生成比)
CN	4.3	:	1	
CH_3CO	1.4	:	1	
CO_2CH_3	1.3	:	1	
$CONH_2$	1	:	4.3	
CF_3	0	:	1	
H	0	:	1	
Ph	0	:	1	
^tBu	0	:	1	
OCH_3	0	:	1	

(5.10a)

(5.10b) 28% Nevirapine

5.2 非酸化的条件

基質の汎用性からみると，π 電子欠損型芳香族化合物のアルキル化は N-ヒドロキシ-2-チオピリドン O-アシルエステル (N-hydroxy-2-thiopyridone O-acyl ester；Barton エステル) を用いた Barton 脱炭酸反応が素晴らしい[9]．この反応は N-アシロ

キシ-2-チオピリドンの窒素-酸素結合の均一開裂に始まり,カルボキシルラジカルの生成と速やかな脱炭酸によるアルキルラジカルの生成,続く含窒素芳香環上への付加反応,PyS• による水素原子の引抜きで生成物を得る (式5.11). 含窒素芳香環として,ピリジン,キノリン,チアゾール,カフェイン,アデニン,およびイミダゾールなどに適用でき,カンファースルホン酸の塩として芳香環上を活性化することにより,それらのもっとも電子欠損した部位をアルキル化できる[9].

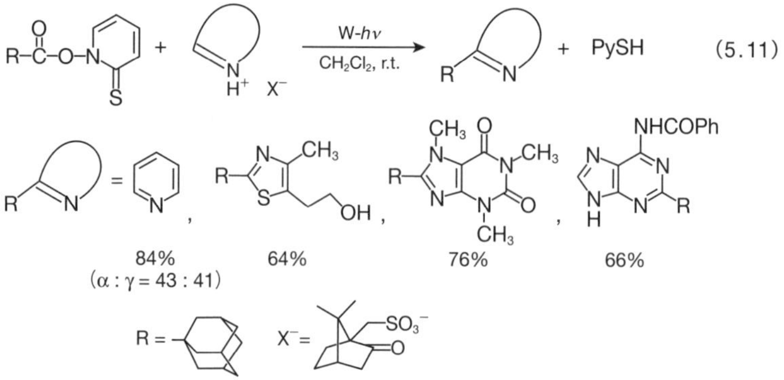

$$R-C(=O)-O-Py(=S) + \text{含窒素芳香環} \cdot H^+ X^- \xrightarrow[CH_2Cl_2, \text{r.t.}]{W-h\nu} \text{生成物} + PySH \quad (5.11)$$

生成物	収率
ピリジン (R-Py)	84% ($\alpha:\gamma = 43:41$)
チアゾール (4-CH$_3$, 5-CH$_2$CH$_2$OH)	64%
カフェイン	76%
アデニン (NHCOPh)	66%

R = 1-アダマンチル, X$^-$ = カンファースルホナート

　この反応系は酸化還元的に中性であり,タングステンランプ光照射という温和な条件で反応が進行するために,糖鎖やペプチドなど種々の官能基を有する基質にも適用できる. しかもチアゾール,カフェイン,およびアデニンなど薬理活性の観点から興味のもたれる含窒素芳香環をアルキル化できる. 反応は,カンファースルホン酸塩として含窒素芳香環を,より電子欠損状態に活性化して行う. 目的生成物のほかに等量の PySH が副生する. 図5.1に示したように,Showdomycin, Pyrazomycin,

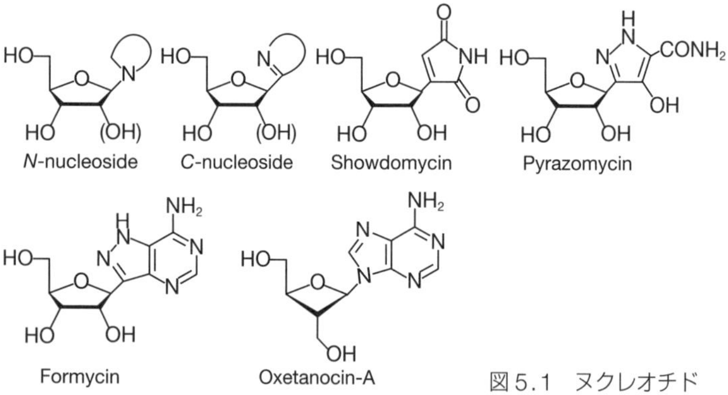

図5.1　ヌクレオチド

N-nucleoside, C-nucleoside, Showdomycin, Pyrazomycin, Formycin, Oxetanocin-A

Formycin,および Oxetanocin-A のような C-ヌクレオシドが高い抗腫瘍活性を有することから,Barton 脱炭酸反応による糖アノマーラジカルを経た含窒素芳香環のアルキル化反応は有用である(式 5.12)[9].

$$\text{(5.12)}$$

カルボキシ基を有する糖鎖化合物が不安定,あるいはその合成が困難なときは,式 5.13 に示したような糖テルリドに Et_3B 由来の C_2H_5・を S_H2 反応させることにより対応する糖アノマーラジカルを発生させ,含窒素芳香環と反応させることができる[10].

RTeAr と CH_3・の反応性に関する研究から,CH_3・はテルル原子上の電子密度に応じて,求核的にも求電子的にも作用することがわかっている.

$$\text{(5.13)}$$

SmI_2 のような SET 剤はケトンをケチルラジカルに還元できる.式 5.14 の例は,金属配位子として用いられているフェナントロリンのケトン/SmI_2 系による α 位のヒドロキシアルキル化反応である[11].

$$\text{(5.14)}$$

Bu₃SnH は還元的性質が強いので,酸化的置換反応である含窒素芳香環のアルキル化反応には適用できず,生じたアルキルラジカルの還元体のみを与えてしまう.しかしながら,[(CH₃)₃Si]₃SiH は AIBN 存在下で加熱すると,含窒素芳香環のアルキル化反応を効果的に進めることができる(式 5.15)[12].

$$RX \xrightarrow[C_6H_6, \Delta]{\text{AIBN, }[(CH_3)_3Si]_3SiH, H^+X^-} \quad 45\sim90\% \qquad R = 1°\text{-, }2°\text{-, }3°\text{-alkyl} \qquad = \text{pyridine, thiazole, pyrimidine, etc.} \qquad (5.15)$$

1,1,2,2-tetraphenyldisilane [(Ph₂SiH)₂] は [(CH₃)₃Si]₃SiH に比べて空気に安定であり,しかも結晶で扱いやすい.(Ph₂SiH)₂ は [(CH₃)₃Si]₃SiH と同じように,ハロゲン化アルキルの還元にも用いられるが,含窒素芳香環のアルキル化では,より効果的であり,式 5.16 に示したようにカフェインなどもアルキル化できる[13].

$$\text{(Ad-Br)} + \text{(caffeine·H}^+\text{X}^-\text{)} \xrightarrow[\text{EtOH, }\Delta]{\text{AIBN, Ph}_4\text{Si}_2\text{H}_2} \text{(8-adamantyl-caffeine)} \quad 55\% \qquad (5.16)$$

$$\xrightarrow[\text{CH}_3\text{CN, THF, }\Delta]{\text{AIBN, Bu}_3\text{SnH}} \qquad \begin{array}{l} n=1 \quad 65\% \\ n=2 \quad 60\% \\ n=3 \quad 58\% \end{array} \qquad \text{アルカロイド系天然物} \qquad (5.17)$$

一方,含窒素芳香環への分子内ラジカル置換反応(環化反応)は,還元剤である Bu₃SnH でも進行する場合がある(これは,分子内反応が非常に速いためである).式 5.17 の分子内環化型置換反応は,Bu₃SnH/AIBN 系にもかかわらず,環化置換体を生じる例である[14].最近は,天然物で薬理活性がある quinolizidine 系アルカロイドや indolizidine 系アルカロイドが種々報告されているために,それら骨格構築法としてこの分子内含窒素芳香環へのラジカル置換反応(芳香族環化置換反応)は有益である.この反応は,AIBN を 1.2 等量用いているので,生じたイソブチロニトリルラジカル [(CH₃)₂C(CN)•] は,環化付加体の再芳香化の段階で水素原子引抜き反応にも関与している.

5.2 非酸化的条件

式 5.18 の反応は，Bu$_3$SnH/AIBN 系によりフェニルセレニド（PhSe）から発生した sp^3 炭素ラジカルによる分子内 *ipso* 位置換反応によるイミダゾール 2 位への環化反応である．つまり，電子求引性のトシル基で活性化されたイミダゾール *ipso*-2 位に，側鎖 sp^3 炭素ラジカルが求核的に付加し，トシル基が Ts• として放出される反応である．最近，リン酸基でも同様の分子内 *ipso* 位置換反応が報告された[15]．式 5.19 の反応は，Bu$_3$SnH/AIBN 系によりフェニルセレニドから発生した sp^3 炭素ラジカルによる分子内ピラゾール 3 位への環化反応である[15]．式 5.20 の反応は Bu$_3$SnH/AIBN 系によりフェニルセレニドから発生した sp^3 炭素ラジカルによる分子内シアノ基への *exo-dig* 環化，および生じたイミノラジカルによるベンゼン環 *o* 位への環化反応である[15]．

$$(5.18) \quad n = 1 \ 52\%,\ n = 2 \ 48\%,\ n = 3 \ 63\%$$

$$(5.19) \quad n = 1 \ 38\%,\ n = 2 \ 63\%,\ n = 3 \ 37\%$$

$$(5.20) \quad n = 1 \ 65\%,\ n = 2 \ 51\%$$

5.3 光化学反応

電子密度の高い Et_3N や ^tBuOK は光照射により，SET剤として機能する．たとえば，芳香族ヨウ化物と ^tBuOK のベンゼン溶液を光照射すると，^tBuOK から芳香族ヨウ化物への SET が生じ，その α 脱離により，反応性の高い芳香族 sp^2 炭素ラジカルが生じ，式 5.21a や式 5.21b に示したように，ベンゼン置換体を生じる．これらの反応は図 5.2 に示したように芳香環アニオンラジカルの連鎖反応で進行する[16]．

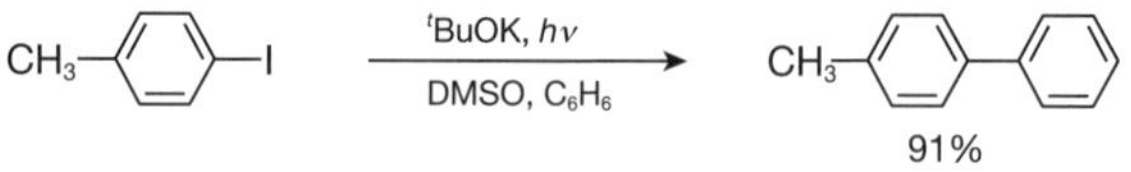

$$CH_3\text{-}C_6H_4\text{-}I \xrightarrow[\text{DMSO, }C_6H_6]{^tBuOK, h\nu} CH_3\text{-}C_6H_4\text{-}C_6H_5 \quad 91\% \quad (5.21a)$$

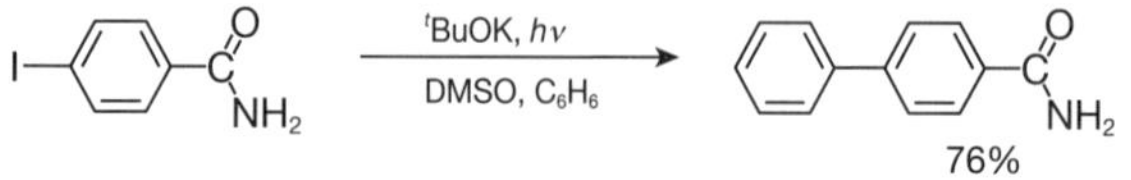

$$I\text{-}C_6H_4\text{-}C(O)NH_2 \xrightarrow[\text{DMSO, }C_6H_6]{^tBuOK, h\nu} C_6H_5\text{-}C_6H_4\text{-}C(O)NH_2 \quad 76\% \quad (5.21b)$$

$$ArX \xrightarrow[\text{(SET)}]{e^-} [ArX]^{\bullet-} \xrightarrow{(-X^-)} [Ar^{\bullet}] \xrightarrow{C_6H_6} [Ar\text{-}C_6H_6^{\bullet}] \xrightarrow[(-^tBuOH)]{^tBuO^-} [Ar\text{-}C_6H_5^{\bullet-}]$$

$$\xrightarrow{ArX} Ar\text{-}C_6H_5 + [ArX]^{\bullet-} \text{(チェーンキャリア)}$$

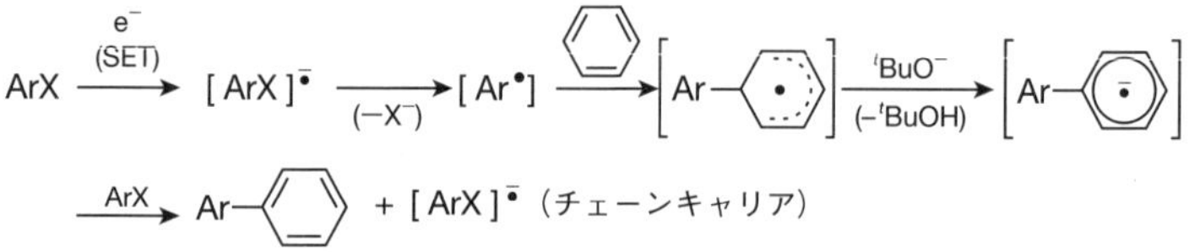

図 5.2 芳香環のラジカルアリール化反応機構

キノンは芳香族化合物ではないが，芳香族化合物を生成する例を示す．ベンゾフェノンをアルデヒドとキノン存在下で光照射すると，式 5.22a に示したようにジアリールケトンを生成する．この反応では，ベンゾフェノンの n-π* 電子遷移によりビラジカルが発生し，このビラジカルの酸素側ラジカルが結合の弱いアルデヒドのホルミル水素原子を引き抜き，アシルラジカルを生じる．続いてアシルラジカルはキノンへ求核的にラジカル付加し，最後に水素原子をもらうことで，ジアリールケトンを生成する[17]．式 5.22b の反応はナフトキノンとアルデヒドの混合物を sunlight (200〜300 W の裸電球) 照射することにより，同様にアシルヒドロベンゾキノンを生じる反応である[17]．

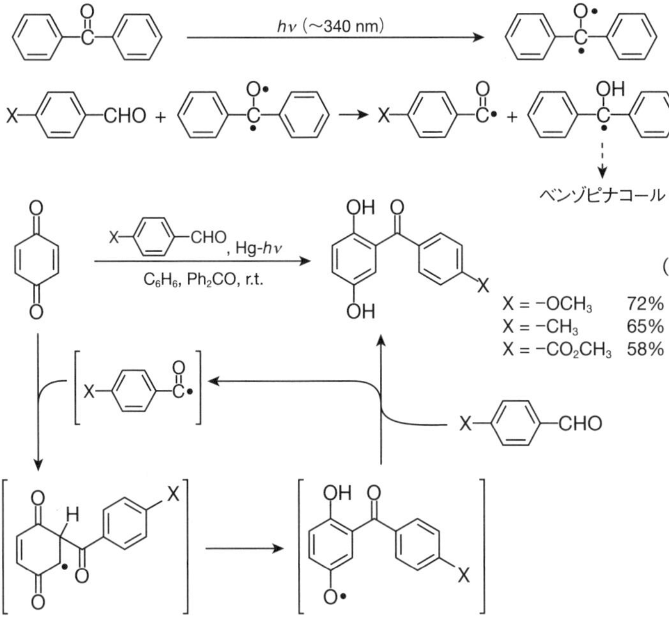
hν (~340 nm)
O•
C•
X
CHO
+
OH
ベンゾピナコール
, Hg-hν
C_6H_6, Ph_2CO, r.t.
X = $-OCH_3$ 72%
X = $-CH_3$ 65%
X = $-CO_2CH_3$ 58%
H
O•

(5.22a)

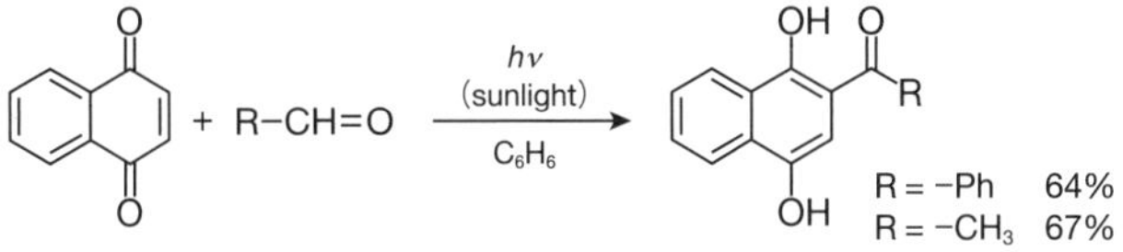
+ R−CH=O
hν
(sunlight)
C_6H_6
OH
R
R = −Ph 64%
R = $-CH_3$ 67%

(5.22b)

式 5.22c の反応は，光照射ではなく，シクロプロパノールに $K_2S_2O_8$ と $AgNO_3$ を作用させることにより，シクロプロパノキシルラジカルを生じ，三員環のひずみから速やかにその β 開裂反応が生じて γ-ケトアルキルラジカルが発生し，キノンに求核的に置換反応して γ-ケトアルキル鎖をもつキノンを生じる反応である[17]．この場合は酸化的条件なので，キノン骨格となる．

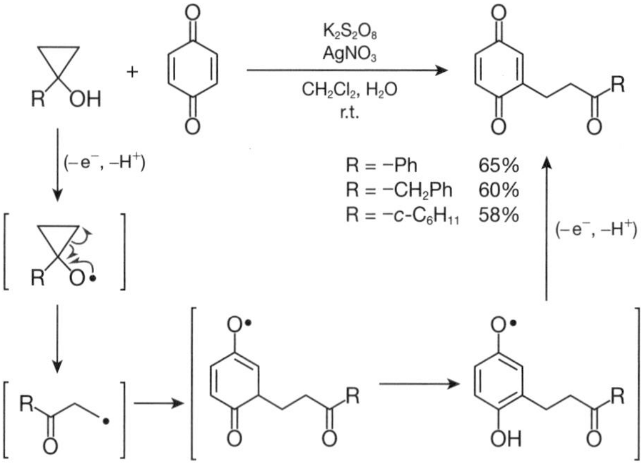

$$
\begin{array}{c}
\text{(scheme 5.22c)} \\
R = -Ph \quad 65\% \\
R = -CH_2Ph \quad 60\% \\
R = -c\text{-}C_6H_{11} \quad 58\%
\end{array}
$$

5.4 その他

　これまで述べてきた反応は，求核的なアルキルラジカルやアシルラジカルを発生させ，π電子欠損型芳香族化合物と置換反応させる例であった．いわゆる，SOMO-LUMO軌道間相互作用による芳香環上へのアルキル基あるいはアシル基導入である．これに対し，例は少ないが，求電子的な炭素ラジカルと電子過剰な芳香族化合物とのSOMO-HOMO軌道間相互作用による芳香環上へのアルキル基導入反応がある．たとえば，α-ヨウ化酢酸エチルの炭素-ヨウ素結合は弱く，Et_3Bと酸素ガスの反応から生じた$C_2H_5\cdot$を作用させると，ヨウ素原子上でのS_H2反応により，より安定なエステルのαラジカルとC_2H_5Iを生成する．エステルのαラジカルは求電子的なラジカルなので，π電子欠損型芳香族化合物とは反応せず，極性反応のFriedel-Crafts反応のように，ピロールのようなπ電子過剰型芳香族化合物と反応する．式5.23の反応は，$ICH_2CO_2C_2H_5/Et_3B$/空気系で発生した酢酸エチルのαラジカルをピロール，フラン，およびチオフェンと反応させた例である[18]．ここで，求核的性質をもつ$C_2H_5\cdot$は，ピロールのようなπ電子過剰型芳香族化合物とは直接反応しない．Et_3B/空気系の代わりに，SET剤(還元的条件)である$Na_2S_2O_3$を$ICH_2CO_2C_2H_5$に加えて水銀灯照射しても酢酸エチルのαラジカルを発生させ，ピロールやインドールのようなπ電子過剰型芳香環に導入することができる(式5.24)[18]．酸化的条件としてあげた式5.25はフェニルヒドラジンに$Mn(OAc)_3$を作用させ，フェニルジアゾニウム(PhN_2^+)を経て，それがSETを受けてフェニルラジカルを発生させ，求電子的にフランやチオフェンと反

応させた例である.また,式 5.26 の反応は $FeSO_4$ と H_2O_2 を用いた Fenton 系で,活性な HO• を発生させ,これが DMSO と反応し CH_3• ラジカルを発生し(CH_3SO_2H を副生),さらに,これが $ICH_2CO_2C_2H_5$ のヨウ素原子上で S_H2 反応を引き起こし,より安定なエステルの α ラジカルを発生し,π 電子過剰型芳香族化合物であるピロールと反応した例である[18]. 酸化的条件のため付加体の芳香化段階は効率的に進行する. 表 5.2 は式 5.26 の反応条件で,インドール,フラン,およびチオフェンについて行ったものである[18].

$$\underset{X}{\bigcirc} \xrightarrow[DMSO]{ICH_2CO_2C_2H_5,\ Et_3B} \underset{X}{\bigcirc}-CH_2CO_2C_2H_5 \quad \begin{array}{ll} X = NH & 47\% \\ X = O & 60\% \\ X = S & 56\% \end{array} \quad (5.23)$$

$$\underset{H}{\bigcirc_N} + ICH_2CO_2C_2H_5 \xrightarrow[Na_2S_2O_3]{Hg-h\nu} \underset{H}{\bigcirc_N}-CH_2CO_2C_2H_5 \quad 90\% \quad (5.24)$$

$$\bigcirc-NHNH_2 \cdot HCl \xrightarrow[\underset{X}{\bigcirc},\ \Delta]{Mn(OAc)_3} \bigcirc-\underset{X}{\bigcirc} \quad \begin{array}{ll} X = O & 60\% \\ X = S & 70\% \end{array} \quad (5.25)$$

$$\underset{CH_3}{\bigcirc_N} + ICH_2CO_2CH_3 \xrightarrow[DMSO]{FeSO_4,\ H_2O_2} \underset{CH_3}{\bigcirc_N}-CH_2CO_2CH_3 \quad 87\% \quad (5.26)$$

$H_2O_2 + Fe^{2+} \longrightarrow [HO•] + HO^- + Fe^{3+}$

$CH_3\overset{+}{\underset{-O}{S}}-CH_3 + [HO•] \longrightarrow \left[CH_3\overset{+}{\underset{OH}{\overset{|}{S}}}\overset{CH_3}{\underset{}{}} \right] \longrightarrow [•CH_3] + CH_3SO_2H$

$ICH_2CO_2CH_3 + [•CH_3] \longrightarrow [•CH_2CO_2CH_3] + CH_3I$

$\underset{CH_3}{\bigcirc_N} + [•CH_2CO_2CH_3] \longrightarrow \left[\underset{CH_3}{\bigcirc_N} \underset{}{\overset{•}{\underset{}{}}} CH_2CO_2CH_3 \right] \xrightarrow[(-Fe^{3-})(-H^+)]{Fe^{3+}} \underset{CH_3}{\bigcirc_N}-CH_2CO_2CH_3$

式 5.27 の反応は酸化的条件下,$^tBuOOH / (CF_3SO_2)_2Zn$ 系による電子密度の高い芳香環への CF_3 ラジカルの導入反応で,抗生物質である Trimethoprim の合成である[18].

表 5.2 芳香族複素環の求電子的ラジカルアルキル化反応

原料		生成物	収率(%)
インドール	ICH_2CO_2Me	2-置換インドール-CH_2CO_2Me	66
インドール	ICH_2CN	2-置換インドール-CH_2CN	60
フラン	ICH_2CO_2Et	2-置換フラン-CH_2CO_2Et	65
チオフェン	ICH_2CO_2Et	2-置換チオフェン-CH_2CO_2Et	62

$$\xrightarrow[\text{DMSO, 50°C}]{^{t}\text{BuOOH},\ Zn(O_2SCF_3)_2} \quad \text{Trimethoprim} \quad 35\% \tag{5.27}$$

 以上で述べてきたように,通常の炭素ラジカルは求核的性質をもつので,芳香環へのラジカル置換反応は,おもに電子欠損型の含窒素芳香族化合物に求核的ラジカル置換反応で進む.これは Friedel–Crafts アルキル化反応やアシル化反応とは対照的である.一方,電子欠損した求電子的炭素ラジカルにおいては電子密度の高い芳香族化合物や含窒素芳香族化合物に求電子的ラジカル置換反応が生じる.

■実験項

【実験 5.1】ピリダジン環のアシル化反応(式 5.2)

 3-クロロ-6-メチルピリダジン (1 mmol),3% H_2SO_4 (6 mL),アセトン (3〜5 mL),および $CH_3CH=O$ (20 mmol) の混合液に,34% H_2O_2 (20 mmol) と飽和 $FeSO_4$ (20 mmol) 水溶液を,別々の滴下漏斗から,室温下で同時に 10 分かけて加える.溶液の温度は 30〜35°C に上昇する.さらに 5 分後,水と 20% Na_2CO_3 を加えてからジクロロメタンで抽出する.有機層は乾燥し,溶媒を除去して残留をシリカゲルクロマトグラフィーで処理すると 37% の収率で 4-アセチル-3-クロロ-6-メチルピリダジンが得られる.

[V. D. Piaz, M. P. Giovannoni, G. Ciciani, *Tetrahedron Lett.*, **34**, 3903 (1993)]

【実験5.2】cyclohexanecarboxylic acid を用いた 1-*N*-methyl-1,2,4-triazole のシクロヘキシル化反応（式5.4関連反応）

　滴下漏斗を付けた反応器に 1-*N*-methyl-1,2,4-triazole（0.2 mol），水（10 mL），CF_3CO_2H（0.36 mol）を加え，70℃に加熱する．$(NH_4)_2S_2O_8$（0.30 mol），水（69 mL），cyclohexanecarboxylic acid（0.24 mol），および 5 mol L^{-1} NaOH（48 mL, 0.24 mol）を滴下漏斗に加える．反応容器に水（6 mL）に溶かした $AgNO_3$（0.012 mol）を加え，滴下を始める．反応溶液の温度は上昇するが，80〜90℃に保つ．滴下後，さらに1時間撹拌してから冷却する．反応後，pHを約12程度になるまで0℃下で飽和 NH_4OH 水溶液を加え，酢酸エチルで抽出する．有機層を乾燥し，溶媒を除去し，残留をシリカゲルクロマトグラフィーで処理すると 1-*N*-methyl-5-cyclohexyl-1,2,4-triazole が 60%の収率で得られる．

[K. B. Hansen, *et al.*, *Tetrahedron Lett.*, **42**, 7353 (2001)]

【実験5.3】マロン酸ジエチルを用いた *N,N'*-ジメチルウラシルのアルキル化反応（式5.9）

　N,N'-ジメチルウラシル（0.5 mmol），$Mn(OAc)_3·2H_2O$（3 mmol）の酢酸（4 mL）溶液に，窒素雰囲気下，マロン酸ジエチル（3 mmol）を加え，70℃で12時間反応させる．反応後，白色沈澱は濾過して除き，濾液を濃縮して残留を酢酸エチルに溶かし，飽和 $NaHCO_3$ 水溶液，および水で洗浄する．有機層を Na_2SO_4 で乾燥し，溶媒を除去した残留をクロマトグラフィー（酢酸エチル：ヘキサン＝1：1）で処理することにより 85%の収率で目的物が得られる．

[Y. H. Kim, D. H. Lee, S. G. Yang, *Tetrahedron Lett.*, **36**, 5027 (1995)]

【実験5.4】*N*-アシロキシ-2-チオピリドンを用いたレピジンのアルキル化反応（式5.11）

　N-ヒドロキシ-2-チオピリドンの *O*-アダマンタンカルボニル Barton エステル（0.5 mmol）と，レピジン（4-メチルキノリン）のカンファースルホン酸塩（3.27 mmol）をジクロロメタン（6 mL）に溶かし，窒素雰囲気下，20〜25℃でタングステンランプ（200 W）の光照射を行う．反応後，飽和 $NaHCO_3$ 水溶液に注ぎ，エーテルで抽出し，有機層は $MgSO_4$ で乾燥する．濾過して溶媒を除去した後，残留をフラッシュカラムクロマトグラフィー（ジクロロメタン）で処理することにより 97%の収率で 2-アダマンチ

ル-4-メチルキノリンが得られる.

[D. H. R. Barton, H. Togo, *Tetrahedron Lett.*, **27**, 1327 (1986)]

【実験5.5】 *N*-アシロキシ-2-チオピリドンを用いた *C*-ヌクレオシド合成反応 (式5.12)

アルゴン雰囲気下で,2-デオキシ-D-リボースから誘導された糖カルボン酸 (0.5 mmol) を乾燥 THF (3 mL) に溶かし,0 ℃で *N*-ヒドロキシ-2-チオピリドン (0.53 mmol) と DCC (0.6 mmol) を加える. 遮光下, 室温で90分撹拌後, 反応液をアルゴン雰囲気下で吸引濾過する. 濾液に 4-methylquinolinium camphorsulfonate 塩 (3.5 mmol) と乾燥 THF (4 mL) を加え, タングステンランプ (500 W) を 30 ℃で 2 時間照射する. 反応後, $NaHCO_3$ 水溶液を加えて, ジクロロメタンで抽出する. 有機層は Na_2SO_4 で乾燥し, 溶媒を除去する. 残留はシリカゲルカラムクロマトグラフィー (酢酸エチル : ヘキサン = 1 : 3~1 : 1) で処理することにより *C*-ヌクレオシドが70%の収率で得られる.

[H. Togo, M. Fujii, T. Ikuma, *Tetrahedron Lett.*, **32**, 3377 (1991)]

【実験5.6】 1-臭化アダマンチルを用いたレピジンのアルキル化反応 (式5.15)

1-臭化アダマンチル (0.5 mmol) と 4-methylquinolinium trifluoroacetate 塩 (2.5 mmol) のベンゼン (6 mL) 溶液に $[(CH_3)_3Si]_3SiH$ (1.0 mmol) と AIBN (1.0 mmol) を加えてアルゴン雰囲気下, 80 ℃で 11 時間還流する. 反応後, $NaHCO_3$ 水溶液を加えて酢酸エチルで抽出する. 有機層を Na_2SO_4 で乾燥し, 溶媒を除去し, 残留をシリカゲルカラムクロマトグラフィーで処理することにより 2-(1′-adamantyl)-4-methylquinoline が 90% の収率で得られる.

[H. Togo, K. Hayashi, M. Yokoyama, *Chem. Lett.*, **1993**, 641]

【実験5.7】 1-臭化アダマンチルを用いたカフェインのアルキル化反応 (式5.16)

AIBN (0.45 mmol) を, アルゴンガス雰囲気下で加熱還流しているカフェインと CF_3CO_2H の 1 : 1 塩 (1.5 mmol), 1-臭化アダマンチル (0.5 mmol), および $(Ph_2SiH)_2$ (0.45 mmol) のエタノール (4 mL) 溶液に, 2 時間おきに 5 回加える. 4 時間後に $(Ph_2SiH)_2$ (0.45 mmol) を追加する. 22 時間の還流後, $NaHCO_3$ 水溶液を加え, 酢酸エチルで抽出する. 有機層を Na_2SO_4 で乾燥し, 溶媒を除去し, 残留をシリカゲルカラムクロマトグラフィーで処理することによりアダマンチル化されたカフェインが 55% の収率で得られる.

[H. Togo, *et al.*, *Tetrahedron*, **55**, 3735 (1999)]

【実験5.8】ベンゾキノンと o-クロロベンズアルデヒドの光反応（式5.22a）

　ベンゾキノン（44.4 mmol），o-クロロベンズアルデヒド（20 ml, 346.7 mmol），ベンゾフェノン（2.5 mmol）をベンゼン（240 mL）に溶かし，溶液を窒素ガスで15分間バブルする．次に，窒素雰囲気下で5日間，高圧水銀灯照射する．反応後，溶媒を除去し，残留をカラムクロマトグラフィーで処理することにより o-クロロベンゾイルヒドロキノンが78％の収率で得られる．

[D. A. Kraus, M. Kirihara, *J. Org. Chem.*, **57**, 3256 (1992)]

【実験5.9】α-ヨウ化酢酸エチルを用いたピロールのアルキル化反応（式5.23）

　ピロール（10 mmol）と α-ヨウ化酢酸エチル（1 mmol）を DMSO（5 mL）に溶かし，Et_3B（1 mL, 1 mol L^{-1} ヘキサン溶液）を室温大気下で加える．45分後，Et_3B（1 mL）をさらに加える．反応後，水を加えてエーテル抽出する．有機層は Na_2SO_4 で乾燥後，溶媒を除去し，残留をカラムクロマトグラフィーで処理することにより目的物が47％の収率で得られる．

[E. Baciocchi, E. Muraglia, *Tetrahedron Lett.*, **34**, 5015 (1993)]

【実験5.10】ヨウ化アルキルを用いた Fenton 系による芳香族複素環のアルキル化反応（式5.26）

　芳香族複素環（15～20 mmol），ヨウ化アルキル（1 mmol），および $FeSO_4 \cdot 7 H_2O$（0.2～0.6 mmol）の DMSO（15～30 mL）の溶液を撹拌しながら，H_2O_2（35％, 4～12 mmol）を滴下する．反応溶液は水浴で室温を保つようにする．反応後，食塩水を加えて，エーテル抽出する．有機層を乾燥し，溶媒を除去し，残留をカラムクロマトグラフィーで処理することにより目的物が得られる．

[E. Baciocchi, E. Muraglis, G. Sleiter, *J. Org. Chem.*, **57**, 6817 (1992)]

参考文献

1) F. Minisci, *Synthesis*, **1973**, 1; F. Minisci, E. Vismara, F. Fontana, *Heterocycles*, **28**, 489 (1989); T. Caronna, *et al.*, *J. Chem. Soc., Perkin Trans. 2*, **1972**, 1477; F. Minisci, *et al.*, *J. Am. Chem. Soc.*, **106**, 7146 (1984); M. Tada, S. Totoki, *J. Heterocyclic Chem.*, **25**, 1295 (1988); F. Coppa, *et al.*, *Tetrahedron*, **47**, 7343 (1991).
2) C. Lampard, J. A. Murphy, N. Lewis, *Tetrahedron Lett.*, **32**, 4993 (1991); V. D. Piaz, M. P. Giovannoni, G. Ciciani, *Tetrahedron Lett.*, **34**, 3903 (1993); S. Araneo, *et al.*, *Tetrahedron Lett.*, **36**, 4307 (1995).
3) F. Fontana, *et al.*, *J. Org. Chem.*, **56**, 2866 (1991); F. Coppa, *et al.*, *Tetrahedron Lett.*, **33**,

3057 (1992); J. J. Rao, W. C. Agosta, *Tetrahedron Lett.*, **33**, 4133 (1992); K. B. Hansen, *et al.*, *Tetrahedron Lett.*, **42**, 7353 (2001).
4) Y. B. Zeletchonok, V. V. Zorin, M. C. Klyavlin, *Tetrahedron Lett.*, **29**, 5037 (1988).
5) F. Fontana, F. Minisci, E. Vismara, *Tetrahedron Lett.*, **29**, 1975 (1988); E. Baciocchi, E. Muraglia, G. Sleiter, *J. Org. Chem.*, **57**, 6817 (1992).
6) H. Togo, M. Aoki, M. Yokoyama, *Chem. Lett.*, **1991**, 1691; H. Togo, M. Aoki, M. Yokoyama, *Tetrahedron Lett.*, **32**, 6559 (1991); H. Togo, *et al.*, *J. Chem. Soc., Perkin Trans. 1*, **1993**, 2417; H. Togo, *et al.*, *J. Chem. Soc., Perkin Trans. 1*, **1995**, 2135.
7) R. M. Moriarty, *et al.*, *J. Am. Chem. Soc.*, **111**, 8953 (1989).
8) N. Arai, K. Narasaka, *Bull. Chem. Soc. Jpn.*, **68**, 1707 (1995); Y. H. Kim, D. H. Lee, S. G. Yang, *Tetrahedron Lett.*, **36**, 5027 (1995); F. Donna, D. G. Blackmond, P. S. Baran, *J. Am. Chem. Soc.*, **135**, 12122 (2013).
9) D. H. R. Barton, H. Togo, *Tetrahedron Lett.*, **27**, 1327 (1986); E. Castagino, *et al.*, *Tetrahedron Lett.*, **27**, 6337 (1986); H. Togo, M. Fujii, T. Ikuma, *Tetrahedron Lett.*, **32**, 3377 (1991); H. Togo, *et al.*, *J. Chem. Soc., Perkin Trans. 1*, **1994**, 2407, 2931.
10) H. Togo, *et al.*, *Heteroatom Chem.*, **8**, 411 (1997); W. He, H. Togo, *Tetrahedron Lett.*, **38**, 5541 (1997); H. Togo, *et al.*, *J. Chem. Soc., Perkin Trans. 1*, **1998**, 2425; H. Togo, *et al.*, *Synlett*, **1998**, 700.
11) D. J. O'Neill, P. Helquist, *Org. Lett.*, **1**, 1659 (1999).
12) H. Togo, K. Hayashi, M. Yokoyama, *Chem. Lett.*, **1991**, 2063; H. Togo, K. Hayashi, M. Yokoyama, *Chem. Lett.*, **1993**, 641; H. Togo, K. Hayashi, M. Yokoyama, *Bull. Chem. Soc. Jpn.*, **67**, 2522 (1994); V. M. Brrasa, *et al.*, *Org. Lett.*, **2**, 3933 (2000).
13) O. Yamazaki, H. Togo, M. Yokoyama, *Tetrahedron Lett.*, **39**, 1921 (1998); H. Togo, *et al.*, *Tetrahedron*, **55**, 3735 (1999); H. Togo, M. Sugi, K. Toyama, *C. R. Acad. Sci. Paris, Chim.*, **4**, 539 (2001).
14) J. A. Murphy, M. S. Sherburm, *Tetrahedron Lett.*, **31**, 1625, 3495 (1990).
15) C. J. Moody, C. L. Norton, *J. Chem. Soc., Perkin Trans. 1*, **1997**, 2639; F. Aldabbagh, W. R. Bowman, *Tetrahedron Lett.*, **38**, 3793 (1997); M. L. E. N. Da Mata, W. B. Motherwell, F. Ujjainwalla, *Tetrahedron Lett.*, **38**, 137, 141 (1997); B. Alcaide, A. R. Vicente, *Tetrahedron Lett.*, **39**, 6589 (1998); F. Aldabbagh, W. R. Bowman, *Tetrahedron*, **55**, 4109 (1999); D. L. J. Clive, S. Kang, *Tetrahedron Lett.*, **41**, 1315 (2000); S. M. Allin, *et al.*, *Tetrahedron Lett.*, **43**, 4191 (2002).
16) M. E. Buden, J. F. Guastavino, R. A. Rossi, *Org. Lett.*, **15**, 1174 (2013).
17) G. A. Kraus, M. Kirihara, *J. Org. Chem.*, **57**, 3256 (1992); G. A. Kraus, P. Liu, *Tetrahedron Lett.*, **35**, 7723 (1994); R. Pacut, *et al.*, *Tetrahedron Lett.*, **42**, 1415 (2001); A. Ilangovan, S. Sararanakumar, S. Malayappasamy. *Org. Lett.*, **15**, 4968 (2013); F. O. Leon, *et al.*, *Tetrahedron Lett.*, **54**, 3147 (2013).
18) E. Baciocchi, E. Muraglis, G. Sleiter, *J. Org. Chem.*, **57**, 6817 (1992); E. Baciocchi, E. Muraglia, *Tetrahedron Lett.*, **34**, 5015 (1993); E. Baciocchi, E. Muraglis, C. Villani, *Synlett*, **1994**, 821; J. H. Byers, *et al.*, *Tetrahedron Lett.*, **40**, 2677 (1999); A. S. Demir, O. Reis, M. Emrullahoglu, *Tetrahedron*, **58**, 8055 (2002); F. Donna, D. G. Blackmond, P. S. Baran, *J. Am. Chem. Soc.*, **135**, 12122 (2013).

6

分子内水素引抜き反応

6.1　Barton 反応

　Barton 反応ではアルキルニトリト（alkyl nitrite：亜硝酸エステル，RONO）を水銀灯照射することにより，弱い N–O 結合が均一（ホモリティック）開裂し，アルコキシルラジカル（酸素ラジカル）と一酸化窒素を発生する．生じたアルコキシルラジカルは反応性が高く，六員環遷移状態あるいは七員環遷移状態を経て，それぞれ分子内 δ 位（1,5-H シフト）あるいは ε 位（1,6-H シフト）の水素原子を引き抜き，新たな sp^3 炭素ラジカルを生じ，原料のアルキルニトリトと反応し，δ-ニトロソアルコールあるいは ε-ニトロソアルコールとアルコキシルラジカルを再生して連鎖反応が成り立つ．新たに生じた δ-ニトロソアルコールあるいは ε-ニトロソアルコールは α 水素があるとオキシムに互変異性化する．つまり，対応する δ 位あるいは ε 位にオキシム基を有するアルコールを与える反応である．1,5-H シフトは 1,6-H シフトに比べ，約 10 倍生じやすい．式 6.1 に反応機構を，式 6.2 に反応例を示した[1]．

つまり，式 6.2 からわかるように，ステロイド骨格の 6 位アキシアル位に生成したアルコキシルラジカルは同じアキシアル位にある 10 位メチル基水素と近接している．そのため，六員環遷移状態を経てメチル基の水素原子を引き抜き，O-H 結合の形成と sp^3 炭素ラジカルを発生する．この反応の原動力は，アルキルニトリトの弱い N-O 結合とアルコキシルラジカルの高い反応性，そして，O-H（～103 kcal mol^{-1}）と C-H（89～96 kcal mol^{-1}）の結合エネルギー差にある．つまり，生成熱（ΔH）にある．Barton はおもにステロイドの研究でこの反応を見出し，立体配座の解析に多大な寄与をしたことから Hassel とともに 1969 年にノーベル化学賞を受賞した．この反応は，不活性な δ 位あるいは ε 位に官能基を導入できるために有益な反応であり，ラジカル反応ならではの特異的反応である．

この反応を酸素雰囲気下で行うと，ステロイド由来のアルコキシルラジカルから同様の 1,5-H シフトを経て発生した sp^3 炭素ラジカルが酸素分子と反応するために，結果として式 6.3 に示したように，硝酸エステルを生じる[1]．

このように，Barton 反応はアルコキシルラジカルの発生と，続く 1,5-H（1,6-H）シフトがポイントである．アルコキシルラジカル（RO•）の前駆体は，ROX（X = OR′, OH, NO, Cl, I など）が好ましい．これは，酸素-酸素，酸素-窒素，酸素-ハロゲンの結合が弱いため，光照射あるいは加温により容易にそれらの均一開裂が生じ，アルコキシルラジカルを発生するためである．以下に，Barton 反応の改良型および類似反応例を示した．最初に示した式 6.4 は，アルコールと NIS（N-iodosuccinimide）を用い，系内で ROI（ハイポヨーダイト：hypoiodite）を発生させて，光照射することによりアルコキシルラジカルを発生させた例である[2]．これは，1,4-ジオール誘導体を NIS 存在下で光照射することによりハイポヨーダイトの生成，アルコキシルラジカルの生成とその 1,5-H シフト反応，続く 1,4-ヨードヒドリンの生成と環化（5-exo-tet）によるテトラヒドロフラン環形成による γ-ラクトールの生成反応である．

光照射の代わりに Fenton 系（ROOH, Fe^{2+}）で，アルコキシルラジカルを発生させ同様の反応を行うこともできる．このようにみてくると，Barton 反応は遠隔官能基導入（remote functionalization）としても使えるわけである．

RO-SAr（sulfenate エステル）も S-O 結合が弱いために，式 6.5 に示したように紫外線照射により対応するアルコキシルラジカルが発生し，1,5-H シフトを経て 4-ヒドロキシスルフィドを生じる[3]．

式 6.6 の反応は，sulfenate エステルである RO-SAr に Bu_3SnH を作用させ，生じたアルコキシルラジカルの 1,5-H シフト，続いて生じた sp^3 炭素ラジカルによるビニルケトンへの SOMO-LUMO 軌道間相互作用による付加反応で，7-ヒドロキシ-1-ケトンを生じる．この後にヒドロキシ基をトシル化して，環状メチルケトンに環化させている[3]．

$$(6.5)$$

$$(6.6)$$

アルコールに四酢酸鉛を作用させ,アルコキシルラジカルを発生させる手法は1960年代に開発されたが,今では鉛の毒性の観点から使用されていない.その代わり,(ジアセトキシヨード)ベンゼンとヨウ素の存在下,基質アルコールをタングステンランプで光照射(W-$h\nu$)することにより,系内でハイポヨーダイトを形成し,光照射によるO–I結合の均一開裂でアルコキシルラジカルを発生できる[4]. 今日,アルコールにPhI(OAc)$_2$/I$_2$系やPhI(O$_2$CCF$_3$)$_2$/I$_2$系を作用させる手法は,アルコキシルラジカルのもっとも効率的な発生法である.光照射の代わりに,超音波でも進行する.式6.7はスピロアセタールの合成例である[4].

$$(6.7)$$

天然には多くの環状ポリエーテル系抗生物質が知られているので，この方法はそれらの有用な合成法である．さらに興味がもたれるのは，式 6.8 に示したような糖アノマー位での反応，いわゆるスピロ糖の合成があげられる[5]．このような化合物は極性反応を用いて合成するのが困難であるが，$PhI(OAc)_2/I_2$ 系を用いると容易に合成できる．この手法でスピロヌクレオシドの合成も期待できる．

$$ (6.8) $$

芳香族カルボン酸を基質として用いるときは，アルコールに比べ芳香族カルボン酸の酸性度が強いため，$PhI(OAc)_2/I_2$ 系ではうまく反応が進行しない．そこで，式 6.9a に示したように $PhI(O_2CCF_3)_2/I_2$ 系を用いると，系内で芳香族アシルハイポヨーダイト（$ArCO_2I$）を形成し，続く O-I 結合の均一開裂でカルボン酸由来の芳香族カルボキシルラジカルを発生させ，1,5-H シフトを経て γ-ラクトンを合成できる[6]．この反応は $PhI(O_2CCF_3)_2/I_2$ の系の代わりに，1,3-diiodo-5,5-dimethylhydantoin（DIH）を用いても同様に進行し，γ-ラクトンを 66%～69% で生じる（式 6.9b）[6]．ただし，この反応は脂肪族カルボン酸では，生じたアシロキシルラジカルの速やかな脱炭酸が生じるために適用できず，ヨウ化アルキルを生じてしまう．これは，芳香族カルボキシルラジカルの脱炭酸反応速度定数（10^4～10^5 s^{-1}）が脂肪族カルボキシルラジカルの脱炭酸反応速度定数（10^9～10^{10} s^{-1}）に比べてかなり小さいため，脱炭酸せずに芳香族カルボキシルラジカルによる水素原子引抜き反応が効果的に生じるためである．

$$ (6.9a) $$

$$\text{(6.9b)}$$

6.2 アルコキシルラジカルのβ開裂反応

　第一級アルコールあるいは第二級アルコール由来のアルコキシルラジカルは1,5-Hシフトや1,6-Hシフトが速く，それらのβ開裂反応は遅い．しかしながら，第三級アルコール由来のアルコキシルラジカルのβ開裂反応速度定数は約 10^5 s^{-1} (60℃)程度と大きくなり，より安定な炭素ラジカルとケトンを速やかに生成する．この理由は，第三級アルコキシルラジカルはその三級炭素上で混み入っており，そのβ開裂反応で分裂することにより立体障害が著しく減少するためである．たとえば，式6.10は不飽和8α-デカノールを $PhI(OAc)_2/I_2$ 系で光照射することにより，生成したアルコキシルラジカルのβ開裂および5-exo-trig 環化を経てビシクロ [5.3.0] デカノンを生成する反応である[7]．また，基質にステロイド系アルコールを用いると，ステロイド骨格の環拡大反応が生じる．つまり，これらのラジカル反応を用いることにより，通常の極性反応では合成の困難な化合物が容易に得られる．

$$\text{(6.10)}$$

　このβ開裂反応のもっとも優れた機能は，糖への応用で活かされる．たとえば，式6.11で示したように，2,3,4位を Bn 基で保護した D-グルコース誘導体を $PhI(OAc)_2/I_2$ 系で光照射すると，アノマーアルコキシルラジカルが生成し，その糖鎖 C_1-C_2 のβ開裂反応を経て，D-アラビノース誘導体が得られる．この方法により得ら

6.2 アルコキシルラジカルのβ開裂反応　211

れる生成物は，新しい糖鎖骨格にもなるし，光学活性ユニット（chiral building block）として天然物合成の原料にもなる[8]．

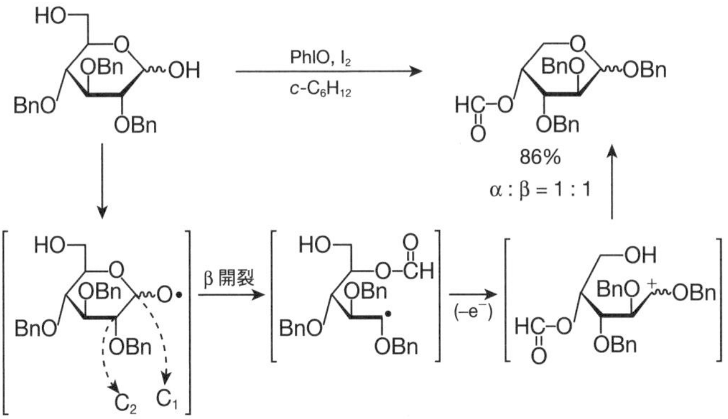

(6.11)

式6.12の反応はグルコースの1,2-ハロヒドリン誘導体をPhI(OAc)$_2$/I$_2$系で光照射することによる，1-ヨードアラビトール誘導体の合成反応である[8]．式6.13に示したように，糖鎖5位にアミノ基を導入した化合物を同様に反応させると，生物活性の期待されているアザ糖（閉環型糖環内酸素原子が窒素原子に置換されたもの）を生じる．つまり，5-アミノ-5-デオキシペントースや6-アミノ-6-デオキシヘキソースを用いると，テトロースやペントースのアザ糖が得られる[9]．これはグリコシダーゼ阻害剤で知られるノジリマイシン関連化合物合成に役立つことを示している．

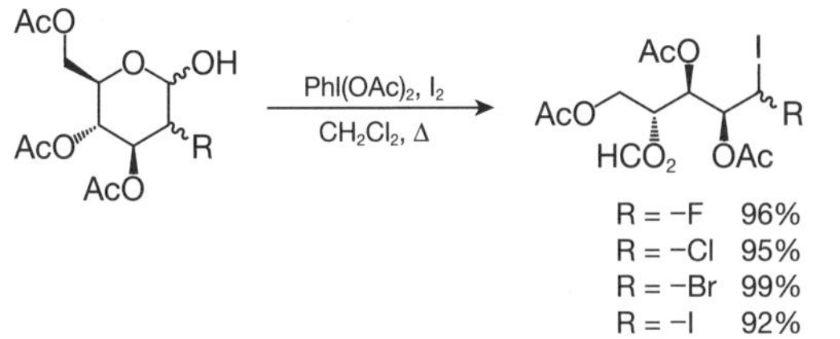

(6.12)

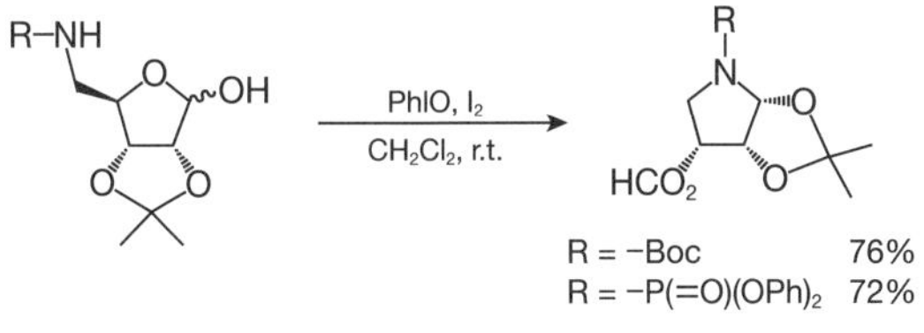

R = –F　96%
R = –Cl　95%
R = –Br　99%
R = –I　92%

(6.13)

R = –Boc　76%
R = –P(=O)(OPh)$_2$　72%

式 6.14 の反応はセリン誘導体を $PhI(OAc)_2/I_2$ の系で光照射することによる 2-アリールグリシンの合成である[9]. ポイントはアルコキシルラジカルの生成と, その β 開裂反応による α-エステルラジカルの生成, α-エステルラジカルとヨウ素との反応による α-ヨードエステルの生成, 最後に酢酸による求核置換反応で α-アセトキシグリシンの生成にある. 式 6.15 の反応は $Pb(OAc)_4/Cu(OAc)_2$ の系による同様の反応である. つまり, 環状ヘミアセタールからアルコキシルラジカルを生じ, そのβ開裂反応によりギ酸エステル官能基をもつ第一級炭素ラジカルとなり, これが $Pb(OAc)_4$ により酸化されて第一級炭素カチオンとなり, 1,2-H シフトを経た後, プロトンを放出してビニル基とギ酸エステル基をもつ 2-vinyl[4.3.0]-7-nonanone となる[9].

$$PhCONH-CH(CH_2OH)-CO_2CH_3 \xrightarrow[CH_2Cl_2, r.t.]{W-h\nu, PhI(OAc)_2, I_2, naphthalene} [PhCONH-CH(OAc)-CO_2CH_3] \xrightarrow{BF_3 \cdot Et_2O} \text{(1-naphthyl derivative, 63\%)} \quad (6.14)$$

$$\text{(cyclic hemiacetal)} \xrightarrow[C_6H_6, \Delta]{Py, Pb(OAc)_4, Cu(OAc)_2} \text{(vinyl formate product, 82\%)} \quad (6.15)$$

6.3 Hofmann-Löffler-Freytag 反応

アルキル側鎖の δ 位あるいは ε 位に水素原子を有する *N,N*-ジアルキル-*N*-ハロアミンを硫酸あるいはトリフルオロ酢酸溶媒中で, 加熱あるいは光照射することにより, δ 位あるいは ε 位の水素原子が窒素原子に置き換わった環状の第三級アミン (五員環はピロリジン骨格, 六員環はピペリジン骨格) を生じる反応を Hofmann-Löffler-Freytag 反応という. 反応はアミニウムラジカルによる分子内 δ 位水素原子 (1,5-H シフト: 六員環遷移状態) あるいは分子内 ε 位水素原子 (1,6-H シフト: 七員環遷移状態) の引抜きにより, sp^3 炭素ラジカルが発生し, これが再び原料のハロアミンと反応して, C_δ-ハロ体あるいは C_ε-ハロ体を与え, 中和処理によりピロリジンあるいはピペリジン誘導体を生成する. 式 6.16a はアミニウムラジカルによる 1,5-H シフトを経たピロリジ

ン生成の一般式である[10].

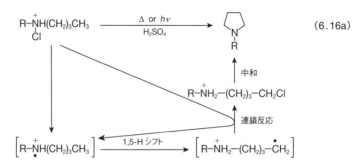

式6.16bはアミニウムラジカルによる1,5-Hシフトにおける同位体効果 k_H/k_D を測定したものであり,その値は3.5であることから,この反応は水素の引抜きが律速段階といえる[10]. この反応の原動力は,弱いN-Cl結合の均一開裂と,生成するカチオンを帯びた窒素ラジカル(アミニウムラジカル)の高い反応性,そしてN-HとC-H($89〜96$ kcal mol^{-1})の結合エネルギー差にある. アミンのN-H結合エネルギーが103 kcal mol^{-1} なのに対し,アンモニウムのN-H結合エネルギーが112 kcal mol^{-1} と著しく強くなることから,強酸性条件下で反応を行うとアミニウムラジカルによる水素引抜き反応が効果的に進行する. しかしながら,この反応は硫酸を溶媒とするため用いることのできる基質に限界があり,今日は用いられていない. 一方,N-ニトロアミンや N-シアナミンを PhI(OAc)$_2$/I$_2$ 系で光照射すると,N-I結合の形成を経てアミニルラジカル(窒素原子上にニトロ基やシアノ基のような電子求引基を有するのでアミニウムラジカルに近い)が発生し,式6.17に示したようにHofmann-Löffler-Freytag反応が進行する[11]. 式6.18に示したように,リン酸アミドをPhI=O/I$_2$系で処理しても,同様の反応が進行する. PhI(OAc)$_2$/I$_2$系とPhI=O/I$_2$系は基本的に同様のN-I活性種を発生させる[11].

式 6.19 に示したように,直鎖型スルホンアミドを同様の $PhI(OAc)_2/I_2$ 系で光照射しても,1,5-H シフトを伴った環化反応が進行し,ピロリジン誘導体が得られる.この手法は C-アザヌクレオシドの合成法としても期待できる[12]).

N-methyl(o-methyl)arenesulfonamide を $PhI(OAc)_2/I_2$ 系で光照射すると式6.20 に示したように 1,5-H シフトを 3 回繰り返し,N-methyl(o-triiodomethyl)arenesulfonamide を生成する.この化合物はシリカゲル上で加水分解し,結果的に

サッカリン誘導体を生成する[13]．従来のサッカリン誘導体の合成法は，芳香族臭化物に ^{n}BuLi／SO_2 あるいは ^{n}BuLi／CO_2 系を用いて合成されていたために，使用できる芳香環上の官能基がきわめて限られていた．しかしながら，式 6.20 の方法を用いると芳香環上に種々の官能基を有するスルホンアミドに適用できるため，非常に汎用性がある．

$$\text{(6.20)}$$

6.4 炭素ラジカルの 1,5-H シフト反応

Barton 反応や Hofmann-Löffler-Freytag 反応は，反応性の高い酸素ラジカルや窒素ラジカルが活性種になっているが，炭素ラジカルではどうか？　結合エネルギーから判断すると困難である．この困難を乗り切るためには，弱い C-H 結合から強い C-H 結合が形成されるようにデザインしなくてはならない．式 6.21 の反応では，スルホニル基の強い電子求引性により α 炭素に結合した水素原子の C-H 結合は，通常の C-H 結合より強い．そのため，sp^3 炭素ラジカルによる 1,5-H シフト反応が進行し，新たな sp^3 炭素ラジカルを生成する珍しい例である[14]．

しかしながら，一般に sp^3 炭素ラジカルによる 1,5-H シフト反応は効果的に進行しないので合成的価値は少ない．一方，sp^2 炭素ラジカルによる 1,5-H シフト反応は，sp^2 炭素における C-H 結合エネルギーが sp^3 炭素におけるそれより約 10～15 kcal mol^{-1} 増大するために起こりやすくなる．後半で述べるエン・ジイン反応の原点もここにあ

る. 式 6.22 には, 芳香族臭化物への $Bu_3Sn\cdot$ の作用により, sp^2 炭素(フェニル)ラジカルを発生させた反応と, そのときの生成物の D 化位置および D 化率から分子内での 1,5-H シフトの反応性の評価を示している. これより, 中程度で 1,5-H シフト反応が生じていることがわかる. 当然, 1,5-H シフトを進行させるために, Bu_3SnD の濃度は高希釈条件となっている[15].

さらにユニークな反応として, 式 6.23 に示したように, sp^2 炭素ラジカルによる効率的な 1,5-H シフト反応, 続いて生じた α-アルコキシ炭素ラジカルの β 開裂によるケトンとベンジルラジカルの生成がある. この反応は 4-*t*-butylcyclohexanol の, 4-*t*-butylcyclohexyl *o*-bromobenzyl ether を経由した 4-*t*-butylcyclohexanone の形式的な酸化反応である[16].

式 6.24 と式 6.25 の反応は, インドールアミドの芳香族臭化物に Bu_3SnH を作用させた反応である. つまり, 前者は生じた sp^2 炭素ラジカルによる効率的な 1,5-H シフト反応, 続いて生じた sp^3 炭素ラジカルによる 5-*exo-trig* 環化によるスピロ体の形成であり, 後者は sp^2 炭素ラジカルによる 1,5-H シフト反応, 続いて生じた sp^3 炭素ラジカルによる 5-*endo-trig* 環化反応による四環系化合物の合成である[17]. 式 6.26 の反応は, 芳香族ヨウ化物をアクリル酸メチル存在下で, Bu_3SnH と作用させた反応であ

6.4 炭素ラジカルの 1,5-H シフト反応

り，生じた sp^2 炭素ラジカルによる効率的な 1,5-H シフト反応，続いて生じた sp^3 炭素ラジカルによるアクリル酸メチルへの分子間付加反応である．

さらに興味深い反応として式 6.27 の例がある．この反応は，sp^3 炭素ラジカルによる 1,5-H シフト反応ではなく，1,5-Ph シフト反応である．このような研究はあまりなされていないが，いわゆる芳香環 *ipso* 位での Ph 転位反応 (Ph group transfer) であり，面白い反応である[18]．

類似の 1,5-Ar シフト反応として，N-methyl-N-(2'-bromophenyl)-1-naphthalene-sulfonamide を Bu_3SnH，$[(CH_3)_3Si]_3SiH$，あるいは $(Ph_2SiH)_2$ と AIBN のキシレン溶液で加熱すると，1,5-naphthyl transfer が生じ，1-(*o*-methylamino)phenylnaphthalene を生成する（式 6.28）．とくに還元的性質の弱い $(Ph_2SiH)_2$ を用いると，その収率は向上する[18]．

(6.28)

MH	収率 (%)	
	a	b
Bu_3SnH	41	37
$[(CH_3)_3Si]_3SiH$	56	22
$(Ph_2SiH)_2$	60	31

このようにみてくると，本章で述べた反応は，いわゆるラジカル反応ならではの特異的反応であり，今後の有機合成反応への利用が大いに期待できる．

■実験項

【実験 6.1】 D-グルコース誘導体の β 開裂反応（式 6.11）

アルゴン雰囲気下，D-グルコピラノース（0.22 mmol）を乾燥シクロヘキサン（24 mL）に溶かし，この系内にヨードシルベンゼン（PhIO）（0.43 mmol）およびヨウ素（0.22 mmol）を加え，室温で 20 時間反応させる．反応後，チオ硫酸ナトリウム水溶液を加え，エーテルで抽出する．有機層を乾燥後，溶媒を除去し，残留を薄層クロマトグラフィー（ヘキサン：酢酸エチル = 65：35）で処理することにより D-アラビノ-O-グリコシドが 86% の収率で得られる．

[C. G. Francisco, *et al.*, *Tetrahedron; Asymmetry*, **9**, 2975 (1998)]

【実験 6.2】 リン酸アミドの Hofmann-Löffler-Freytag 反応（式 6.18）

糖由来のリン酸アミド（0.053 mmol）のジクロロメタン（1.5 mL）とシクロヘキサン（1.5 mL）の溶液に PhIO（0.106 mmol）とヨウ素（0.064 mmol）を加え，溶液をタングステンランプで室温下 30 分光照射する．反応後，クロロホルムを加えて，Na_2SO_3 水溶液で分液洗浄し，有機層を Na_2SO_4 で乾燥する．溶媒を除去し，残留をシリカゲル

カラムクロマトグラフィー（ヘキサン：酢酸エチル = 85：15）で処理することにより環化した糖が 75% の収率で得られる．

[C. G. Francisco, A. J. Herrera, E. Suarez, *J. Org. Chem.*, **68**, 1012 (2003)]

【実験 6.3】直鎖型スルホンアミドの Hofmann-Löffler-Freytag 反応（式 6.19）

（ジアセトキシヨード）ベンゼン（0.8 mmol）とヨウ素（0.5 mmol）を，アルゴン雰囲気下，スルホンアミド（0.5 mmol）の 1,2-ジクロロエタン（7 mL）溶液に加え，60～70 ℃で 500 W タングステンランプの光照射を 2 時間行う．反応後，クロロホルムに注ぎ，Na_2SO_3 水溶液で洗浄し，有機層を Na_2SO_4 で乾燥する．濾過して溶媒を除去し，残留を薄層グロマトグラフィーで処理することにより環化体が 84% の収率で得られる．

[H. Togo, et al., *J. Org. Chem.*, **63**, 5193(1998)]

【実験 6.4】スルホンアミドからサッカリン誘導体の合成反応（式 6.20）

アルゴン雰囲気下，スルホンアミド（0.5 mmol）を 1,2-ジクロロエタン（7 mL）に溶かし，（ジアセトキシヨード）ベンゼン（1.5 mmol）およびヨウ素（0.5 mmol）を加え，反応液を還流条件下 500 W タングステンランプで 2 時間光照射する．反応後，クロロホルムに注ぎ，Na_2SO_3 水溶液で洗浄し，有機層を Na_2SO_4 で乾燥する．濾過して溶媒を除去し，残留を薄層クロマトグラフィーで処理することによりサッカリン誘導体が 99% の収率で得られる．

[K. Katohgi, H. Togo, K. Yamaguchi, *Tetrahedron*, **55**, 14885 (1999)]

【実験 6.5】ナフタレンスルホンアミドの 1,5-naphthyl transfer 反応（式 6.28）

AIBN（1.0 mmol）を含む *m*-キシレン（10 ml）溶液を，*N*-methyl-*N*-(2′-bromophenyl)-1-naphthalenesulfonamide（0.5 mmol）と $(Ph_2SiH)_2$（1.0 mmol）を *m*-キシレン（2 mL）に溶かした還流溶液に 22 時間かけて滴下する．数時間後に，$(Ph_2SiH)_2$（1.0 mmol）を追加する．反応後，溶媒を除去し，残留を薄層クロマトグラフィー（ヘキサン：酢酸エチル = 4：1～10：1）で処理することにより 1-(*o*-methylamino)phenylnaphthalene が 60% の収率で得られる．

[A. Ryokawa, H. Togo, *Tetrahedron*, **57**, 5915 (2001)]

参考文献

1) D. H. R. Barton, *et al.*, *J. Am. Chem. Soc.*, **82**, 2640 (1960); M. L. Mihailovic, Z. Cekovic, *Synthesis*, **1970**, 209; J. Kalvoda, K. Heusler, *Synthesis*, **1971**, 501; J. Allen, *et al.*, *J. Chem. Soc., Perkin Trans. 1*, **1973**, 2402.
2) Z. Cekovic, M. M. Green, *J. Am. Chem. Soc.*, **96**, 3000 (1974); Z. Cekovic, *et al.*, *Tetrahedron*, **35**, 2021 (1979); Z. Cekovic, D. Ilijev, *Tetrahedron Lett.*, **29**, 1441 (1988); C. E. McDonald, *et al.*, *Tetarhedron Lett.*, **30**, 4791 (1989).
3) D. J. Pasto, F. Cottard, *Tetrahedron Lett.*, **35**, 4303 (1994); G. Petrovic, Z. Cekovic, *Org. Lett.*, **2**, 3769 (2000).
4) J. I. Concepcion, *et al.*, *Tetrahedron Lett.*, **25**, 1953 (1984); R. Baker, M. A. Brimble, *Chem. Commun.*, **1985**, 78; R. Baker, M. A. Brimble, J. A. Robinson, *Tetrahedron Lett.*, **26**, 2115 (1985); K. Furuta, T. Nagata, H. Yamamoto, *Tetrahedron Lett.*, **29**, 2215 (1988); P. D. Armas, *et al.*, *J. Chem. Soc., Perkin Trans. 1*, **1989**, 405; M. A. Brimble, G. M. Williams, *Tetrahedron Lett.*, **31**, 3043 (1990); 東郷秀雄, 野上玄器, 星名洋一郎, "有機合成化学協会誌", **55**, 90 (1997); L. A. Paquette, *et al.*, *Tetrahedron Lett.*, **38**, 195 (1997); S. C. P. Costa, *et al.*, *Tetrahedron Lett.*, **40**, 8711 (1999); H. Togo, M. Katohgi, *Synlett*, **2001**, 565.
5) A. Martin, J. A. Salazar, E. Suarez, *Tetrahedron Lett.*, **36**, 4489 (1995); A. Martin, J. A. Salazar, E. Suarez, *J. Org. Chem.*, **61**, 3999 (1996); R. L. Dorta, *et al.*, *Tetrahedron Lett.*, **37**, 6021 (1996).
6) H. Togo, T. Muraki, M. Yokoyama, *Tetrahedron Lett.*, **36**, 7089 (1995); S. Furuyama, H. Togo, *Synlett*, **2010**, 2325.
7) R. Freire, *et al.*, *Tetrahedron Lett.*, **27**, 383 (1986); C. G. Francisco, *et al.*, *Tetrahedron Lett.*, **28**, 3397 (1987); R. Freire, *et al.*, *Tetrahedron Lett.*, **28**, 981 (1987); R. Hernandez, J. J. Marrero, E. Suarez, *Tetrahedron Lett.*, **30**, 5501 (1989); C. W. Ellwood, G. Pattenden, *Tetrahedron Lett.*, **32**, 1591 (1991); A. Boto, *et al.*, *Tetrahedron Lett.*, **34**, 4865 (1993); C. E. Mowbray, G. Pattenden, *Tetrahedron Lett.*, **34**, 127 (1993); R. Hernandez, E. Suarez, *J. Org. Chem.*, **59**, 2766 (1994); R. Hernandez, S. M. Velazqueg, E. Suarez, *J. Org. Chem.*, **59**, 6395 (1994); A. Boto, C. Betancor, E. Suarez, *Tetrahedron Lett.*, **35**, 5509 (1994); T. Arencible, J. A. Salazar, E. Suarez, *Tetrahedron Lett.*, **35**, 7463 (1994).
8) *Angew. Chem. Int. Ed*, **31**, 772 (1992); P. D. Armas, C. G. Francisco, E. Suarez, *J. Am. Chem. Soc.*, **115**, 8865 (1993); P. D. Armas, *et al.*, *Tetrahedron Lett.*, **38**, 8081 (1997); C. G. Francisco, C. G. Martin, E. Suarez, *J. Org. Chem.*, **63**, 2099 (1998); R. L. Dorta, *et al.*, *J. Org. Chem.*, **63**, 2251 (1998); C. C. Gonzalez, *et al.*, *Angew. Chem. Int. Ed.*, **40**, 2326 (2001); A. Boto, *et al.*, *Tetraehdron Lett.*, **43**, 8269 (2001); J. H. Rigby, A. Payen, N. Warshakonn, *Tetrahedron Lett.*, **42**, 2047 (2001); C. G. Francisco, *et al.*, *Org. Lett.*, **4**, 1959 (2002).
9) C. G. Francisco, *et al.*, *Tetrahedron: Asymmetry*, **8**, 1971 (1997); C. G. Francisco, *et al.*, *J. Org. Chem.*, **66**, 1861 (2001).
10) R. S. Neale, *Synthesis*, **1971**, 1; M. E. Wolff, *Chem. Rev.*, **63**, 55 (1963).
11) P. D. Armas, *et al.*, *Tetrahedron Lett.*, **26**, 2493 (1985); R. Carrau, R. Hernandez, E. Suarez, *J. Chem. Soc., Perkin Trans. 1*, **1987**, 937; P. D. Armas, *et al.*, *J. Chem. Soc., Perkin Trans. 1*, **1988**, 3255; R. L. Dorta, C. G. Francisco, E. Suarez, *Chem. Commun.*, **1989**, 1168; C. G. Francisco, A. J. Herrera, E. Suarez, *Tetrahedron: Asymmetry*, **11**, 3879 (2000); C. G. Francisco, A. J. Herrera, E. Suarez, *J. Org. Chem.*, **68**, 1012 (2003).
12) H. Togo, *et al.*, *J. Org. Chem.*, **63**, 5193 (1998).
13) H. Togo, *et al.*, *Tetrahedron*, **55**, 14885 (1999).
14) J. Brunckova, D. Crich, Q. Yao, *Tetrahedron Lett.*, **35**, 6619 (1994); J. C. Baldwin, *et al.*,

Tetrahedron Lett., **36**, 2105 (1995); M. Masnyk, *Tetrahedron Lett.*, **38**, 879 (1997).
15) D. Denenmark, *et al.*, *Synlett*, **1991**, 621.
16) D. P. Curran, H. Yu, *Synthesis*, **1992**, 123.
17) S. T. Hilton, *et al.*, *Org. Lett.*, **2**, 2639 (2000); G. W. Gribble, H. L. Fraser, J. C. Badenock, *Chem. Commun.*, **2001**, 805.
18) R. Loven, W. N. Speckamp, *Tetrahedron Lett.*, **1972**, 1567; A. Studer, M. Bossart, H. Steen, *Tetrahedron Lett.*, **39**, 8829 (1998); J. J. Kohler, W. N. Speckamp, *Tetrahedron Lett.*, **1977**, 635; A. Studer, M. Bossart, T. Vasella, *Org. Lett.*, **2**, 985 (2000); A. Ryokawa, H. Togo, *Tetrahedron*, **57**, 5915 (2001).

7

核酸や糖質ヒドロキシ基の還元反応

7.1 Barton–McCombie 反応

　Barton–McCombie 反応は式 7.1 に示したように，ヒドロキシ基をメチルキサンテートエステル（O-alkyl S-methyl dithiocarbonate）誘導体を経由して脱酸素化（還元）する反応である．この反応の原動力はメチルキサンテートエステル基の C=S 結合が C=O 結合に変換され，熱力学的に約 10 kcal mol^{-1} 安定化することにある[1]．

$$R\text{-OH} \xrightarrow[\text{2) CH}_3\text{I}]{\text{1) NaOH, CS}_2} R\text{-OCSCH}_3 \xrightarrow[\text{Bu}_3\text{SnH}]{\text{AIBN}} RH \quad (7.1)$$

（メチルキサンテートエステル経由，[Bu$_3$Sn•]，β開裂，[R•]，Bu$_3$SnH，Bu$_3$SnS-C(O)-SCH$_3$）

$$R\text{-O-C(=S)-X} \quad X = -SCH_3, -O\text{-phenyl}, -\text{phenyl}, -N\text{-imidazolyl}, -O\text{-}p\text{-F-phenyl}, -O\text{-}p\text{-OCH}_3\text{-phenyl}, -\text{NH-phenyl}$$

　通常，ラジカル反応における基質はハロゲン化アルキルが用いられる．しかし，複数のヒドロキシ基を有する糖鎖やヌクレオシド類においては，特定部位をハロゲン化することは困難であり，糖鎖やヌクレオシド類の化学的デリケートさを考えるとヒドロキシ基のハロゲン化は避けたい．こうした背景のなかで見出されたのが，Barton–

McCombie 反応である. 当初は第二級アルコールが対象であったが, 後に第一級や第三級アルコールにも適用できることがわかってきた. たとえば, 式 7.2 に示したステロイド系アルコールをメチルキサンテートエステルに変換後, シメン溶媒中, Bu_3SnH と AIBN 存在下で還流することにより第一級アルコールの脱酸素化 (還元) 体が収率 65% で得られる[1].

$$(7.2)$$

この脱酸素化の反応経路は式 7.3 に示したように, メチルキサンテートエステルのチオメチル基の硫黄原子が $Bu_3Sn•$ と反応する経路 a で中間体 (A) を形成, チオカルボニル基の硫黄原子が $Bu_3Sn•$ と反応する経路 b で中間体 (B) を形成, の二つの経路が考えられる. 後に Barton らの研究より, Barton-McCombie 反応の主経路は経路 b であることが ^{119}Sn-NMR を用いて解明された[2]. 中間体 (B) の β 開裂反応から生じた炭素ラジカル R• の還元反応から副生した $Bu_3Sn•$ はメチルキサンテートエステルと再び反応するので, 開始段階, 成長段階, および停止段階からなるラジカル連鎖反応で進行する.

$$(7.3)$$

メチルキサンテートエステルの代わりに, 市販の phenoxythiocarbonyl chloride [PhOC(=S)Cl] や N,N'-thiocarbonyl diimidazole ($Im_2C=S$) を用いて, アルコール

表 7.1 Bu₃SnH を用いたイミダゾールチオカーボナートの Barton-McCombie 反応

基質	収率 (チオカーボナート)	収率 (R-H)
BzO, HO, OCH₃, BzO, OBz (Bz = PhCO-)	94%	92%
Ph-アセタール, HO, OBn, NHAc (Bn = PhCH₂-)	59%	57%

を phenoxythiocarbonyl エステルや imidazolylthiocarbonyl エステルに変換しても Barton-McCombie 反応に適用でき, 天然物や抗生物質の合成における脱酸素化反応に利用できる. たとえば, 表 7.1 に示したようにエステル基, アセタール基, アミド基などの官能基が存在しても, Barton-McCombie 反応を円滑に遂行できる[3].

Barton-McCombie 反応は, 通常, ベンゼンやトルエンを溶媒とし, Bu₃SnH と AIBN を用いて還流するが, 近年になり室温でも反応を遂行できることがわかってきた. つまり, Et₃B と微量の酸素分子をラジカル開始剤とすることにより, Barton-McCombie 反応を室温で遂行できる[4]. ただし, 室温でこの脱酸素化反応を行う場合は, 基質は第二級や第三級アルコール由来のキサンテートエステルに限られる. 第一級アルコール由来のキサンテートエステルでは, 室温での C-O 結合開裂が円滑に進行せず, 脱酸素化体はほとんど得られない. また, 式 7.4 や式 7.5 に示したように, Bu₃SnH の代わりに毒性が少なく取扱いやすいポリスチレン固定型 Bu₂SnH (C), [(CH₃)₃Si]₃SiH, あるいは (Ph₂SiH)₂ でも Barton-McCombie 反応を遂行できる. さらに, シラン化合物や亜リン酸エステルを水素供与体とすることもでき, すでに PhSiH₃, Ph₂SiH₂, (EtO)₂POH, あるいは Bu₂POH と, AIBN あるいは (PhCO₂)₂ 系の Barton-McCombie 反応も知られている. 故 Barton 教授が晩年に力を入れていた領域である[5]. 表 7.2 は Bu₂POH (ジブチルホスフィンオキシド) を用いた例である.

式 7.6 は環状の 1,3-ジキサンテートエステルを [(CH₃)₃Si]₃SiH と AIBN 存在下でトルエン還流して還元した反応であり, 式 7.7 はヌクレオシドの糖部 3 位のヒドロキシ基をフェニルキサンテート誘導体にしてから, [(CH₃)₃Si]₃SiH あるいは Ph₂SiH₂ と

AIBN 存在下でトルエン還流して還元した反応であり，デリケートな官能基があっても影響を与えない[5]．このヌクレオシドは抗 HIV 活性が高い．

表7.2 Bu_2POH と $(PhCO_2)_2$ を用いた Barton-McCombie 反応

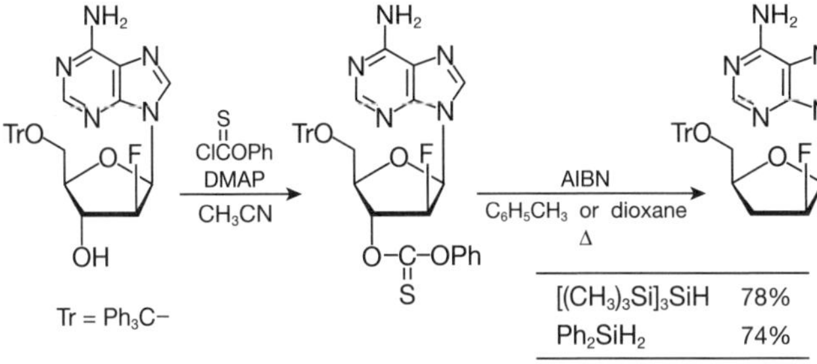

7.1 Barton-McCombie 反応

$$(7.7)$$

[(CH$_3$)$_3$Si]$_3$SiH　78%
Ph$_2$SiH$_2$　74%

Tr = Ph$_3$C-

　式 7.8 は糖部 3 位と 5 位のヒドロキシ基を TIPDS 保護した uridine ヌクレオシドの糖部 2 位を，Bu$_3$SnD と AIBN 存在下でベンゼン還流し，脱酸素的に D 化した反応である[5]．D 化率は 100% で，生じたラジカルにおいて立体障害の少ない α 面が選択的に D 化されている．

　また，式 7.9 の反応は，糖のアノマー位のメチルキサンテートエステルを (Ph$_2$SiH)$_2$ と AIBN 存在下で酢酸エチル還流した還元反応である[5]．いずれも効率的に脱酸素化反応が進行している．

　式 7.10 は，第二級アルコール由来のメチルキサンテートエステルを，Et$_3$B と微量の酸素分子をラジカル開始剤とした室温下の Barton-McCombie 反応である[5]．

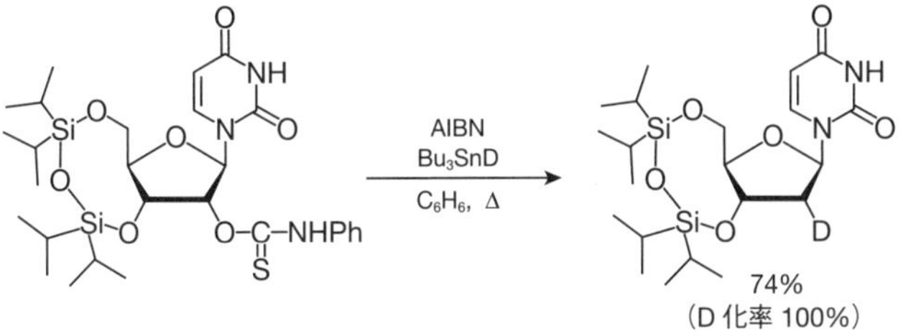

$$(7.8)$$

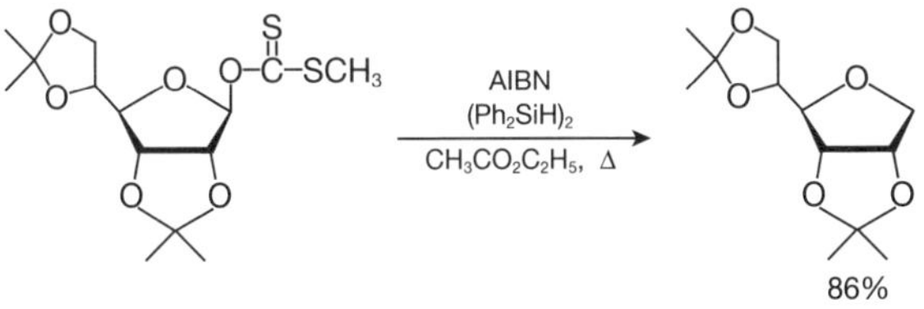

74%
（D 化率 100%）

$$(7.9)$$

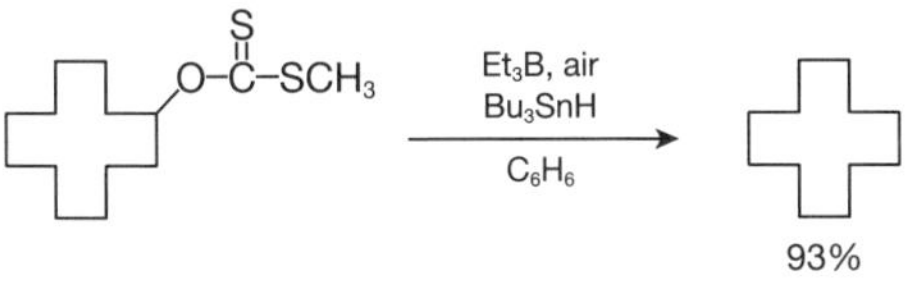

86%

$$(7.10)$$

93%

Barton-McCombie 反応の脱酸素化反応におけるラジカル反応試剤と基質の反応性をまとめると，以下のようになる．

ラジカル還元剤：

$Bu_3SnH > (Ph_2SiH)_2 > [(CH_3)_3Si]_3SiH > PhSiH_3 \sim Ph_2SiH_2 \sim Ph_3SiH \gg Et_3SiH$

基　質：

$p\text{-}FC_6H_4O\text{-}C(=S)\text{-}OR > CH_3S\text{-}C(=S)\text{-}OR$

Barton-McCombie 反応には還元剤として，Bu_3SnH，$[(CH_3)_3Si]_3SiH$，$(Ph_2SiH)_2$，5,10-dihydro-5,10-disilanthracene (**D**)，$PhSiH_3$，Ph_2SiH_2，$(EtO)_2POH$，Bu_2POH，H_3PO_2 などを用いることができる．式 7.11～式 7.14 に H_3PO_2/Et_3B 系，5,10-dihydro-5,10-disilanthracene (**D**) / $(PhCO_2)_2$ 系，$PhSiH_3/(PhCO_2)_2$ 系，および Ph_2SiH_2/Et_3B 系を用いた例を示した[5]．

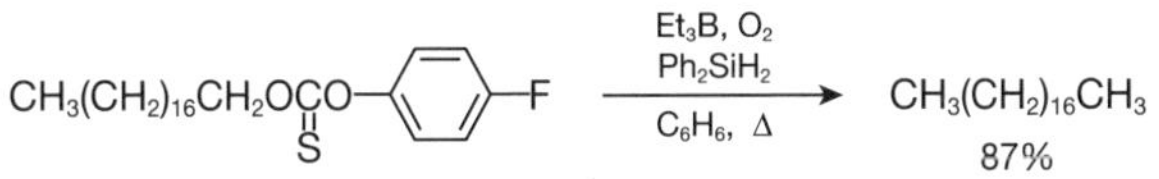

7.1 Barton-McCombie 反応

$$CH_3(CH_2)_{16}CH_2OC(=S)C_6H_4F \xrightarrow[C_6H_6, \Delta]{Et_3B, O_2 \\ Ph_2SiH_2} CH_3(CH_2)_{16}CH_3 \quad (7.14)$$
87%

Barton-McCombie 反応を，1,2-ジオールから誘導された 1,2-ビス(メチルキサンテート)エステルに適用すると，式 7.15 に示したように，ラジカル β 脱離反応が生じて，アルケンを生成する[6]．Bu_3SnH/AIBN の代わりに，$[(CH_3)_3Si]_3SiH$/AIBN，$(Ph_2SiH)_2$/AIBN，あるいは Ph_2SiH_2/AIBN の系を同様の反応に用いることもできる．

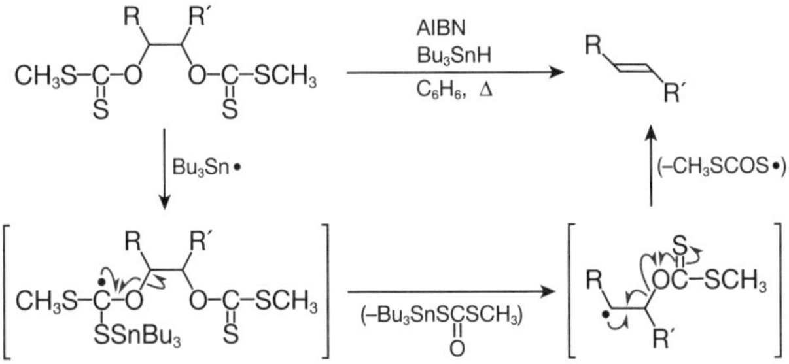

式 (7.15)

この反応は多段階の反応であり，生じた sp^3 炭素ラジカル中間体のラジカル β 脱離反応から，通常は熱力学的に安定なトランス・アルケンを生成する．しかし，環状の 1,2-ジオールを原料として 1,2-ビス(メチルキサンテート)エステルを用いた場合は，環状のシス・アルケンを生じる．式 7.16 の反応で生じた合成ヌクレオシドは AZT のような高い抗 HIV 活性があり，D4T (2′,3′-didehydro-2′,3′-dideoxythymidine) や D4C (2′,3′-didehydro-2′,3′-dideoxycytidine) 関連誘導体の合成に有益である[7]．

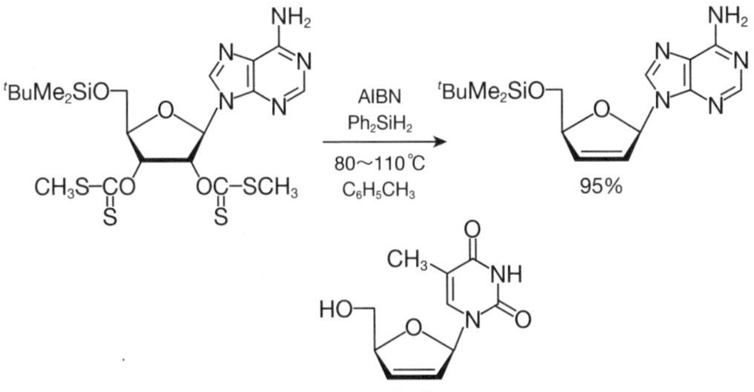

式 (7.16)

この β 脱離反応に用いる基質は 1,2-ビス(メチルキサンテート)エステルばかりでなく，1,2-ハロキサンテートエステルや 1,2-チオフェニルキサンテートエステルにも適

用できる.

興味深い反応として, 1,2-ビス(メチルキサンテート)エステルの代わりに, 式7.17に示したような1,3-ジオールから誘導された環状チオノカーボナート(thionocarbonate)を $Bu_3SnH/AIBN$ 系で反応させると, 位置選択的な炭素-酸素 β 開裂反応を経て, より安定な第二級炭素ラジカルを生じて, その還元体を生成する. これは, モノアルコールへの変換反応である[8].

また, 式7.18に示したように水素原子供与体として機能し得るイソプロピルアルコール溶媒中で, メチルキサンテートエステルと $[CH_3(CH_2)_{10}CO_2]_2$ (lauroyl peroxide) を加熱すると, 熱分解で生じた $CH_3(CH_2)_{10}\cdot$ が $Bu_3Sn\cdot$ と同じように, メチルキサンテートエステルのチオカルボニル基に付加し, 式7.3の経路 **b** と同様の機構で sp^3 炭素ラジカルを生成する. この炭素ラジカルは溶媒のイソプロピルアルコールから α 水素原子を引き抜いて還元体を与える[9].

さらに興味深い反応例として，キサンテートエステル類似のチオノエステル (thionoester) やチオノラクトン (thionolactone) に Ph_3SnH と Et_3B を室温下で作用させると，脱酸素化反応でなく，式7.19に示したようにチオカルボニル基のメチレン基への還元反応が生じる[10]．チオノエステルはアルコールから簡単に誘導できるので，この反応はアルコールのエーテルへの変換反応に相当する．同様にラクトンをチオノラクトンに変換し，この反応を適用すると，環状エーテルを生じる．

以上で述べてきたように，Barton-McCombie 型反応を用いることにより種々の官能基を有する糖鎖化合物，ヌクレオシド類，およびペプチド類のヒドロキシ基を温和な条件下で脱酸素化 (還元) できる．

式7.20a の反応は酢酸エステルの p-$(Ph_2SiH)C_6H_4(SiHPh_2)$ / $(^tBuO)_2$ 系，封管中140 ℃での還元反応であり，式7.20b の反応はトリフルオロ酢酸エステルの Ph_2SiH_2 / $(^tBuO)_2$ 系，封管中140 ℃での還元反応である．これらエステルのカルボニル基は安定なため，反応性が低く，合成的利用は困難であることがわかる[11]．

7.2　Barton-McCombie 脱アミノ化反応

　脂肪族の第一級アミンを，ギ酸と無水酢酸から得られる混合カルボン酸無水物 [HC(=O)O-C(=O)CH₃] と反応させてホルムアミド化し，続いて p-TsCl およびピリジン，あるいは五酸化リンで脱水してイソニトリル(R-NC)を合成する．イソニトリルと Bu_3SnH および触媒量の AIBN をベンゼンやトルエン溶媒還流下で反応させると，式7.21に示した反応機構で，$Bu_3Sn\cdot$ がイソニトリル基の炭素に付加して中間体 (**E**) を形成し，続くラジカル β 脱離反応による脱シアノ化が生じて sp^3 炭素ラジカルと Bu_3SnCN を生じる．さらに，sp^3 炭素ラジカルは Bu_3SnH と反応して還元体(R-H)を生成する．副生する $Bu_3Sn\cdot$ はイソニトリルと再び反応するので，開始段階，成長段階，および停止段階からなるラジカル連鎖反応で進行する．反応の駆動力はイソニトリル基から，より安定なニトリル基を形成することにある．この反応はアミノ基由来のイソニトリル基を還元する脱アミノ化反応である．エステル基，ケトン基，あるいはアセタールのような官能基をもつ基質に使用可能である．式7.22と式7.23に反応例を示した[12]．

■実験項

【実験 7.1】メチルキサンテートエステルの Barton-McCombie 反応(式 7.2)
　Bu_3SnH (0.69 mmol)の p-シメン(3 mL)溶液を，150 ℃にしたメチルキサンテートエステル(0.087 mg)の p-シメン(3 mL)溶液に，2 時間かけて滴下する．滴下後は同一温度で 10 時間加熱撹拌する．反応後，四塩化炭素を加えて 3 時間還流する．最後に溶媒を除去し，単体ヨウ素のエーテル溶液をヨウ素の色が残るまで加える．この後，10% KF 水溶液(5 mL)で洗浄し，有機層は Na_2SO_4 で乾燥する．残留を再結晶することにより還元体が 65%の収率で得られる．

[D. H. R. Barton, W. B. Motherwell, A. Stange, *Synthesis*, **1981**, 743]

【実験 7.2】コレステロールの脱酸素化反応(式 7.5)
　コレステロール(2 mmol)のジクロロメタン(10 mL)溶液にピリジン(8 mmol)と PhOC=S(Cl) (phenoxy thiocarbonyl chloride)(2.2 mmol)を加える．室温で 2 時間撹拌後，メタノール(1 mL)を加え，混合物を 1 mol L^{-1} 塩酸で洗浄し，有機層を Na_2SO_4 で乾燥する．溶媒を除去し，残留を再結晶することによりフェニルキサンテート誘導体が 95%の収率で得られる．フェニルキサンテート誘導体(1.5 mmol)のトルエン(20 mL)溶液に，$[(CH_3)_3Si]_3SiH$ (2.2 mmol)と AIBN (1.5 mmol)を加え，窒素ガス雰囲気下で 80 ℃で 2 時間加熱する．反応後，溶媒を除去し，残留を再結晶することにより還元体のコレステンが 94%の収率で得られる．

[D. Schummer, G. Höfle, *Synlett*, **1990**, 705]

【実験 7.3】メチルキサンテートエステルの Barton-McCombie 反応(表 7.2)
　メチルキサンテートエステル(0.4 mmol)と Bu_2POH (ジブチルホスフィンオキシド)(2.0 mmol)を乾燥ジオキサン(3 mL)に溶かし，アルゴン雰囲気下で還流する．この溶液に過酸化ベンゾイル(0.4 mmol)のジオキサン(3 mL)溶液をゆっくり滴下する．90 分還流後，溶媒を除去し，残留をシリカゲルカラムクロマトグラフィーで処理することにより脱酸素化体が得られる．

[D. O. Jang, D. H. Cho, D. H. R. Barton, *Synlett*, **1998**, 39]

【実験 7.4】ウリジンヌクレオシドの Barton-McCombie 反応(式 7.8)
　ウリジンヌクレオシド(0.2 mmol), Bu_3SnD (0.4 mmol), および AIBN (0.04

mmol) のベンゼン溶液を 4 時間還流する.反応後に溶媒を除去し,残留をシリカゲルカラムクロマトグラフィー（ヘキサン：酢酸エチル = 7：3）で処理することにより 2′-deoxy-2′-*d*-3′,5′-*O*-TIPDS-uridine が 74% の収率で得られる.

[M. Oba, K. Nishiyama, *Tetrahedron*, **50**, 10193 (1994)]

【実験 7.5】アノマー位の Barton–McCombie 反応（式 7.9）
　メチルキサンテートエステル（0.2 mmol），$(Ph_2SiH)_2$（0.22 mmol）と AIBN（0.06 mmol）の酢酸エチル（1.5 mL）溶液をアルゴン雰囲気下で 16 時間還流する.反応後,溶媒を除去し,残留をシリカゲルカラムクロマトグラフィーで処理することにより脱酸素化体が 86% の収率で得られる.

[H. Togo, S. Matsubayashi, O. Yamazaki, *J. Org. Chem.*, **65**, 2816 (2000)]

【実験 7.6】メチルキサンテートエステルの Barton–McCombie 反応（式 7.10）
　O-cyclododecyl *S*-methyl dithiocarbonate（1.0 mmol），Bu_3SnH（1.1 mmol）のベンゼン（5 mL）溶液に Et_3B（1.1 mL，1 mol L^{-1} ヘキサン溶液）を加え,20 ℃で 20 分反応させる.反応後,溶媒を除去し,残留をシリカゲルカラムクロマトグラフィーで処理することによりシクロドデカンが 93% の収率で得られる.

[K. Nozaki, K. Oshima, K. Utimoto, *Tetrahedron Lett.*, **29**, 6125 (1988)]

【実験 7.7】1,2-ビス（メチルキサンテート）エステルからアルケンの合成反応（式 7.16）
　アデノシンの 1,2-ビス（メチルキサンテート）エステル（0.4 mmol）と Ph_2SiH_2（0.8 mmol）を乾燥トルエン（3 mL）に溶かし,アルゴン雰囲気下で還流しながら,AIBN（1.6 mmol）のトルエン（6 mL）溶液を 30 分間隔で加えていく.90 分後,溶媒を除去し,シリカゲルカラムクロマトグラフィーで処理することにより糖部 2′,3′ 位に二重結合を有するアデノシン誘導体が 95% の収率で得られる.

[D. H. R. Barton, D. O. Jang, J. C. Jaszberenyi, *Tetrahedron Lett.*, **32**, 2569 (1991)]

参 考 文 献

1) D. H. R. Barton, S. W. McCombie, *J. Chem. Soc., Perkin Trans. 1*, **1975**, 1574; D. H. R. Barton, W. B. Motherwell, A. Stange, *Synthesis*, **1981**, 743; D. H. R. Barton, *et al.*, *Tetrahedron Lett.*, **23**, 2019 (1982).
2) P. J. Barker, A. L. J. Beckwith, *Chem. Commun.*, **1984**, 683; D. H. R. Barton, D. O. Jang, J. C. Jaszberenyi, *Tetrahedron Lett.*, **31**, 3991 (1990).

3) J. R. Rasmussen, et al., J. Org. Chem., **46**, 4843 (1981); M. J. Robins, J. S. Wilson, F. Hansske, J. Am. Chem. Soc., **105**, 4059 (1983); D. H. R. Barton, et al., Chem. Commun., **1985**, 646; D. H. R. Barton, et al., Tetrahedron, **42**, 2329 (1986); D. H. R. Barton, J. C. Jaszberenyi, Tetrahedron Lett., **30**, 2619 (1989); D. Schummer, G. Höfle, Synlett, **1990**, 705; D. H. R. Barton, D. O. Jang, J. C. Jaszberenyi, Tetrahedron Lett., **31**, 4681 (1990); M. Gerlach, et al., J. Org. Chem., **56**, 5932 (1991); W. P. Neumann, M. Peterseim, Synlett, **1992**, 801; D. H. R. Barton, D. O. Jang, J. C. Jaszberenyi, Tetrahedron Lett., **33**, 6629 (1992); M. Oba, K. Nishiyama, Tetrahedron, **50**, 10193 (1994); H. Togo, S. Matsubayashi, O. Yamazaki, J. Org. Chem., **65**, 2816 (2000); S. Takamatsu, et al., Tetrahedron Lett., **42**, 2321 (2001).
4) K. Nozaki, K. Oshima, K. Utimoto, Tetrahedron Lett., **29**, 6125 (1988); D. H. R. Barton, S. I. Parekh, C. L. Tse, Tetrahedron Lett., **34**, 2733 (1993).
5) D. H. R. Barton, D. O. Jang, J. C. Jaszberenyi, Tetrahedron Lett., **31**, 4681 (1990); D. H. R. Barton, D. O. Jang, J. C. Jaszberenyi, Synlett, **1991**, 435; D. H. R. Barton, D. O. Jang, J. C. Jaszberenyi, Tetrahedron, **33**, 2311, 5709 (1992); D. H. R. Barton, D. O. Jang, J. C. Jaszberenyi, Tetrahedron, **49**, 2793 (1993); T. Gimisis, et al., Tetrahedron Lett., **36**, 3897 (1995); D. O. Jang, D. H. Cho, D. H. R. Barton, Synlett, **1998**, 39; O. Jimenez, M. P. Bosch, A. Guerrero, Synthesis, **2000**, 1917; D. O. Jang, et al., Tetrahedron Lett., **42**, 1073 (2001); S. Takamatsu, et al., Tetrahedron Lett., **42**, 2321 (2001); S. Takamatsu, et al., Tetrahedron Lett., **42**, 7605 (2001).
6) A. G. M. Barrett, et al., Chem. Commun., **1977**, 866; D. H. R. Barton, D. O. Jang, J. C. Jaszberenyi, Tetrahedron Lett., **32**, 2569, 7187 (1991); H. Togo, S. Matsubayashi, O. Yamazaki, J. Org. Chem., **65**, 2816 (2000); H. Togo, M. Sugi, K. Toyama, C. R. Acad. Sci. Paris, Chim., **4**, 539 (2001); D. O. Jang, D. H. Cho, Tetrahedron Lett., **43**, 5921 (2002).
7) B. Lythgoe, I. Waterhouse, Tetrahedron Lett., **1977**, 4223; T. S. Lin, et al., Tetrahedron Lett., **31**, 3829 (1990).
8) D. H. R. Barton, R. Subramanian, Chem. Commun., **1976**, 867.
9) J. E. Forbes, S. Z. Zard, Tetrahedron Lett., **30**, 4367 (1989); B. Q. Sire, S. Z. Zard, Tetrahedron Lett., **39**, 9435 (1998).
10) D. O. Jang, S. H. Song, D. H. Cho, Tetrahedron, **55**, 3479 (1999); D. O. Jang, S. H. Song, Synlett, **2000**, 811.
11) H. Sano, T. Takeda, T. Migita, Chem. Lett., **1988**, 119; D. O. Jang, et al., Tetrahedron Lett., **42**, 1073 (2001).
12) D. H. R. Barton, et al., J. Chem. Soc., Perkin Trans. 1, **1980**, 2657.

8

Barton 脱炭酸反応

　本章で述べる Barton 脱炭酸反応は合成化学的汎用性が非常に大きい．1980 年代前半に，Barton により開発された N-ヒドロキシ-2-チオピリドン（N-hydroxy-2-thiopyridone）の O-アシル体を用いたラジカル脱炭酸反応は，Bu_3SnH のような毒性もなく，脂肪族カルボン酸であれば容易にカルボキシルラジカルを発生させ，そのラジカル脱炭酸反応（β 開裂反応）により，対応するアルキルラジカルを発生させることができる[1]．この反応で用いる N-ヒドロキシ-2-チオピリドンは，対応する Na 塩が市販されているとともに，40% 水溶液は微生物劣化防止剤 sodium omadine として入手できる．塩酸で中和した N-ヒドロキシ-2-チオピリドンも遮光すれば安定な結晶である．N-ヒドロキシ-2-チオピリドンの O-アシルエステルは遮光下のフラッシュカラムクロマトグラフィーで精製でき，通常，光に敏感な黄色い結晶か油状で，1800 cm^{-1} 付近に強いカルボニル基の赤外吸収をもつという特徴がある．

　N-ヒドロキシ-2-チオピリドンの O-アシルエステルは，ベンゼンやトルエン中で 80 ℃ に加熱下，あるいは室温でタングステンランプ（100～300 W）光照射により N–O 結合の均一開裂が生じて，カルボキシルラジカル（$RCO_2\cdot$）およびピリジンチイルラジカル（$PyS\cdot$）を生じる．生成したカルボキシルラジカル（$RCO_2\cdot$）はアルキル鎖の場合，10^9～10^{10} s^{-1} という反応速度定数で脱炭酸が生じ，対応するアルキルラジカル（$R\cdot$）を発生する．ここでアルキルラジカルと反応するものがなければ，アルキルラジカルは原料の N-ヒドロキシ-2-チオピリドン O-アシルエステルのチオカルボニル基と反応して，アルキル 2-ピリジルスルフィドとカルボキシルラジカルを再び生成する．つまり，反応はラジカル連鎖反応で進行する（式 8.1）．

8 Barton 脱炭酸反応

$$R-COOH \xrightarrow[\text{2) HO-N}]{\text{1) (COCl)}_2} \underset{\text{黄色結晶あるいは油状}}{R-\overset{O}{\underset{||}{C}}-O-N\text{(pyridine-thione)}} \xrightarrow[\Delta]{W-h\nu \text{ or}} [R\cdot] + CO_2 + \left[\text{pyridyl-}\overset{\cdot}{S}\right] \quad (8.1)$$

N-ヒドロキシ-2-チオピリドン O-アシルエステルの光照射下の半減期 ($t_{1/2}$) を第一級，第二級，および第三級アルキル鎖のエステルで比較したものを，式 8.2 に示した．生成するラジカルの安定性の反映として，第一級 < 第二級 < 第三級アルキル鎖の順にアルキルラジカルが生成しやすいことがわかる．

相対的反応性：$1°\text{-R} < 2°\text{-R} < 3°\text{-R}$

$$R-\overset{O}{\underset{||}{C}}-O-N \xrightarrow[80℃]{t_{1/2}} R-S-\text{Py} \quad \begin{array}{l} R = CH_3(CH_2)_{14}- \quad t_{1/2} = 31 \text{ min} \\ R = (CH_3)_2CH- \quad t_{1/2} = 26 \text{ min} \\ R = (CH_3)_3C- \quad t_{1/2} = 14 \text{ min} \end{array} \quad (8.2)$$

ここで N-ヒドロキシ-2-チオピリドン O-アシルエステルを室温下，ESR プローブの中で光照射すると，アルキルラジカルが生成し，非常に綺麗な微細分裂を観測できる[2]．式 8.3 に示したように，生成したアルキルラジカルと N-ヒドロキシ-2-チオピリドン O-アシルエステルの連鎖反応速度定数は 10^6 s^{-1} 程度であり，脱炭酸反応速度定数より約千倍も遅くなっているため，生成したアルキルラジカルの ESR を容易に観測することができわけである[3]．

$$R-\overset{O}{\underset{||}{C}}-O-N + [R\cdot] \xrightarrow[k]{W-h\nu} R-S-\text{Py} + [RCOO\cdot] \quad (8.3)$$

$R = CH_3(CH_2)_{14}-$

$4℃ \quad k = 0.87 \times 10^6 \text{ M}^{-1}\text{ s}^{-1}$
$80℃ \quad k = 4.2 \times 10^6 \text{ M}^{-1}\text{ s}^{-1}$

詳細な実験より，光照射下では 100% が連鎖反応であり，加熱下では約 80% が連鎖反応で，残り約 20% が溶媒の cage 内反応で進行することが知られている．

8.1 還元反応

カルボン酸から N-ヒドロキシ-2-チオピリドン O-アシルエステルを合成し，Bu_3SnH やチオールのような水素原子供与体存在下，加熱あるいはタングステンランプ光照射すると，生成したアルキルラジカルの還元体を生じる．第一級，第二級，および第三

級アルキル鎖いずれのカルボン酸からも,そしてステロイド,糖,あるいはペプチドいずれのカルボン酸からも対応する還元体を生じる.(式8.4)[4].

なお,これらの反応は室温下で中性に近い条件下で行えるため,ラセミ化の問題は生じない.

この還元反応を利用して,通常の合成法では立体選択性に問題のある O-グリコシドや C-グリコシドを β 選択的に合成することができる.たとえば,式8.5に示した反応は,この方法による β 体の O-ジサッカライドの合成である[5].

これは,式8.5下に示したグリコシリアノマーラジカルにおいて,アキシアル ラジカルに環内隣接酸素原子のアキシアル位の孤立電子対との n–σ* 軌道間相互作用が働き,エクアトリアル ラジカルに比べて,アキシアル ラジカルが安定かつ求核性も高くなっているためである.このため,アキシアル ラジカル由来の還元体である β-O-グ

リコシドを生じる.

8.2 ハライドへの変換反応

N-ヒドロキシ-2-チオピリドン O-アシルエステルを CCl_4, $BrCCl_3$, あるいは CHI_3 の存在下,タングステンランプ光照射すると Hunsdiecker 型反応が生じて,対応する塩化アルキル,臭化アルキル,あるいはヨウ化アルキルを第一級,第二級,第三級いずれのアルキル鎖をもつカルボン酸からも高収率で生成する[6]. これらの反応では,副生成物として $PySCCl_3$ や $PySCHI_2$ を生じる (表 8.1).

表 8.1 カルボン酸のハロゲン化物への変換反応

RCO_2H	RX	収率 (%)
$CH_3(CH_2)_{14}-CO_2H$	$CH_3(CH_2)_{14}Cl$	70
$CH_3(CH_2)_{14}-CO_2H$	$CH_3(CH_2)_{14}Br$	95
$CH_3(CH_2)_{14}-CO_2H$	$CH_3(CH_2)_{14}I$	95
アダマンチル-CO_2H	アダマンチル-Br	98
ステロイド-CO_2H	シクロペンチル-Br	72

また,cubanecarboxylic acid のようにデリケートなカルボン酸も CF_3CH_2I をヨウ素源にすると,iodocubane を高収率で生じる. 興味深い例として,シクロプロピルラジカルは sp^3 炭素ラジカルに近いのでラジカル反転エネルギーは小さく,容易に反転してしまうが,F 原子が α 位に置換されると,その電子効果でさらに非平面性が強くなり,ラジカル反転エネルギーは大きくなる. たとえば,式 8.6 の反応は光学活性 α-fluorocyclopropane carboxylic acid と N-ヒドロキシ-2-チオピリドンから得られるエステルの脱炭酸的臭素化反応では,加熱下でも立体保持で進行する[6].

$$\text{(8.6)}$$

N-ヒドロキシ-2-チオピリドン O-アシルエステルを用いたハロゲン化反応がHunsdieker反応より優れている理由は，重金属を使用しないばかりでなく，芳香族カルボン酸にも適用できる点にある[7]．とくに，Hunsdieker反応では電子供与基（p-MeOなど）をもつ芳香族カルボン酸では芳香環のハロゲン化が生じるために，まったく適用できない．しかしながら，Barton脱炭酸によるハロゲン化反応により，金属配位子として利用できる 2,2′-bipyridine-5,5′-dibromide も 2,2′-bipyridine-5,5′-dicarboxlic acid から合成できる．

8.3　カルコゲニドへの変換反応

N-ヒドロキシ-2-チオピリドン O-アシルエステルをラジカル捕捉剤なしで反応させると，アルキル 2-ピリジルスルフィドが得られることは先に述べたが，こうして得られたスルフィドを mCPBA（m-chloroperoxybenzoic acid）で酸化し，加熱処理すると Ei 反応（分子内脱離反応）を経てアルケンを生じる．式 8.7 にその一例を示した[8]．

$$\text{(8.7)}$$

一方，N-ヒドロキシ-2-チオピリドン O-アシルエステルをジスルフィド，ジセレニド，あるいはジテルリド存在下，光照射すると，発生したアルキルラジカルがこれらのカルコーゲン原子上で S_H2 反応し，対応するアルキルスルフィド，アルキルセレニド，あるいはアルキルテルリドを高収率で生じる．カルコーゲン原子の反応性の相違

から，ジスルフィドでは30等量，ジセレニドでは10等量，ジテルリドでは2等量程度を用いることにより，対応するカルコゲニドを高収率で生成する（式8.8）[9]．

$$R-\underset{S}{\underset{\|}{C}}-O-N\underset{}{\bigcirc} \xrightarrow[0℃]{\text{W-}h\nu, \text{ArXXAr}} RXAr + PySXAr \quad (8.8)$$

$$(X = S, Se, Te)$$

生体では微量の含セレンアミノ酸が酸化還元で重要な働きをしていることが知られているが，Barton 脱炭酸反応を用いた含セレンアミノ酸の合成例を式8.9に示した．つまり，グルタミン酸からセレノメチオニンの温和な合成が可能となり，アミノ酸のラセミ化の問題も生じない[10]．

$$\text{Boc-NHCH}\underset{CO_2CH_2Ph}{\overset{CH_2CH_2COOH}{|}} \xrightarrow[\text{2) HO-N=}\underset{Et_3N}{\bigcirc}]{\text{1) ClCO}_2{}^t\text{Bu, CH}_3\text{-morpholine}} \text{Boc-NHCH}\underset{CO_2CH_2Ph}{\overset{CH_2CH_2C(O)-O-N\bigcirc(S)}{|}}$$

$$\xrightarrow[\text{CH}_3\text{SeSeCH}_3]{\text{W-}h\nu} \text{Boc-NHCH}\underset{CO_2CH_2Ph}{\overset{CH_2CH_2SeCH_3}{|}} \xrightarrow{\text{CF}_3\text{CO}_2\text{H}} \text{H}_3\overset{+}{\text{N}}-\underset{CO_2^-}{\overset{CH_2CH_2SeCH_3}{\text{CH}}} \quad (8.9)$$

また，セレノ基の温和なセレノキシドへの酸化とその Ei 反応を利用して，光学純度100%のビニルグリシンなども合成できる．

8.4 その他の官能基への変換反応

カルボン酸を脱炭酸的に対応するアルコールに変換する簡便な方法はない．その意味で，N-ヒドロキシ-2-チオピリドン O-アシルエステルを $Sb(SPh)_3$ と酸素ガスの存在下で撹拌してラジカル反応を進行させ，生じた反応混合物を加水分解して対応するアルコールを生成する式8.10の反応は有益である[11]．

$$R-\underset{S}{\underset{\|}{C}}-O-N\bigcirc \xrightarrow[\text{2) H}_2\text{O}]{\text{1) Sb(SPh)}_3, \text{Air (O}_2)} R-OH \quad (8.10)$$

$$\downarrow \qquad \qquad \uparrow H_2O$$

$$[R\cdot] \xrightarrow[(-\text{PhSSPy})]{\text{Sb(SPh)}_3} R-Sb(SPh)_2 \xrightarrow{O_2} RO-\underset{\|}{\overset{O}{Sb}}(SPh)_2$$

(+) cis-Pinonic acid = RCOOH

この手法により，柑橘類につく昆虫のフェロモンを (+)-*cis*-pinonic acid から合成できる．また，酸素 ($^{16}O_2$) の代わりに，$^{18}O_2$ を用いると ^{18}O-アルコールを生じる．

N-ヒドロキシ-2-チオピリドン *O*-アシルエステルを単体硫黄，二酸化硫黄，あるいは CH_3SO_2CN 存在下で反応を行うと，生成したアルキルラジカルはこれらの化合物と反応して対応するチオール，ピリジンチオールスルホナート，あるいはニトリルを高収率で生成する (式 8.11)[12]．$RSO_2\cdot$ は $RCO_2\cdot$ に比べ，その脱二酸化硫黄の速度は $4\times10^5\,M^{-1}\,s^{-1}$ (25 ℃) と相対的に遅いために，ピリジンチオールスルホナートを効果的に生じる．

$$R-\overset{O}{C}-O-N\underset{S}{\diagup} \xrightarrow{W-h\nu} [R\cdot] \begin{cases} \xrightarrow[]{S_8,\,0\,℃} R-(S)_n-SPy \xrightarrow[CH_3OH]{NaBH_4} R-SH \\ \xrightarrow[CH_2Cl_2]{SO_2,\,-10\,℃} R-SO_2SPy \\ \xrightarrow[CH_2Cl_2]{CH_3SO_2CN,\,0\,℃} R-CN + CH_3SO_2SPy \end{cases} \quad (8.11)$$

8.5 炭素-炭素結合形成反応

8.5.1 分子内環化反応

Barton 脱炭酸反応を用いて，5 位や 6 位に不飽和結合を有するアルキルラジカルを発生させると，5-*exo-trig* あるいは 6-*exo-trig* 環化体を与える[13]．式 8.12 の反応は，5-*exo-trig* 環化反応による生理活性の高い perhydroindole-2-carboxylic acid の合成例である．

$$(8.12)$$

69%

8.5.2 分子間ラジカルカップリング反応

 N-ヒドロキシ-2-チオピリドン O-アシルエステルを-64 ℃という低温で光照射すると連鎖反応が阻止され，生成したアルキルラジカル（R•）のカップリング反応が起こり，生成物（R-R）を生じる（式8.13）[14].

$$2 \text{ R-CO-N(py)(=S)} \longrightarrow \text{R-R} + \text{Py-S-S-Py} \quad (8.13)$$

8.5.3 分子間付加反応

 分子間の炭素-炭素結合形成反応は重要である． N-ヒドロキシ-2-チオピリドン O-アシルエステルの光照射から得られるアルキルラジカルを種々のπ電子欠損型活性オレフィンと反応させると付加体を生成し，さらにこれら付加体は種々の官能基に誘導できる．

 たとえば，式8.14の反応は N-ヒドロキシ-2-チオピリドン O-アシルエステルを活性オレフィンであるニトロエチレン存在下での光照射により，対応する付加体を生じ，これを K_2CO_3/H_2O_2 系で処理することで（ニトロアルカンは $pK_a = 10$ 程度），Arndt-Eistert反応のように1炭素増えたカルボン酸に誘導できる．また，2-ニトロプロペンから生じた付加体を三塩化チタン（還元剤）処理するとメチルケトン誘導体を生成する[15].

$$\text{(式 8.14)}$$

 ニトロオレフィンの代わりにフェニルビニルスルホンを用いると，その付加体は式8.15に示したように種々の官能基に導くことができるので，合成的価値がさらに高くなる[15].

8.5 炭素-炭素結合形成反応

$$(8.15)$$

アルキルラジカルのオレフィンへの付加は，通常 SOMO-LUMO 軌道間相互作用なので，オレフィンの π 電子密度は少ないほうがよい．そのため，ニトロエチレンやビニルスルホンは高い反応性を有し，アクリロニトリル，アクリル酸エチル，アクリル酸アミド，あるいはビニルホスフィンオキシドも似たような反応性を示す．一方，Barton 脱炭酸反応をペルフルオロアルキルカルボン酸 (R_fCOOH) に適用すると電子欠損した $R_f\cdot$ が生成するために，オレフィンへの付加は SOMO-HOMO 軌道間相互作用が有利となる．そのため，$R_f\cdot$ は式 8.16 に示したように π 電子密度の高いビニルエーテルやアルケンと反応しやすくなる[16]．

$$(8.16)$$

N-ヒドロキシ-2-チオピリドン O-アシルエステルを 1,1-ジクロロ-2,2-ジフルオロエチレンと反応させた後，その付加体を硝酸銀で加水分解すると α,α-ジフルオロカル

ボン酸を生じる (式 8.17)[17]．

$$R-\underset{\underset{S}{\|}}{C}-O-N\text{-ピリジン} \xrightarrow[\text{r.t.}]{\underset{Cl}{\overset{F}{C}}=\underset{Cl}{\overset{F}{C}},\ W\text{-}h\nu} RCF_2CCl_2\text{-SPy} \xrightarrow[\text{THF, H}_2\text{O}]{\text{AgNO}_3} RCF_2COOH \quad (8.17)$$

また，式 8.18 に示したように，アクリル酸エステルを用いて得られた付加体の mCPBA 酸化，続く $(CF_3CO)_2O$ による Pummerer 転位反応，および加水分解の操作により α-ケト酸が生成する[18]．

$$(8.18)$$

$$\xrightarrow[\text{CH}_3\text{CN},\ \text{H}_2\text{O}]{\text{K}_2\text{CO}_3} RCH_2-\underset{\|}{\overset{O}{C}}-COOH$$

以上で述べてきたように，N-ヒドロキシ-2-チオピリドン O-アシルエステルの分子間付加反応は炭素-炭素結合形成とカルボキシ基の官能基変換という観点から非常に優れた反応である．とくに，温和な反応条件であることから，ヌクレオシドやアミノ酸に適用できることが大きな利点といえる．式 8.19 は本反応を用いたヌクレオシド系抗生物質 (nucleosidic antibiotic) の合成例である[19]．

$$(8.19)$$

式 8.20 は生物活性のある Tyromycin の合成例である．ほかに，分子内および分子間の tandem 型反応による五員環状化合物の合成も可能である[19]．

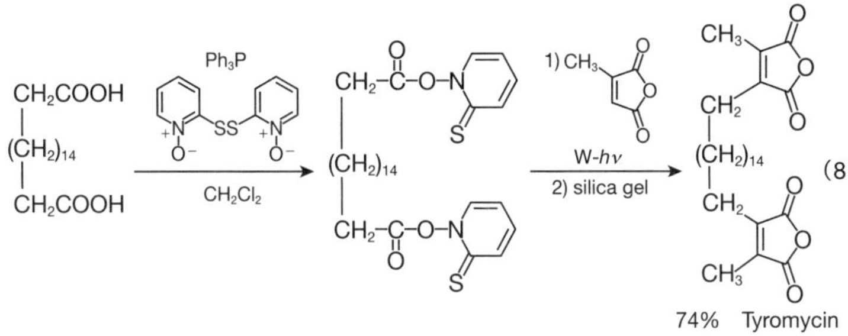

8.5 炭素-炭素結合形成反応　247

$$(8.20)$$

74%　Tyromycin

8.5.4 置換反応

Bu$_3$SnH を用いたラジカル反応では，還元反応や還元的付加反応は遂行できるが，芳香族複素環への置換反応は困難である．その点，N-ヒドロキシ-2-チオピリドン O-アシルエステルは，種々の含窒素芳香族化合物への置換反応（アルキル化反応）を容易に遂行できる．この場合も SOMO-LUMO 軌道間相互作用なので，含窒素芳香族化合物はπ電子欠損型のほうが好ましく，CF$_3$CO$_2$H やカンファースルホン酸などの塩にしておくと反応性が向上する．N-ヒドロキシ-2-チオピリドン O-アシルエステルを用いたピリジン，レピジン，カフェインなど含窒素芳香族化合物のアルキル化反応については5章の一部で述べたので，ここでは省略する．

ベンゾキノンは芳香族化合物ではないが，π電子欠損化合物なので，N-ヒドロキシ-2-チオピリドン O-アシルエステルとともに光照射すると，ベンゾキノンへのアルキル基とピリジル基の1,2-付加体が生成し，その後，共存する過剰のベンゾキノンによりヒドロキノン骨格からベンゾキノン骨格に酸化される．結果として式 8.21 に示したように，キノンへのアルキル基とチオピリジル基の1,2-置換体を生成する[20]．

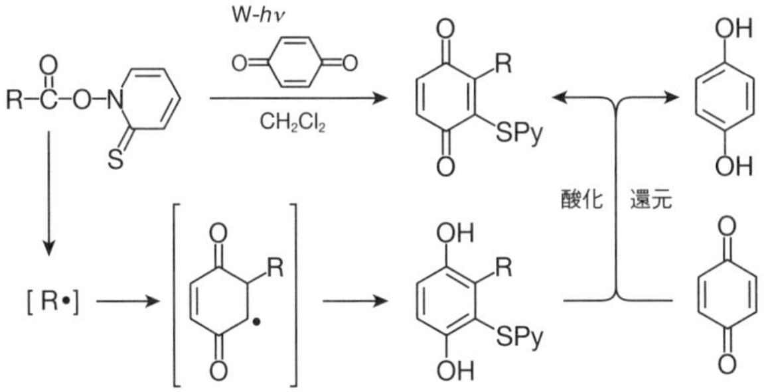

$$(8.21)$$

式 8.22 は，N-ヒドロキシ-2-チオピリドン O-アシルエステルとキノンの反応を天

然物であるIlimaquinone合成に適用した例である[20].

(8.22)

これまで述べてきた N-ヒドロキシ-2-チオピリドン O-アシルエステルの化学をまとめると図8.1のようになる．この表から Barton 脱炭酸反応が rich chemistry であることがわかる．

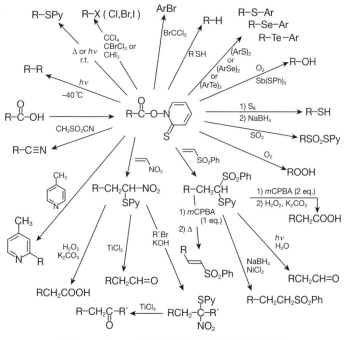

図8.1 Barton 脱炭酸反応の合成化学的変換反応

8.5.5 その他

 テルル原子は親ラジカル（radicophile）的性質をもつため，式 8.23 に示したようなラジカル付加反応をする．つまり，2,3,4,6-tetra-O-acetyl-D-glucosyl p-anisyl telluride と N-ヒドロキシ-2-チオピリドン O-アセテートをアクリル酸メチル共存下で光照射反応すると，生じた $CH_3\cdot$ はテルル原子上で S_H2 反応を行い，2,3,4,6-tetra-O-acetyl-D-glucosyl アノマーラジカルを発生する．このラジカルはアクリル酸メチルと反応して付加体を生じる[21]．この反応の原動力は，$CH_3\cdot$ に比べ，新たに生成する 2,3,4,6-tetra-O-acetyl-D-glucosyl ラジカルが安定だからである．また，$CH_3\cdot$ は求核性が低いために，アクリル酸メチルとはほとんど反応しない．

 N-ヒドロキシ-2-チオピリドンに対応する N-ヒドロキシ-2-セレノピリドンは，きわめて空気酸化されやすい化合物であるが，その O-アシルエステルは，N-ヒドロキシ-2-チオピリドン O-アシルエステルと同様の反応性を示す．利点として，光反応により生じた脱炭酸生成物はセレニドであるために，低温でのオゾン酸化反応および生じたセレノキシドの Ei 反応により，穏やかな条件でアルケンを生成する．式 8.24 の反応は，L-グルタミン酸から光学活性 L-ビニルグリシンの合成例である[22]．

8 Barton 脱炭酸反応

$$(8.24)$$

アルコールや第二級アミンとホスゲンおよび N-ヒドロキシ-2-チオピリドンから得られるエステルを光照射すると，対応するアルコキシルラジカルやアミニルラジカルを生成する[23]．たとえば，式 8.25 の反応は，4-ペンテニル基を有する第二級アミンから得られるカルバメートを光照射することにより，アミニルラジカルが発生し，^{t}BuSH のような水素原子供与体があると，もとの第二級アミンへの還元体 (**C**) を生じる．一方，系内に CF_3CO_2H を加えて酸性度を上げると，生じたアミニルラジカルはプロトン化され，求電子性の高いアミニウムラジカルとなって側鎖二重結合へ 5-*exo-trig* 環化してピロリジン誘導体 (**D**) を高収率で生じる．

$$(8.25)$$

additive	収率 (%)	C	D
^{t}BuSH	80	100	0
CF_3COOH	90	0	100

合成的用途は限られるが，アルコール，塩化オキザリルおよび N-ヒドロキシ-2-チオピリドンから生じる混合エステル (式 8.26) をワンポットで合成し，加熱反応すると，二分子の二酸化炭素を放出して対応するアルキルラジカルが生成する．この系に

チオールや四塩化炭素を存在させると，それぞれ対応する炭化水素への還元体や塩化アルキルを生成する．反応は，ステロイド化合物などにも適用できるが，第二級や第三級のアルコールに限られ，第一級アルコールには適用できない[24]．これは第一級アルコールのC–O結合が強いためである．

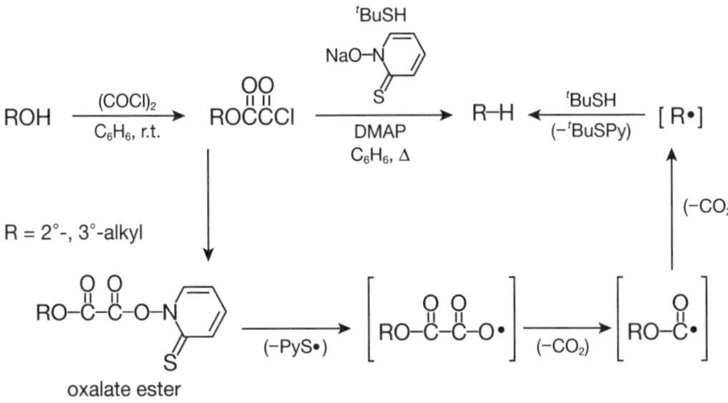

$$\text{ROH} \xrightarrow[C_6H_6, \text{r.t.}]{(\text{COCl})_2} \text{ROCCCl} \xrightarrow[\substack{\text{DMAP} \\ C_6H_6, \Delta}]{\substack{^t\text{BuSH} \\ \text{NaO-N} \\ \text{S}}} \text{R-H} \xleftarrow[(-^t\text{BuSPy})]{^t\text{BuSH}} [\text{R}\cdot] \quad (8.26)$$

$R = 2°\text{-}, 3°\text{-alkyl}$

oxalate ester $\xrightarrow{(-\text{PyS}\cdot)} [\text{RO-C-C-O}\cdot] \xrightarrow{(-CO_2)} [\text{RO-C}\cdot] \xrightarrow{(-CO_2)}$

最後に，合成的用途は非常に限られているが，図8.2に示したベンゾフェノンオキシム O-アシルエステル (**E**)，N-アシロキシフタルイミドエステル (**F**)，N-ヒドロキシ-2-ピリドン O-アシルエステル (**G**) なども，厳しい水銀灯照射という条件でのみ，アシロキシルラジカルの生成，続いて脱炭酸を伴ったアルキルラジカルの発生を経て，芳香環のアルキル化やアルカンへの還元反応を行える (図8.2)[25]．しかしながら，今まで述べてきた N-ヒドロキシ-2-チオピリドン O-アシルエステルの合成化学的汎用性にははるかに及ばない．

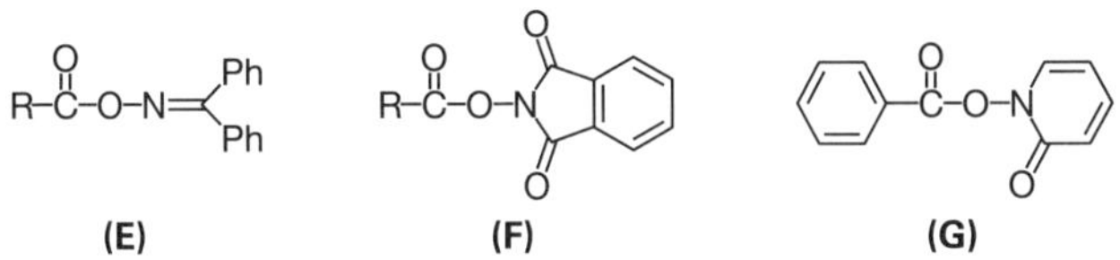

(E) **(F)** **(G)**

図8.2　O-アシル誘導体

■実験項

【実験8.1】カルボン酸の脱炭酸的還元反応（式8.4）

　N-ヒドロキシ-2-チオピリドン (1.1 mmol) とピリジン (0.1 mL) のトルエン (10 mL) 溶液に，3β-acetoxy-11-ketobisnorallocholanic acid chloride (1 mmol) のトルエン

(1 mL)溶液を窒素雰囲気下,室温で加える.この操作中は反応器をアルミホイルで遮光しておく.10 分後,反応液を速やかに吸引沪過し,この沪液を還流している ^{t}BuSH(0.5 mL)のトルエン(20 mL)溶液に 30 分かけて加える.反応中も反応器はアルミホイルで遮光しておく.1 時間後,溶媒を除去し,残留をシリカゲルカラムクロマトグラフィーで処理することにより 3β-acetoxy-5αH-pregnan-11-one が 82% の収率で得られる.

[D. H. R. Barton, D. Crich, W. B. Motherwell, *Tetrahedron*, **41**, 3901 (1985)]

【実験 8.2】カルボン酸の脱炭酸的チオール化反応(式 8.11)

単体硫黄(0.29 mmol)と N-ヒドロキシ-2-チオピリドン O-アダマンタンカルボニル(1 mmol)をジクロロメタン(15 mL)に溶かし,0 ℃で窒素ガス雰囲気下,タングステンランプの光照射を 1 時間行う.反応後,系内に室温で $NaBH_4$(20 mmol)のメタノール(10 mL)溶液を 15 分かけて滴下する.滴下後,さらに 1 時間攪拌する.反応後,硫酸水溶液(0.5 mol L^{-1}, 60 mL)に注ぎ,ジクロロメタン(20 mL×4)で 4 回抽出し,有機層を $MgSO_4$ で乾燥する.沪過して溶媒を除去した後,残留をカラムクロマトグラフィー(ヘキサン:酢酸エチル=97:3)で処理することにより 1-アダマンタンチオールが 88% の収率で得られる.

[D. H. R. Barton, E. Castagnino, J. C. Jaszberenyi, *Tetrahedron Lett.*, **35**, 6057 (1994)]

【実験 8.3】フェニルビニルスルホンを用いた脱炭酸的 C-C 結合形成反応(式 8.15)

β,β-ジフェニルプロピオン酸(2 mmol)のクロロホルム(8 mL)溶液に塩化オギザリル(1.5 g)と DMF を 1 滴加えて,1 時間攪拌する.反応後,溶媒および過剰の塩化オギザリルを除去し,窒素ガス雰囲気下,0 ℃に冷却した残留にクロロホルム(6 mL)および N-ヒドロキシ-2-チオピリドン(2.2 mmol)を加え,最後にクロロホルム(2 mL)に溶かしたピリジン(5 mmol)をゆっくり滴下していく.反応容器はアルミホイルで包み遮光する.滴下後,室温で 30 分攪拌する.反応後,室内を暗くして,得られた黄色溶液を速やかに吸引沪過する.沪液にフェニルビニルスルホン(10 mmol)およびクロロホルム(5 mL)を加え,窒素雰囲気下 20 ℃で 30 分 200 W タングステンランプ光照射する.反応後,溶媒を除去し,残留を THF(15 mL)に溶かし,ヒドラジン一水和物(1.6 g)を加えて 15 分攪拌する.反応後,溶媒を除去し,残留をシリカゲルフラッシュカラムクロマトグラフィーで処理することにより 74% の収率で付加体(4,4-diphenyl-1-benzenesulfonyl-1-thiopyridylbutane)が得られる.

[D. H. R. Barton, H. Togo, S. Z. Zard, *Tetrahedron Lett.*, **26**, 6349 (1985)]

【実験 8.4】ベンゾキノンへのアルキル基とピリジル基の導入反応（式 8.21）

N-ヒドロキシ-2-チオピリドン O-アシルエステル（1 mmol）とベンゾキノン（7 mmol）をジクロロメタン（20 mL）に溶かし，窒素ガス雰囲気下 0 ℃で 300 W タングステンランプ光照射を 30 分行う．反応後，溶媒を除去し，残留をシリカゲルフラッシュカラムクロマトグラフィーで処理することにより 3,4-ジ置換したベンゾキノンが得られる．

[D. H. R. Barton, D. Bridon, S. Z. Zard, Tetrahedron Lett., **43**, 5307 (1987)]

参考文献

1) D. H. R. Barton, W. B. Motherwell, *Heterocycles*, **21**, 1 (1984); D. H. R. Barton, D. Crich, W. B. Motherwell, *Tetrahedron*, **41**, 3901 (1985); D. H. R. Barton, D. Crich, P. Potier, *Tetrahedron Lett.*, **26**, 5943 (1985); D. H. R. Barton, D. Crich, G. Kretzschmar, *J. Chem. Soc., Perkin Trans. 1*, **1986**, 39; 東郷秀雄ほか, "有機合成化学協会誌", **48**, 641 (1990).
2) K. U. Ingold, *et al.*, *Tetrahedron Lett.*, **29**, 917 (1988).
3) M. Newcomb, S. U. Park, *J. Am. Chem. Soc.*, **108**, 4132 (1986); M. Newcomb, J. Kaplan, *Tetrahedron Lett.*, **28**, 1615 (1987).
4) D. H. R. Barton, D. Crich, W. B. Motherwell, *Chem. Commun.*, **1983**, 939; D. H. R. Barton, *et al.*, *Chem. Commun.*, **1984**, 1298; D. H. R. Barton, *et al.*, *Tetrahedron*, **44**, 5479 (1988); A. V. Cross, *et al.*, *Tetrahedron Lett.*, **30**, 1799 (1989); P. Garner, J. T. Anderson, S. Dey, *J. Org. Chem.*, **63**, 5732 (1998).
5) D. Crich, T. J. Ritchie, *Chem. Commun.*, **1988**, 1461; D. Crich, T. J. Ritchie, *J. Chem. Soc., Perkin Trans. 1*, **1990**, 945; D. Crich, L. B. L. Lim, *Tetrahedron Lett.*, **32**, 2565 (1991); D. Crich, L. B. L. Lim, *Tetrahedron Lett.*, **31**, 1897 (1990); D. Crich, F. Hermann, *Tetrahedron Lett.*, **34**, 3385 (1993).
6) D. H. R. Barton, D. Crich, W. B. Motherwell, *Tetrahedron Lett.*, **24**, 4979 (1983); J. Tsanaktsidis, P. E. Eaton, *Tetrahedron Lett.*, **30**, 6967 (1989); W. G. Dauben, B. A. Kowalczyk, D. P. Bridon, *Tetrahedron Lett.*, **30**, 2461 (1989); K. Gawronska, J. Gawronski, H. M. Walborsky, *J. Org. Chem.*, **56**, 2193 (1991).
7) D. H. R. Barton, B. Lacher, S. Z. Zard, *Tetrahedron*, **43**, 4321 (1987); F. M. Romero, R. Ziessel, *Tetrahedron Lett.*, **36**, 6474 (1995).
8) E. J. Cochrane, *et al.*, *Tetrahedron Lett.*, **30**, 7111 (1989).
9) D. H. R. Barton, D. Bridon, S. Z. Zard, *Tetrahedron Lett.*, **25**, 5777 (1984); D. H. R. Barton, D. Bridon, S. Z. Zard, *Heterocycles*, **25**, 449 (1987).
10) D. H. R. Barton, *et al.*, *Tetrahedron*, **42**, 4983 (1986).
11) D. H. R. Barton, D. Bridon, S. Z. Zard, *Chem. Commun.*, **1985**, 1066; D. H. R. Barton, N. Ozbalik, M. Schmitt, *Tetrahedron Lett.*, **30**, 3263 (1989); A. J. Bloodworth, D. Crich, T. Melvin, *J. Chem. Soc., Perkin Trans. 2*, **1990**, 2957.
12) D. H. R. Barton, *et al.*, *Tetrahedron*, **44**, 1153 (1988); D. H. R. Barton, E. Castagino, J. C. Jaszberenyi, *Tetrahedron Lett.*, **35**, 6057 (1994); D. H. R. Barton, J. C. Jaszberenyi, E. A. Theodorakis, *Tetarhedron Lett.*, **32**, 3321 (1991).
13) A. J. Bloodworth, D. Crich, T. Melvin, *Chem. Commun.*, **1987**, 786; D. H. R. Barton, *et al.*, *Tetrahedron Lett.*, **28**, 1413 (1987); E. Castagnino, S. Corsano, D. H. R. Barton, *Tetrahedron Lett.*, **30**, 2983 (1989); A. J. Walkington, D. A. Whiting, *Tetrahedron Lett.*, **30**, 4731 (1989).

14) D. H. R. Barton, et al., *Tetrahedron*, **43**, 2733 (1987).
15) D. H. R. Barton, D. Crich, G. Kretzschmer, *Tetrahedron Lett.*, **25**, 1055 (1984); D. H. R. Barton, H. Togo, S. Z. Zard, *Tetrahedron*, **41**, 5507 (1985); D. H. R. Barton, H. Togo, S. Z. Zard, *Tetrahedron Lett.*, **26**, 6349 (1985); D. H. R. Barton, et al., *Tetrahedron Lett.*, **30**, 4237 (1989); D. H. R. Barton, J. C. Sarma, *Tetrahedron Lett.*, **31**, 1965 (1990); D. H. R. Barton, et al., *Tetrahedron*, **47**, 7091 (1991); D. H. R. Barton, C. Y. Chern, J. C. Jaszberenyi, *Tetrahedron Lett.*, **33**, 7299 (1992); D. H. R. Barton, et al., *Tetarhedron Lett.*, **34**, 6505 (1993); S. Poigny, M. Guyot, M. Samadi, *J. Chem. Soc., Perkin Trans. 1*, **1997**, 2175; D. H. R. Barton, W. Liu, *Tetrahedron Lett.*, **38**, 2431 (1997).
16) D. H. R. Barton, B. Lacher, S. Z. Zard, *Tetrahedron*, **42**, 2325 (1986).
17) T. Okano, et al., *Tetrahedron Lett.*, **33**, 3491 (1992).
18) D. H. R. Barton, C. Y. Chern, J. C. Jaszberenyi, *Tetrahedron Lett.*, **33**, 5017 (1992).
19) D. H. R. Barton, et al., *Tetrahedron*, **43**, 4297 (1987); D. H. R. Barton, et al., *Chem. Commun.*, **1988**, 1373; D. H. R. Barton, et al., *Chem. Commun.*, **1989**, 1000; D. H. R. Barton, et al., *Tetrahedron Lett.*, **30**, 4969 (1989); R. N. Saicic, Z. Cekovic, *Tetrahedron Lett.*, **31**, 4203 (1990); D. H. R. Barton, et al., *J. Chem. Soc., Perkin Trans. 1*, **1991**, 981; J. Boivin, E. Crepon, S. Z. Zard, *Tetrahedron Lett.*, **32**, 199 (1991); S. Poigny, M. Guyot, M. Samadi, *J. Org. Chem.*, **63**, 1342 (1998).
20) D. H. R. Barton, D. Bridon, S. Z. Zard, *Tetrahedron Lett.*, **43**, 5307 (1987); T. Ling, et al., *Org. Lett.*, **4**, 819 (2002).
21) D. H. R. Barton, M. Ramesh, *J. Am. Chem. Soc.*, **112**, 891 (1990); D. H. R. Barton, P. I. Dalko, S. D. Gero, *Tetarhedron Lett.*, **32**, 4713 (1991); H. Togo, et al., *Heteroatom Chem.* **8**, 411 (1997); W. He, H. Togo, M. Yokoyama, *Tetrahedron Lett.*, **38**, 5541 (1997); H. Togo, et al., *J. Chem. Soc., Perkin Trans. 1*, **1998**, 2425.
22) D. H. R. Barton, et al., *Tetrahedron*, **41**, 4347 (1985).
23) M. Newcomb, et al., *Tetrahedron Lett.*, **26**, 5651 (1985); M. Newcomb, T. M. Deeb, *J. Am. Chem. Soc.*, **109**, 3163 (1987); A. L. J. Beckwith, B. P. Hay, *J. Am. Chem. Soc.*, **110**, 4415 (1988); B. P. Hay, A. L. J. Beckwith, *J. Org. Chem.*, **54**, 4330 (1989); M. Newcomb, M. U. Kumar, *Tetrahedron Lett.*, **31**, 1675 (1990); Y. Togo, N. Nakamura, H. Iwamura, *Chem. Lett.*, **1991**, 1201; A. L. J. Beckwith, I. G. E. Davison, *Tetrahedron Lett.*, **32**, 49 (1991); J. Biovin, E. Fouguet, S. Z. Zard, *Tetrahedron Lett.*, **32**, 4299 (1991); M. Newcomb, C. Ha, *Tetrahedron Lett.*, **32**, 6493 (1991); M. Newcomb, J. L. Esker, *Tetrahedron Lett.*, **32**, 1033 (1991); M. Newcomb, M. U. Kumar, *Tetrahedron Lett.*, **32**, 45 (1991).
24) D. H. R. Barton, D. Crich, *Chem. Commun.*, **1984**, 774; D. H. R. Barton, D. Crich, *Tetrahedron Lett.*, **26**, 757 (1985); D. Crich, S. M. Fortt, *Synthesis*, **1987**, 35; H. Togo, M. Fujii, M. Yokoyama, *Bull. Chem. Soc. Jpn.*, **64**, 57 (1991).
25) E. C. Taylor, H. W. Altland, F. Kienzle, *J. Org. Chem.* **41**, 24 (1976); M. Hasebe, T. Tsuchiya, *Tetrahedron Lett.*, **28**, 6207 (1987); K. Okada, K. Okamoto, M. Oda, *J. Am. Chem. Soc.*, **110**, 8736 (1988); K. Okada, K. Okubo, M. Oda, *Tetrahedron Lett.*, **33**, 83 (1992).

9

Wohl–Ziegler 反応と Fenton 反応

9.1 Wohl–Ziegler 反応

　芳香環に直結したメチル基の水素原子を選択的に臭素化して，ブロモメチル基にする反応として Wohl–Ziegler 反応がある．これは，メチル基をもつ芳香環を四塩化炭素に溶かし，NBS（N-ブロモスクシンイミド）と触媒量の AIBN あるいは $(PhCO_2)_2$ を加えて，加熱あるいはタングステンランプ光照射することにより，ブロモメチル基をもつ芳香環を合成する反応である[1]．反応機構は式 9.1 に示したように開始段階，成長段階，および停止段階からなる連鎖反応で進行する．つまり，触媒量の AIBN あるいは $(PhCO_2)_2$ から生じた開始剤 $[(CH_3)_2(CN)C\bullet$ あるいは $Ph\bullet]$ が系内で微量に生じる臭素分子と反応し，発生した活性種 $Br\bullet$ がベンジル位の水素原子を引き抜き，安定な HBr とベンジル系炭素ラジカルを生じる．ベンジル系炭素ラジカルは微量に存在する臭素分子と反応して生成物のベンジル系臭化物と $Br\bullet$ を再生する．連鎖反応サイクルは図 9.1 のようにも表され，チェーンキャリア（chain carrier）は $Br\bullet$ である．副生する HBr は NBS との極性反応で，スクシンイミドと臭素分子を生じる．この反応条件では，系内の臭素分子の濃度が微量に抑制されているため，ラジカル反応によるモノ臭化物を優先的に与え，アルケンへの求電子付加反応や芳香環への求電子置換反応が抑制されている．カルボン酸，エステル，あるいはアミドなどの官能基があっても，選択的かつ円滑に進行する．式 9.2〜式 9.6 に反応例を示した．この反応は，四塩化炭素溶媒のときが収率はよいが，無溶媒やイオン液体溶媒でも進行する．

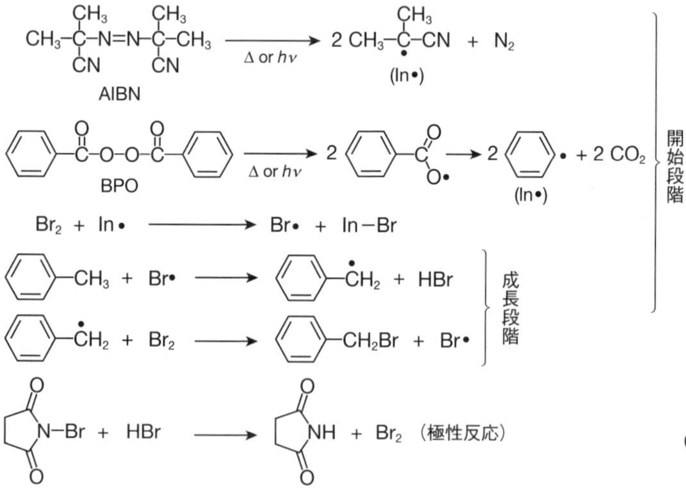

9 Wohl–Ziegler 反応と Fenton 反応

$$\left.\begin{array}{l}
\text{AIBN} \xrightarrow{\Delta \text{ or } h\nu} 2\ \text{CH}_3\text{-}\overset{\bullet}{\text{C}}(\text{CH}_3)\text{-CN} + \text{N}_2 \quad (\text{In}\bullet) \\
\text{BPO} \xrightarrow{\Delta \text{ or } h\nu} 2\ \text{PhCO}_2\bullet \longrightarrow 2\ \text{Ph}\bullet + 2\ \text{CO}_2 \quad (\text{In}\bullet) \\
\text{Br}_2 + \text{In}\bullet \longrightarrow \text{Br}\bullet + \text{In-Br}
\end{array}\right\}\text{開始段階}$$

$$\left.\begin{array}{l}
\text{PhCH}_3 + \text{Br}\bullet \longrightarrow \text{PhCH}_2\bullet + \text{HBr} \\
\text{PhCH}_2\bullet + \text{Br}_2 \longrightarrow \text{PhCH}_2\text{Br} + \text{Br}\bullet
\end{array}\right\}\text{成長段階}$$

$$\text{NBS-Br} + \text{HBr} \longrightarrow \text{NHS} + \text{Br}_2 \quad \text{(極性反応)} \tag{9.1}$$

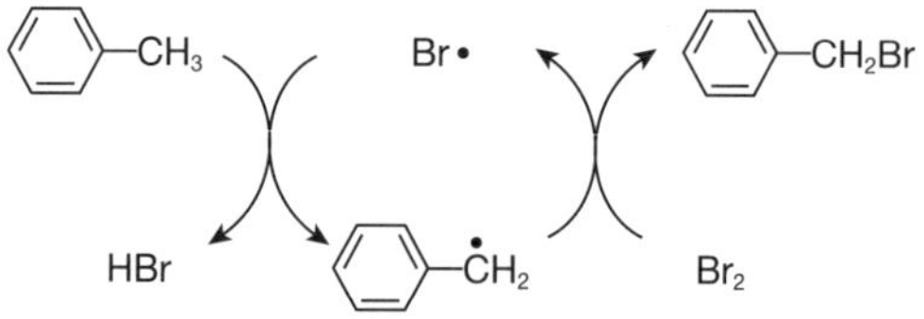

図 9.1 Wohl–Ziegler 反応

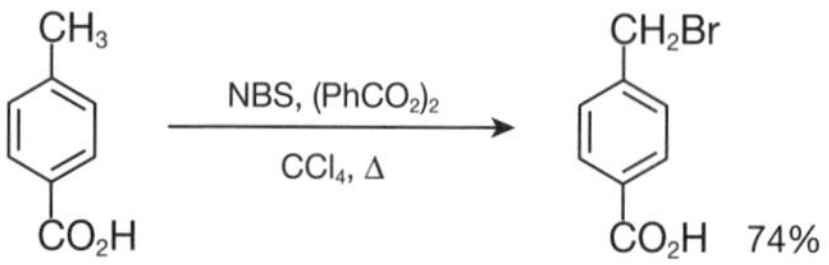

$$\text{4-MeC}_6\text{H}_4\text{CO}_2\text{H} \xrightarrow[\text{CCl}_4, \Delta]{\text{NBS, (PhCO}_2)_2} \text{4-BrCH}_2\text{C}_6\text{H}_4\text{CO}_2\text{H} \quad 74\% \tag{9.2}$$

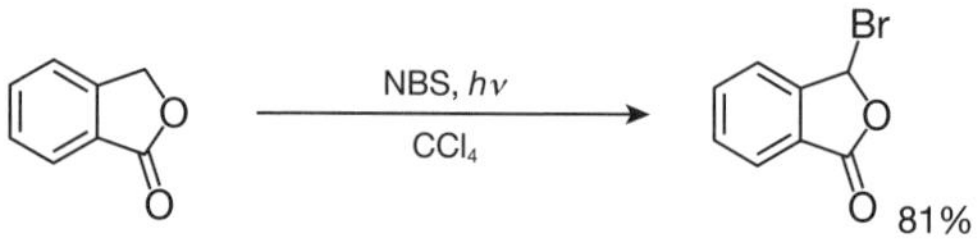

$$\text{phthalide} \xrightarrow[\text{CCl}_4]{\text{NBS, } h\nu} \text{3-bromophthalide} \quad 81\% \tag{9.3}$$

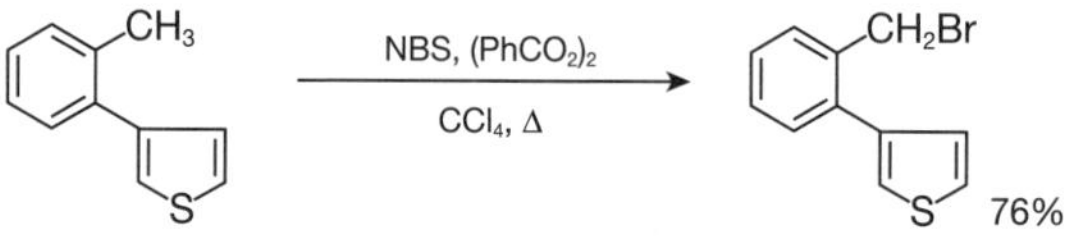

$$\text{2-(3-thienyl)toluene} \xrightarrow[\text{CCl}_4, \Delta]{\text{NBS, (PhCO}_2)_2} \text{2-(3-thienyl)benzyl bromide} \quad 76\% \tag{9.4}$$

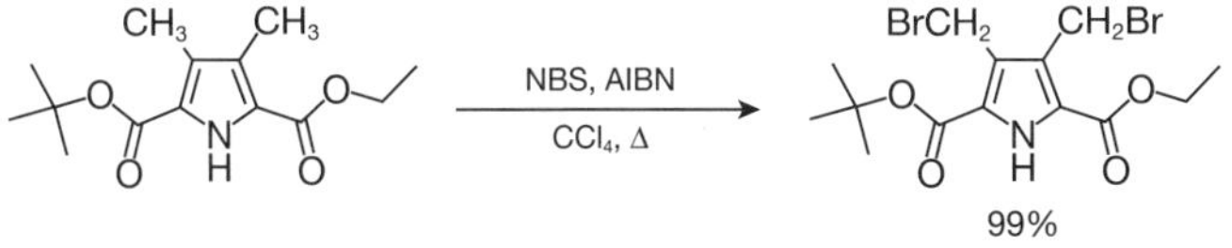

$$\text{(9.5)}$$

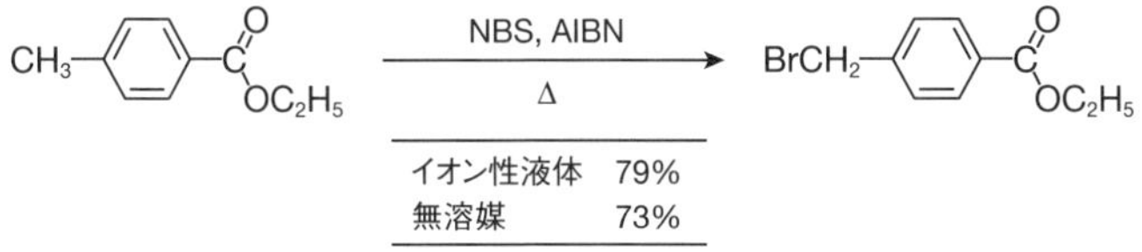

(図: 3,4-ジメチルピロール-2,5-ジカルボン酸エステル + NBS, AIBN / CCl$_4$, Δ → 3,4-ビス(ブロモメチル)ピロール-2,5-ジカルボン酸エステル 99%)

$$\text{(9.6)}$$

(図: 4-メチル安息香酸エチル + NBS, AIBN / Δ → 4-(ブロモメチル)安息香酸エチル)

イオン性液体　79%
無溶媒　　　73%

9.2 Fenton 反応

Fe^{2+} と過酸化水素水によるラジカル酸化反応で，式9.7に示したように，α-ヒドロキシカルボン酸から α-ケト酸をつくる反応を Fenton 反応という[2)]．α-ヒドロキシカルボン酸と Fe^{2+}（$FeSO_4$ など）および過酸化水素水を反応させると，Fe^{2+} による過酸化水素の一電子還元により，高い反応性をもつ HO・（ヒドロキシルラジカル）を生じ，Fe^{3+} を副生する．HO・は α-ヒドロキシカルボン酸のもっとも C-H 結合エネルギーが小さい α 水素原子を引き抜き，炭素ラジカル(**A**)を生じ，続いて Fe^{3+} による酸化でカルボカチオン(**B**)を生じる．カルボカチオン(**B**)はプロトンを放出して，α-ケト酸を生成する．糖鎖の1,2-ジオールを α-ヒドロキシアルデヒドに酸化する場合もある．今日，Fe^{2+} と過酸化水素水から HO・を発生させる系は Fenton 系（試薬）と総称されている（式9.8）．

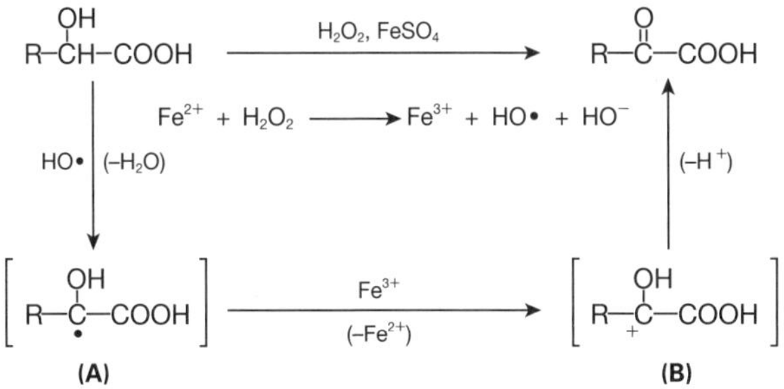

$$\text{(9.7)}$$

$Fe^{2+} + H_2O_2 \longrightarrow Fe^{3+} + HO\cdot + HO^-$

(反応機構図: R-CH(OH)-COOH → [R-C·(OH)-COOH] (**A**) →(Fe^{3+}, $-Fe^{2+}$)→ [R-C$^+$(OH)-COOH] (**B**) →($-H^+$)→ R-CO-COOH)

$$\begin{array}{c}\text{CO}_2\text{Na}\\\text{H-C-OH}\\\text{HO-C-H}\\\text{H-C-OH}\\\text{H-C-OH}\\\text{CH}_2\text{OH}\end{array} \xrightarrow[\text{H}_2\text{O}]{\text{H}_2\text{O}_2,\ \text{FeSO}_4} \begin{array}{c}\text{CH=O}\\\text{HO-C-H}\\\text{H-C-OH}\\\text{H-C-OH}\\\text{CH}_2\text{OH}\\50\%\end{array} \quad (9.8)$$

■実験項

【実験9.1】 芳香環に直結したメチル化合物の Wohl–Ziegler 反応（式9.2）（四塩化炭素溶媒）

p-メチル安息香酸（6 mmol），NBS（6 mmol），および $(\text{PhCO}_2)_2$（0.24 mmol）を無水の四塩化炭素（7 mL）に溶かし，1～2時間還流する．反応後，溶媒を除去し，残留を速やかにシリカゲルフラッシュカラムクロマトグラフィーで処理することにより p-ブロモメチル安息香酸が得られる．

[L. F. Tietze, Th. Eicher 著, 高野誠一, 小笠原國郎 訳, "精密有機合成", p.53, 南江堂 (1991)]

【実験9.2】 芳香環に直結したメチル化合物の Wohl–Ziegler 反応（式9.6関連反応）（無溶媒）

フラスコに phthalide（6 mmol），NBS（7.2 mmol），および AIBN（0.6 mmol）を加えて，アルゴン雰囲気下，室温で2分撹拌し，次に 60 ℃に加熱する．1時間後，エーテルを加えて吸引沪過し，沪液をシリカゲルフラッシュカラムクロマトグラフィー（ヘキサン：酢酸エチル＝1：1）で処理することにより 3-bromophthalide が 89 % の収率で得られる．

[H. Togo, T. Hirai, *Synlett*, **2003**, 702]

参 考 文 献

1) A. Wohl, *Ber.*, **52**, 51 (1919); K. Ziegler, *Ann.*, **551**, 30 (1942); H. E. Baumgarten, *Org. Synth.*, **V**, 145 (1973); G. Hartman, W. Halczenko, B. T. Phillips, *J. Org. Chem.*, **51**, 142 (1986); C. Schmuck, W. Wienand, *J. Am. Chem. Soc.*, **125**, 452 (2003); H. Togo, T. Hirai, *Synlett*, **2003**, 702.
2) H. J. H. Fenton, *J. Chem. Soc.*, **65**, 899 (1894); C. L. Keller, *et al.*, *J. Org. Chem.*, **73**, 3616 (2008).

10

金属水素化物によるラジカル反応

　本章で述べるラジカル反応は，合成的に役立つものではない．ただ，予想していた反応にラジカル反応が介在し，目的物が効率的に得られないときに参考となるであろう．つまり，極性反応で進行すると思い込んでいた反応が，実はラジカル反応が介在しているために，目的の反応が進行しなかったり，目的生成物の収率が低かったりする場合がある．こうしたことを避けるためにも金属水素化物のラジカル反応性を知る必要がある．

　金属（鉄，銅，マンガン，クロム，セリウム，サマリウムなど）イオンなどを用いた一電子移動（single electron transfer，SET）反応によるラジカル反応は前章までの随所で述べてきたので，本章では金属水素化物による電子移動反応を中心にみていきたい．ハロゲン化アルキルやケトンの金属水素化物による還元反応は，典型的なヒドリドイオン（H:⁻）種による反応として理解されている．しかしながら，1970 年代後半からすべての反応が必ずしもそうではないというような研究報告が数多く発表されるようになった．つまり，SET によるラジカル反応プロセスが提示され，その多くはラジカル反応の介在証明をラジカル環化反応（3 章）という間接的手法で行ってきた．もちろん，なかには ESR でラジカル種を直接観測しているものもある．これらはおもに Ashby により行われてきた[1]．

　たとえば，式 10.1 に示したように，側鎖 5 位に二重結合を有する 2,2-dimethyl-5-hexenyl-1-iodide（ネオペンチル型ヨウ化物）の $LiAlH_4$ 還元では，96％もの 5-*exo-trig* 環化体が生成する．しかも，同様に $LiAlD_4$ 還元すると，ただの還元体における D 化率は 65％である[1]．つまり，残りの 35％は溶媒から水素原子を引き抜いたことになる．これらの事実は 2,2-dimethyl-5-hexenyl-1-iodide の $LiAlH_4$ 還元反応のほとんどが

ヒドリドイオン種のような極性反応でなく，SET を伴い，対応する 2,2-dimethyl-5-hexen-1-yl ラジカルが中間に生成した還元反応であることを示唆している．

$$\text{(10.1)}$$

2.5%　　96%　　　　　　　　5.5%　　　　　69%
　　　　　　　　　　　　　　（D 化率 65%）（D 化率 57%）

この SET の傾向は，基質が立体的にさかばっていて，ハロゲンがヨウ素のとき増加する．これは，ヨウ化物のほうが LUMO (σ^*) のエネルギー準位は下がり，その LUMO に一電子を受け入れやすくなるからである．一方，塩化物，臭化物，トシラートなどは大半が LUMO (σ^*) も高いエネルギー準位にあるため，ヒドリド種による通常の極性反応 (S_N2) が主反応となる．式 10.2 の反応は 6-ヨード-1-ヘキセンと 6-ブロモ-1-ヘキセンを ^{t}BuLi と反応させた結果であり，メチルシクロペンタンを 85% および 45% の収率で生じている．このことは，少なくともメチルシクロペンタンは ^{t}BuLi から 6-ヨード-1-ヘキセンや 6-ブロモ-1-ヘキセンへの SET により 5-ヘキセニル (5-hexen-1-yl) ラジカルを生じ，そのラジカル 5-*exo-trig* 環化により，シクロペンチルメチルラジカルとなり，副生する ^{t}Bu• から水素原子をもらい，メチルシクロペンタンを生じたといえる[1]．

$$\text{(10.2)}$$

X = Br　45%　25%
X = I 　85%　 5%

芳香族になると SET は起こりやすくなるために，式 10.3 に示したように臭化物でもかなりの SET が生じ，5-*exo-trig* 環化体を高収率で生じる[1]．

$$\text{(10.3)}$$

NaBH$_4$ は還元力が弱く,芳香族ハライドを直接還元できないが,水銀灯照射すると電子密度の高い NaBH$_4$ から臭化物への SET を経由して還元体を与える.式 10.4 に示した *trans*-β-ブロモスチレンを LiAlD$_4$ 還元すると,SET によりビニルラジカルを生成する.ビニルラジカルの *cis*/*trans* 異性化の活性化エネルギーは 2 kcal mol^{-1} 程度であり,低温でも速やかに反転している.還元体のスチレンは 63% が D 化されており,*cis*/*trans* 比は 1/1 である.ほかの D 化されていないスチレン 37% は溶媒から水素原子を引き抜いたことを示している[1].これもビニルラジカルの生成を示唆している.

$$\text{(10.4)}$$

式 10.5 は *gem*-ジ臭化物を LiAlH$_4$,Bu$_3$SnH,CH$_3$MgBr および NaBH$_4$ でモノ臭化物に還元したときの異性体比を比較したものである.典型的なラジカル反応試剤である Bu$_3$SnH と,ほかの金属試剤により還元された *cis*/*trans* 異性体比が比較的似ていること,そして,これらの反応はいずれも 5〜10 分の誘導期間(induction period)があり,酸素分子による反応の阻害がみられることから,これらいずれの試剤による脱臭素化反応も SET によるラジカル反応と考えられている[2].

式 10.6 は飽和系側鎖を有する 2,2-dimethylhexyl-1-iodide の LiAlH$_4$/THF-d_8 系での還元反応であるが,還元体の 95% は中間に生成した 2,2-dimethylhexan-1-yl ラジカルが溶媒である THF 分子から重水素原子を引き抜いていることを示している[3].このあたりになると,反応容器がガラス製か,テフロン製か,あるいはステンレス製かにより SET の傾向が大きく変化してくるので,取扱いがデリケートになる.

$$\begin{array}{c}\text{(構造式)} \xrightarrow[\text{DMF}]{\text{MH}} \text{cis} + \text{trans}\end{array} \quad (10.5)$$

MH	収率 (%)	cis/trans
$LiAlH_4$	73	3.0
Bn_3SnH	82	2.5
CH_3MgBr	72	2.5
$NaBH_4$	79	1.8

$$\text{R-I} \xrightarrow[\text{THF-}d_8,\ \text{r.t.}]{LiAlH_4} [\text{R}^\bullet] \longrightarrow \text{R-H} + \text{R-D} \quad (10.6)$$

(< 0.5% ： 95%)

　peryleneのような縮環系芳香族化合物を$LiAlH_4$とともに室温放置すると，$LiAlH_4$からperyleneのLUMO軌道へのSETによりperyleneのアニオンラジカルが発生し，ESRを観測できるとともに，色の発現を観測できる．たとえば，式10.7に示したようにperyleneを$LiAlH_4$と室温撹拌することより深青色が発現し，ESRから約80％のアニオンラジカルの生成を確認できる[4]．当然ながら，金属水素化物によりSET能力は異なるために，アニオンラジカルの濃度も異なってくる．式10.7は種々の金属水素化剤によるperyleneへのSETのしやすさを，ESRでperyleneのアニオンラジカルの濃度を測定することにより比較したものである．この結果から，金属水素化アルミニウムが高いSET能力を有することがわかる．

$$\text{perylene} \xrightarrow[\text{THF, r.t.}]{\text{MH}} \text{アニオンラジカル (青色)} \quad (10.7)$$

MH	アニオンラジカルの収率(%)
$LiAlH_4$	80
$NaAlH_4$	80
AlH_3	31
MgH_2	35
$HMgCl$	20

　芳香族ケトン類も，$LiAlH_4$やAlH_3からのSETにより対応するケチルラジカルを発生する．
　以上で述べてきたように，ハロゲン化物を金属水素化剤で還元するとき，反応部位

の立体的混み具合により SET が生じてラジカル反応が生じる．また，縮環系芳香族化合物やケトン類も金属水素化剤による SET で，ラジカル反応が生じてくる．これらの事実は合成的に役立つものではないが，実際の合成反応で，ヒドリドイオンによる還元と思い込んで実験を行っても，基質の構造や反応条件によりラジカル反応が介在する可能性があることを認識する必要があることを示している．

参考文献

1) S. K. Chung, F. F. Chung, *Tetrahedron Lett.*, **1979**, 2473; E. C. Ashby, A. B. Goel, R. N. Depriest, *J. Am. Chem. Soc.*, **102**, 7780 (1980); P. R. Singh, A. Nigam, J. M. Khurana, *Tetrahedron Lett.*, **21**, 4753 (1980); E. C. Ashby, R. N. Depriest, A. B. Goel, *Tetrahedron Lett.*, **22**, 1763 (1981); E. C. Ashby, R. N. Depriest, T. N. Pham, *Tetrahedron Lett.*, **24**, 2825 (1983); E. C. Ashby, *et al.*, *J. Org. Chem.*, **49**, 4505 (1984); W. F. Bailey, R. P. Gagnier, J. J. Patricia, *J. Org. Chem.*, **49**, 2098 (1984); E. C. Ashby, T. N. Pham, *Tetrahedron Lett.*, **28**, 3197 (1987); C. O. Welder, E. C. Ashby, *J. Org. Chem.*, **62**, 4829 (1997).
2) J. T. Groves, K.W. Ma, *J. Am. Chem. Soc.*, **96**, 6527 (1974); K. Tsujimoto, S. Tasaka, M. Ohashi, *Chem. Commun.*, **1975**, 758; S. K. Chung, *J. Org. Chem.*, **45**, 3513 (1980); E. C. Ashby, *et al.*, *J. Org. Chem.*, **49**, 3545 (1984); M. Kropp, G. B. Schuster, *Tetrahedron Lett.*, **28**, 5295 (1987).
3) E. C. Ashby, C. O. Welder, *Tetrahedron Lett.*, **36**, 7171 (1995).
4) E. C. Ashby, *et al.*, *J. Am. Chem. Soc.*, **103**, 973 (1981).

11

フリーラジカルの立体制御反応

　フリーラジカル反応を用いた立体化学は，研究例が多くない．これは，近年まで有機ラジカル反応を温和に遂行させることができなかったことや，反応性の高いラジカル種が関与するため，ラジカル反応そのものに立体選択性の発現が難しいことが原因となっていた．しかしながら，最近は Barton の脱炭酸反応や Bu_3SnH/Et_3B 系反応のように，室温以下でラジカル反応を行うことができるようになり，ラジカル反応の立体化学も研究されるようになった．当然ながら，低温のほうが立体選択性は向上するためである．

11.1 還元反応

　$Bu_3SnH/AIBN$ の代わりに Bu_3SnH/Et_3B/空気の系を用いることにより，ラジカル還元反応を 0℃以下で行うことができる．とくに，α-ハロエステルやα-ハロケトンのような活性ハロゲン化物は，低温で対応する炭素ラジカルを発生する．式 11.1 に示した反応は，β-メトキシ-α-ブロモカルボン酸エステル誘導体の Bu_3SnH/Et_3B/空気の系による還元反応である．Lewis 酸がない場合と，Mg^{2+} のような Lewis 酸を共存させて，メトキシ酸素とカルボニル酸素とをキレート制御（chelation-control）して立体を固定化させた場合の還元反応における立体が示されている．この *anti/syn* のジアステレオマー選択性については，式 11.1 下に示したように，生じたα-エステルラジカルと Bu_3SnH の反応における遷移状態（**A**）および（**B**）を考慮すればよい[1]．つまり，Lewis 酸がない場合は遷移状態（**A**）を経るため主生成物は *anti* 体となる．他方，Mg^{2+} が共存すると，そのキレート制御により遷移状態（**B**）を経て *syn* 体が主生

成物となる.また,式11.2は3,5-ジヒドロキシ2-Se-フェニルカルボン酸エステルのBu$_3$SnH/Et$_3$B系による還元反応で,3,5-ジオールのホウ素上への結合により立体制御した還元反応である.

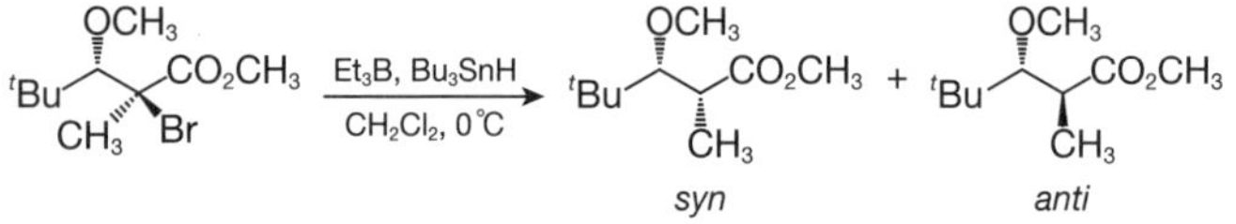

$$(11.1)$$

	収率(%)	syn		anti
MgBr$_2$	91	33	:	1
—	75	1	:	21

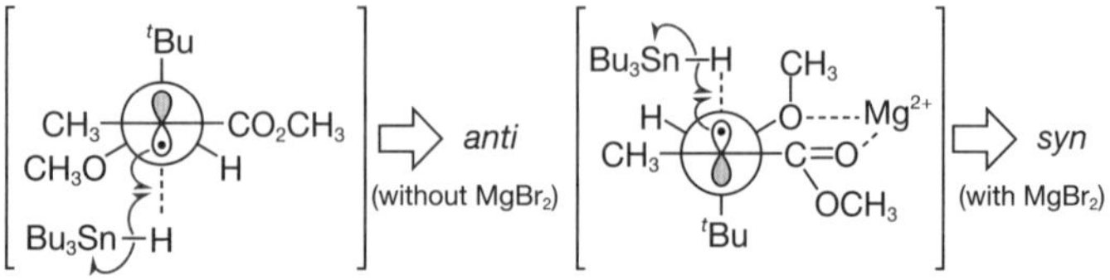

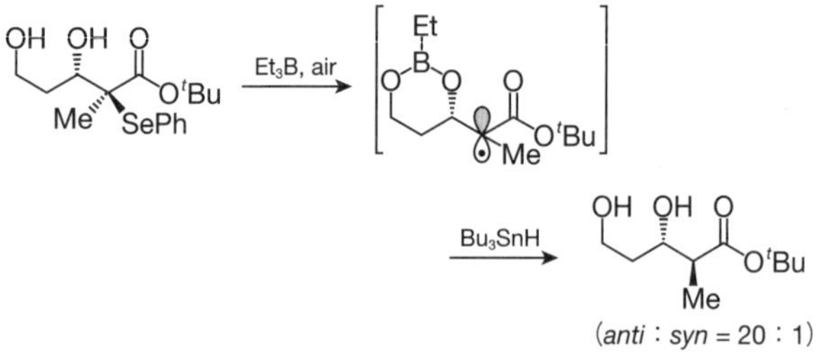

$$(11.2)$$

(anti : syn = 20 : 1)

式11.3の反応は[(CH$_3$)$_3$Si]$_3$SiH/C$_{12}$H$_{25}$SH系でカルボニル基をanti/synのジアステレオマー選択的にラジカル還元した例であり,ある程度のジアステレオマー選択性がみられる[2].これは酸素親和力の高い[(CH$_3$)$_3$Si]$_3$Si•がカルボニル基酸素原子に付加し,生じた炭素ラジカルが[(CH$_3$)$_3$Si]$_3$SiHやC$_{12}$H$_{25}$SHから水素原子を引き抜く反応である.

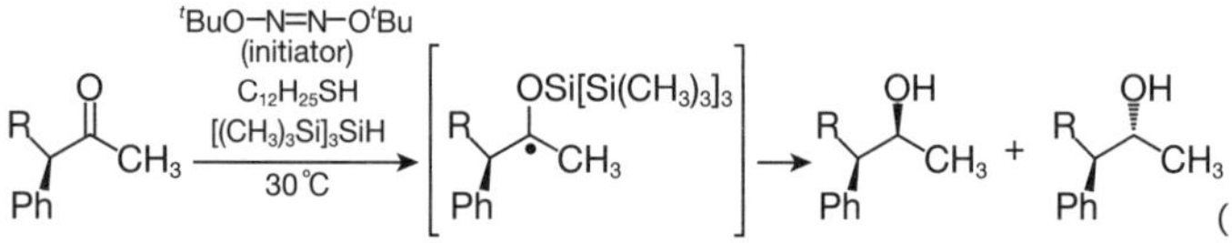

$$(11.3)$$

R = –Me (2.9 : 1)
R = –^{i}Pr (12.6 : 1)
R = –^{t}Bu (5.3 : 1)

一方,不斉還元において,光学活性なスズヒドリド(**C**),(**D**),および(**E**)を用いて還元する反応もある.式 11.4 に示した反応は-78 ℃で光学活性 bis(naphthyl)-*t*-butyltin hydride (**C**)/Et$_3$B 系による α-ブロモカルボン酸エステルの不斉還元であり,式 11.5 に示した反応は-78 ℃で光学活性 bis(naphthyl)methyltin hydride (**D**)/Et$_3$B 系による α-ブロモケトンの不斉還元である.式 11.6 の反応は bis[(1*S*, 2*S*, 5*R*)-menthyl]phenyltin hydride (**E**)/Et$_3$B 系でルイス酸と併用し,α-ブロモカルボン酸エステルを不斉還元した例である.これらの反応は,生じた α-エステルラジカルや α-ケトラジカルがスズヒドリド試剤 **C**～**E** から水素原子を引き抜くとき,不斉場をもつために,平面構造に近い α-エステルラジカルや α-ケトラジカルの一方の面から優先して水素原子を引き抜いた結果である.低温で立体的にかさばったスズヒドリドを用いているために光学収率もかなり高い[3]).

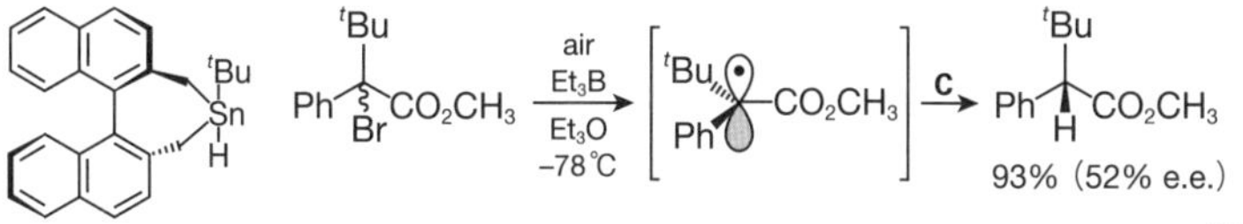

(11.4)

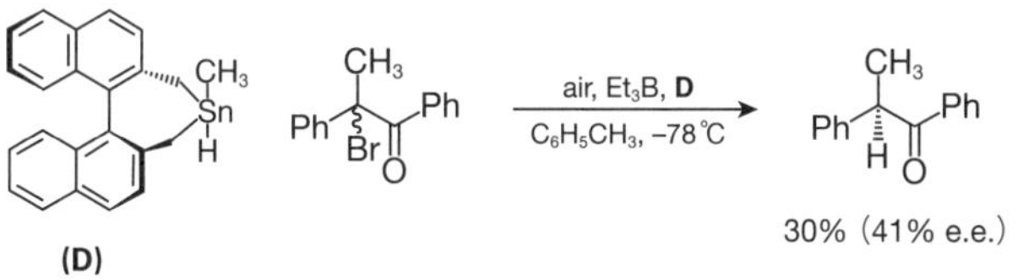

(11.5)

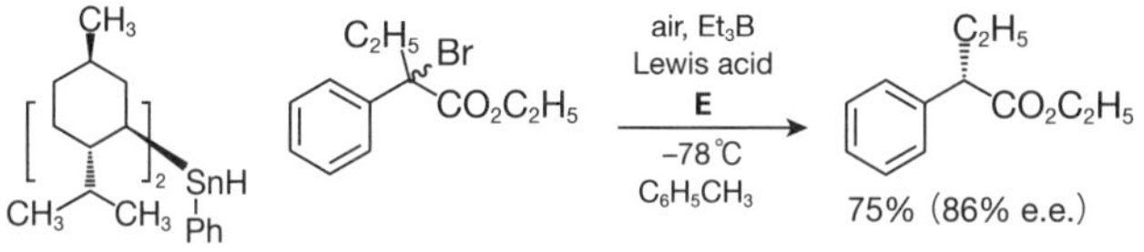

(11.6)

11.2 炭素-炭素結合形成反応

分子間の付加反応で,プロピオン酸の Barton エステルから生じるエチルラジカルを光学活性なアクリル酸メンチルエステルに付加させた場合,反応部位と不斉中心が離れているために,付加体のジアステレオマー過剰率(d.e.)はかなり低い(式 11.7)[4]).

$$CH_3CH_2-\overset{O}{\overset{\|}{C}}-O-\underset{S}{\overset{}{N}} + \overset{O}{\overset{\|}{C}}-OR^* \longrightarrow CH_3CH_2\overset{CO_2R^*}{\underset{SPy}{\overset{|}{C}H}} \quad (11.7)$$

R* = (メンチル基構造)

	条件	収率 (%)	d.e. (%)
Et$_2$O	W-$h\nu$, 15℃	45	8
C$_6$H$_5$CH$_3$	Δ	44	4

しかしながら，Barton エステルが式 11.8 に示したように環状に固定化され，β 位メトキシカルボニル基の立体効果が生じた炭素ラジカル中心の近傍で働くと，1 種類のジアステレオマーのみを選択的に生成する[4)]．

$$\underset{\text{(構造式)}}{} \xrightarrow{W-h\nu} \underset{78\%}{\text{(生成物)}} \quad (11.8)$$

立体選択的ラジカル付加反応には，スルホキシドの不斉中心を利用したものもある．式 11.9 に示したヒドロキシ基を有する α,β-不飽和スルホキシドは，ヒドロキシ基とスルホキシド酸素の六員環状分子内水素結合を形成し，親ラジカル (radicophile) 種である活性ビニル基は強固 (rigid) に固定されている．この基質に -78 ℃で Bu$_3$SnH / Et$_3$B / ^{t}BuI 系を作用させると，Et• と ^{t}BuI の S$_H$2 反応から生じた ^{t}Bu• は炭素–炭素不飽和結合に付加し，生じた炭素ラジカルはアキシアル位メチル基の反対側から水素原子をもらう．つまり，遷移状態 (**F**) を経由するので高い *syn* 選択性を生じる[5)]．

$$\underset{\text{(原料)}}{} \xrightarrow[CH_2Cl_2, -78℃]{Et_3B, Bu_3SnH, ^tBuI} \underset{syn}{\text{(syn体)}} + \underset{anti}{\text{(anti体)}} \quad (11.9)$$

89% (*syn* : *anti* = 98 : 2)

[遷移状態 (**F**)] ⇒ *syn*

同様の系の付加反応を Lewis 酸共存下で行うと，キレート制御 (chelation-control) により分子間付加反応が高いジアステレオマー選択性を伴って進行する．たとえば，

11.2 炭素–炭素結合形成反応

式 11.10 は 1 等量の Lu(OTf)$_3$ 存在下，α,β-不飽和 N-enoyloxazolidinone の 2 種のカルボニル酸素を Lu(OTf)$_3$ に配位させて，(**G**) のような六員環状態に固定し，^{i}Pr• を立体障害の少ない上側から付加させた反応であり，高い収率を伴い高いジアステレオマー選択性を発現する[5]．

$$\text{(11.10)}$$

同様の立体選択的付加反応は，式 11.11 や式 11.12 に示したように，MgBr$_2$ を Lewis 酸としたキレート制御により，アクリル酸エステル誘導体に ^{i}PrI／Bu$_3$SnH／Et$_3$B／酸素ガスあるいは ^{t}BuBr／Bu$_3$SnH／Et$_3$B／酸素ガス条件下のジアステレオマー選択的な炭素–炭素結合形成反応がある．つまり，式 11.11 は主生成物 syn (**H**) および anti (**I**) の遷移状態を経て生成物を与える．式 11.12 は ^{t}Bu 基の付加したラジカル中間体が遷移状態 (**J**) を経由して，高いジアステレオマー選択性で Bu$_3$SnH から水素原子を引き抜く[6]．

$$\text{(11.11)}$$

270   11 フリーラジカルの立体制御反応

$$(11.12)$$

S_H2' 反応によるアリル化反応も不斉 oxazolidine を用いることにより，比較的高いジアステレオマー選択性を発現させることができる．式 11.13 はアリルトリブチルスズ共存下の水銀灯照射による α-Se-フェニル-β-ケトアミドの α-アリル化反応である．−78 ℃では生成物を定量的収率かつきわめて高いジアステレオマー選択性で生じる[7]．

$$(11.13)$$

0 ℃   ジアステレオマー比 32：1
−78 ℃ ジアステレオマー比 100：1

式 11.14 は α-ヒドロキシケトンに $MgBr_2$ を用いたキレート制御により，アリルトリブチルスズ/Et_3B/酸素ガス系−78 ℃で，ケトンの α 位を立体選択的にアリル化している[7]．式 11.15a および式 11.15b は RI/Et_3B/酸素ガス/アリルトリブチルスズの系で，Et• と RI の S_H2 反応で生じた R• を求核的に α,β-不飽和エステルの炭素−炭素二重結合にラジカル Michael 付加反応させ，生じた α-エステルラジカルが求電子的にアリルトリブチルスズと反応して，アリル化生成物を生じる[7]．式 11.16 は MgI_2 に不斉 bisoxazoline と基質のアミド型 oxazolidinone がともに二座配位子として Mg^{2+} に配位し，^iPr• が求核的にラジカル Michael 付加反応し，生じた α-アミドラジカルが求電子的にアリルトリブチルスズとラジカル反応して，アリル化生成物を生じる[7]．

11.2 炭素-炭素結合形成反応　271

式 11.17 はカンファースルホンアミド不斉補助基をもつ α-イミノ型アミドに対する ^{i}PrI/Bu$_3$SnH/Et$_3$B/酸素ガス条件下の ^{i}Pr• の求核的ラジカル付加反応である[7].

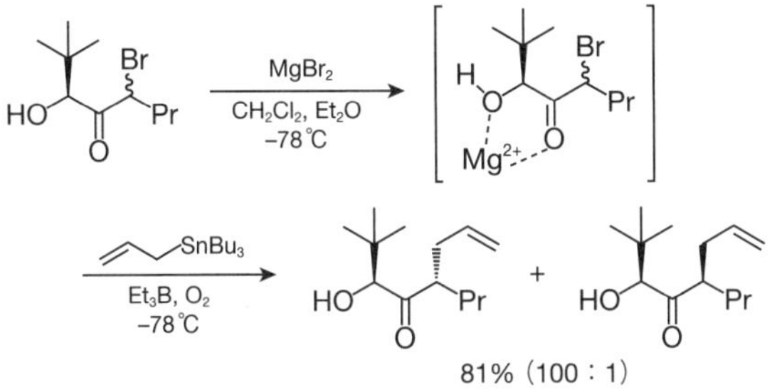

(11.14)

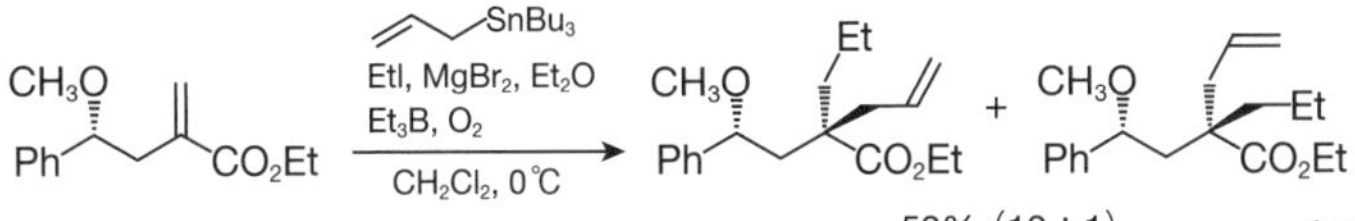

(11.15a)

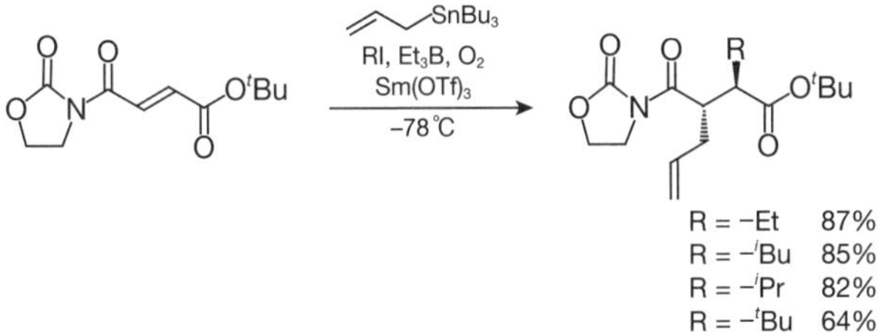

(11.15b)

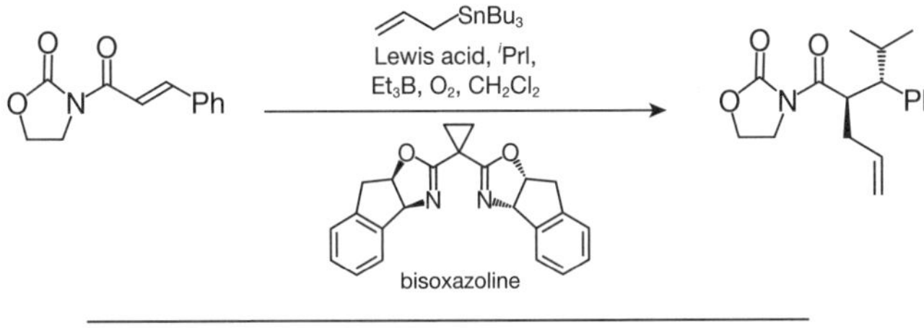

R = -Et   87%
R = -^{i}Bu   85%
R = -^{i}Pr   82%
R = -^{t}Bu   64%

(11.16)

bisoxazoline

Lewis 酸 (eq.)	温度 [°C]	収率 (%)	ジアステレオマー比	e.e. (%)
MgI$_2$ (1)	−78	82	19 : 1	86
MgI$_2$ (0.3)	−78	93	37 : 1	93
MgI$_2$ (0.3)	−40	70	36 : 1	65

式 11.18 はキラル補助基を有する 2-ブロモアセタール誘導体のアレン結合への 5-*exo-trig* 環化による光学活性 β-ビニル-γ-ラクトンの合成である。遷移状態 (**K**) を経て環化するため，非常に高い光学収率を発現している[8]。

式 11.19 は α-alkylidene-γ-lactone の Bu_3SnH/Et_3B 系による 5-*exo-trig* と 6-*endo-trig* 環化反応で，Lewis 酸 Et_2AlCl のない場合とある場合で立体選択的環化反応を制御している[8]。式 11.20 も同様に PhSe 体の $Bu_3SnH/AIBN$ 系による 5-*exo-trig* 環化反応であり，Lewis 酸 Me_3Al や $^iBu_3Al$ の有無で生成物を立体制御できる。つまり，Lewis 酸 R_3Al がない場合の遷移状態は (**L**) を，Lewis 酸がある場合の遷移状態は (**M**) を経て，それぞれトランス体とシス体を主生成物として生成する[8]。不斉補助基と $MgBr_2$ を用いたキレート制御として，式 11.21 は $MgBr_2/Bu_3SnH/Et_3B$/酸素ガス系による 5-*exo-trig* 環化反応による光学活性カルボン酸の合成である[8]。

Lewis 酸	溶媒	収率 (%)
–	THF	92 (90 : 10)
Et_2AlCl	$C_6H_5CH_3$	86 (10 : 90)

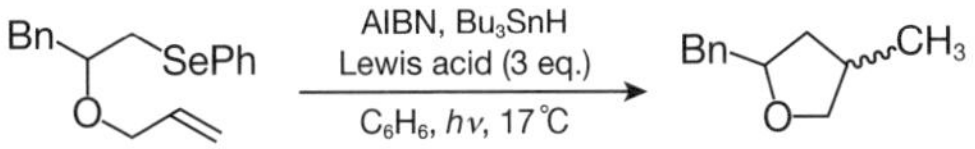

11.2 炭素-炭素結合形成反応

(11.20)

Lewis 酸	収率 (%)	cis : trans
—	77	1 : 4.5
Me$_3$Al	74	5.8 : 1
^{i}Bu$_3$Al	69	6.8 : 1

環化における遷移状態

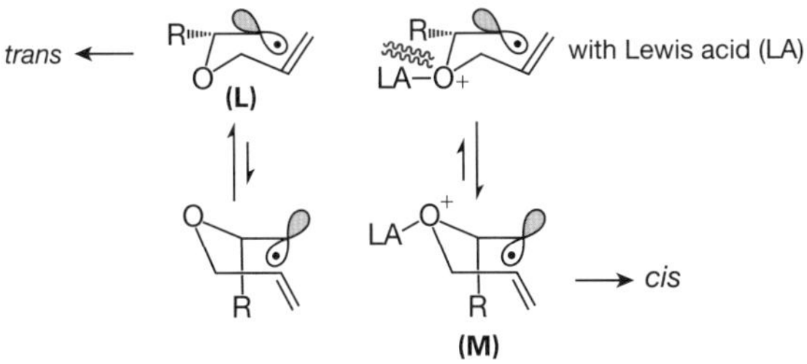

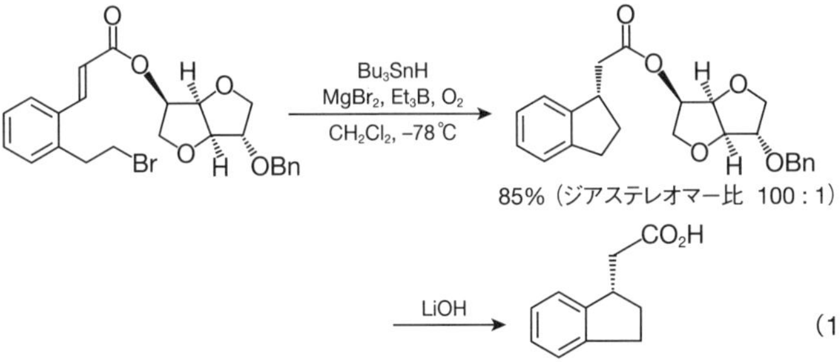

trans ← (L)   with Lewis acid (LA)
         (M) → cis

(11.21)

85% (ジアステレオマー比 100:1)

式 11.22 は, Mg(ClO$_4$)$_2$/不斉 bisoxazoline/Et$_3$B/酸素ガス系によるキレート制御を用いた α-bromo-α-methyl-β-ketoester の atom-transfer 型環化反応である[8]. Mg^{2+}-不斉 bisoxazoline 錯体に二つのカルボニル基で二座配位した α-bromo-α-methyl-β-ketoester の臭素原子に, Et$_3$B から生じた Et• が求核的に S$_H$2 反応して, 生じた β-ケトエステルの α ラジカルが求電子的に 5-*exo-trig* 環化し, 生じた第三級炭素ラジカルは求核的に原料の α-bromo-α-methyl-β-ketoester の臭素原子上で S$_H$2 反応する. 立体を決める 5-*exo-trig* 環化の段階は, 遷移状態 (**N**) を経て進行する.

同様に, 不斉場を有する perhydro-1,3-benzoxazine の 5-*exo-trig* ラジカル環化による光学活性な 3-alkylpyrrolidine やラクタムの合成もある.

sp² 炭素ラジカルの高い反応性を利用した例として[9]，式 11.23 に示したように不斉導入の容易なスルホキシドを用い，sp² 炭素ラジカルを用いたジアステレオマー選択的 1,5-H シフトにより，PhS(O)• が β 脱離して光学活性な 4-*t*-butylcyclohexene を合成できる．この反応は，あたかもスルホキシドの熱 Ei 反応（分子内脱離反応）のようにもみえる．

式 11.24a および式 11.24b に示したようにアミドの平面構造と芳香環との直行性を利用し，その C-N 結合の回転阻害を利用した（軸性キラリティー）sp² 炭素ラジカルによる 5-*exo-trig* 環化で，互いに鏡像関係にある光学活性な oxindole の構築反応もできる[9]．

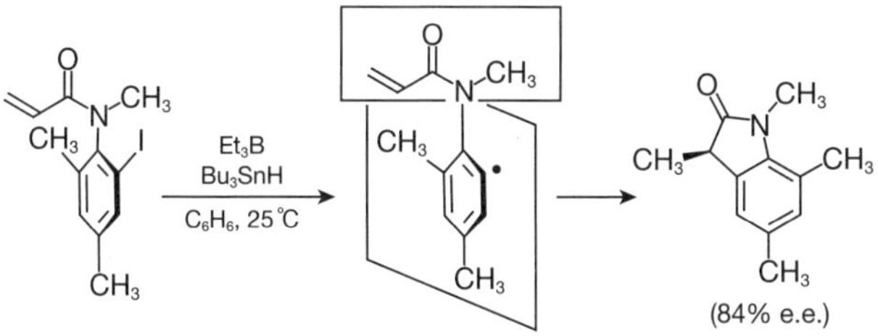

11.2 炭素-炭素結合形成反応

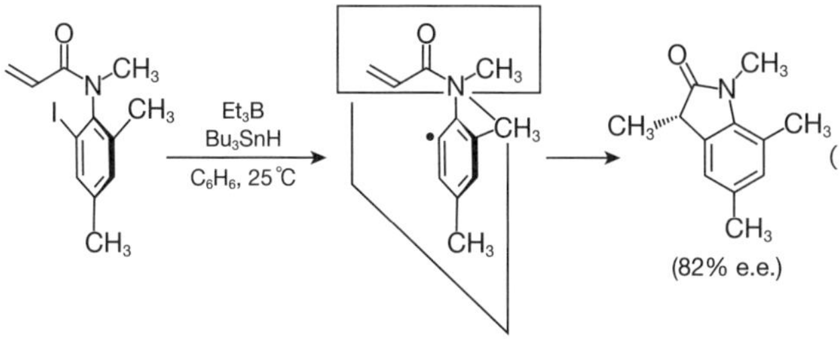

(11.24a) (84% e.e.)

(11.24b) (82% e.e.)

式 11.25 は, α-ブロモ酢酸エステル/Et$_3$B/1-ヘキセン/酸素ガス系で, 2,3-イソプロピリデン基をもつテトラヒドロフラン環を不斉補助基とし, 求核的な Et• が α-ブロモ酢酸エステルの臭素原子と S$_H$2 反応し, 生じた求電子的な α-エステルラジカルが電子密度の高い 1-ヘキセンの末端に付加し, 生じた炭素ラジカルが原料である α-ブロモ酢酸エステルから求核的に臭素原子を引き抜く反応である[9]. これはラジカル連鎖反応で, atom-transfer 型環化反応である. 生じた γ-ブロモエステルをアルカリ加水分解し, γ-ブロモカルボン酸の極性 5-*exo-tet* 環化により, 光学活性な γ-ラクトンを生じる.

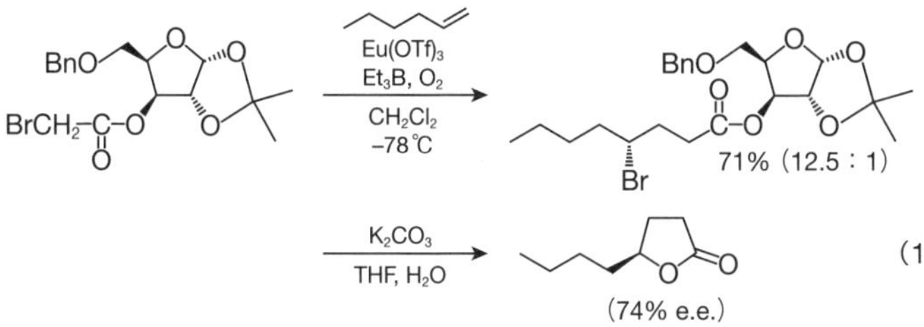

(11.25)

式 11.26 は光学活性なメンチル β-ケトエステルを Mn(OAc)$_3$/Yb(OTf)$_3$/CF$_3$CH$_2$OH 系という酸化的条件下で, β-ケトエステルから α ラジカルを発生させ, 側鎖アルケンへ求電子的にラジカル 6-*endo-trig* 環化し, 続いて生じた第三級炭素ラジカルは Mn^{3+} により酸化されて第三級炭素カチオンとなり, 芳香環へ分子内 Friedel-

Crafts アルキル環化して，Triptophenolide 骨格が構築される反応である[9]．

(11.26)

R	ジアステレオマー比	収率 (%)
Ph	38:1	77
3,5-$(CH_3O)_2C_6H_3$	86:1	75
3,5-$(^iPrO)_2C_6H_3$	> 99:1	53
2-naphthyl	> 99:1	67

(+)-Triptophenolide

以上に述べてきたように，近年は温和な条件下での炭素ラジカルの発生法が見出されたために，ラジカル反応を用いて高いジアステレオマー選択性の反応，あるいは不斉配位子を有する Lewis 酸を用いた高い不斉収率のラジカル反応を遂行できるようになった．

■実験項

【実験 11.1】 β-メトキシ-α-ブロモカルボン酸エステルの還元反応（式 11.1）

$MgBr_2 \cdot Et_2O$ (5 eq.) のジクロロメタン溶液に，α-ブロモエステルのジクロロメタン溶液 (0.1 mol L^{-1}) を加える．5 分間 25 ℃で撹拌後，0 ℃に冷却し，Bu_3SnH (2 eq.) を加える．Et_3B (1 mol L^{-1} ヘキサン溶液) を 3 回に分けて (0.2 eq.×3，合計 0.6 eq.)，15 分以内に加える．0 ℃で 2 時間後，*m*-ジニトロベンゼン (0.5 eq.) を加え，反応液は $NaHCO_3$ 水溶液に注ぎ，ジクロロメタンで 3 回抽出する．有機層は水洗いしてから $MgSO_4$ で乾燥する．沪過して溶媒を除去した残留をヘキサンに注ぎ，$Bu_4N^+F^-$ (2.5 eq.) を加えて 25 ℃で 5 分撹拌する．反応物をシリカゲルカラムクロマトグラフィー（酢酸エチル：ヘキサン = 15：85）で処理することにより目的の化合物が 91% (*syn* : *anti* = 33：1) の収率で得られる．

[Y. Guindon, J. Rancourt, *J. Org. Chem*., **63**, 6554 (1998)]

参 考 文 献

1) B. Giese, *et al*., *Tetrahedron Lett*., **34**, 5885 (1993); Y. Guindon, J. Rancourt, *J. Org. Chem*., **63**, 6554 (1998); Y. Guindon, *et al*., *Synlett*, **1998**, 213; Jean-P. Bouvier, *et al*., *Org. Lett*., **3**, 1391

(2001).
2) B. Giese, et al., *Tetrahedron Lett.*, **32**, 6097 (1991).
3) D. Nanni, D. P. Curran, *Tetrahedron: Asymmetry*, **7**, 2417 (1996); M. Blumenstein, K. Schwarzkopf, J. O. Metzger, *Angew. Chem. Int. Ed.*, **36**, 235 (1997); D. Dakternieks, et al., *Chem. Commun.*, **1999**, 1665.
4) D. H. R. Barton, et al., *Chem. Commun.*, **1987**, 1790; D. Crich, J. W. Davies, *Tetrahedron Lett.*, **28**, 4205 (1987); P. Garner, J. T. Anderson, *Tetrahedron Lett.*, **38**, 6647 (1997); P. Garner, J. T. Anderson, *Org. Lett.*, **1**, 1057 (1999).
5) N. A. Porter, et al., *J. Am. Chem. Soc.*, **111**, 8311 (1989); G. Kneer, J. Mattay, *Tetrahedron Lett.*, **33**, 8051 (1992); T. Morikawa, et al., *Chem. Lett.*, **1993**, 249; N. Mase, et al., *Tetrahedron Lett.*, **39**, 5553 (1998); N. Mase, Y. Watanabe, T. Toru, *Tetrahedron Lett.*, **40**, 2797 (1999).
6) M. Nishida, et al., *J. Am. Chem. Soc.*, **116**, 6455 (1994); M. Nishida, et al., *Tetrahedron Lett.*, **36**, 269 (1995); M. P. Sibi, et al., *J. Am. Chem. Soc.*, **121**, 7517 (1999); H. Miyabe, K. Fujii, T. Naito, *Org. Lett.*, **1**, 569 (1999); H. Nagano. S. Toi, T. Yajima, *Synlett*, **1999**, 53; A. Hayen, R. Koch, J. O. Metzger, *Angew. Chem. Int. Ed.* **39**, 2758 (2000).
7) N. A. Porter, et al., *J. Org.Chem.*, **62**, 6702 (1997); I. J. Rosenstein, T. A. Tynan, *Tetrahedron Lett.*, **39**, 8429 (1998); H. Miyabe, K. Fujii, T. Naito, *Org. Lett.*, **1**, 569 (1999); H. Miyabe, et al., *J. Org. Chem.*, **65**, 176 (2000); H. Nagano, T. Hirasawa, T. Yajima, *Synlett*, **2000**, 1073; M. P. Sibi, J. Chen, *J. Am. Chem. Soc.*, **123**, 9472 (2001); Y. Watanabe, et al., *Tetrahedron Lett.*, **42**, 2981 (2001); M. P. Sibi, H. Hasegawa, *Org. Lett.*, **4**, 3347 (2002); E. J. Enholm, et al., *Tetrahedron Lett.*, **44**, 531 (2003).
8) F. Villar, P. Renaud, *Tetrahedron Lett.*, **39**, 8655 (1998); C. Andres, J. P. Duque-Soladana, R. Pedrosa, *J. Org. Chem.*, **64**, 4273, 4282 (1999); M. Matsugi, et al., *J. Org. Chem.*, **64**, 6928 (1999); W. Wang, et al., *Org. Lett.*, **2**, 3773 (2000); D. Yang, et al., *J. Am. Chem. Soc.*, **123**, 8612 (2001); C. Ericsson, L. Engman, *Org. Lett.*, **3**, 3459 (2001); E. J. Enholm, J. S. Cottone, F. Allais, *Org. Lett.*, **3**, 145 (2001); K. Kim, S. Okamoto, F. Sato, *Org. Lett.*, **3**, 67 (2001).
9) L. Giraud, P. Renaud, *J. Org. Chem.*, **63**, 9162 (1998); D. P. Curran, W. Liu, C. H. Chen, *J. Am. Chem. Soc.*, **121**, 11012 (1999); C. Imboden, F. Villar, P. Renaud, *Org. Lett.*, **1**, 873 (1999); C. Imboden, et al., *Tetrahedron Lett.*, **40**, 495 (1999); R. Gosain, A. M. Norrish, M. E. Wood, *Tetrahedron Lett.*, **40**, 6673 (1999); D. Yang, Xiang-Y. Ye, M. Xu, *J. Org. Chem.*, **65**, 2208 (2000); D. Yang, M. Xu, Mai-Y. Bian, *Org. Lett.*, **3**, 111 (2001); E. J. Enholm, A. Bhardawaj, *Tetrahedron Lett.*, **44**, 3763 (2003).

12

生体関連のフリーラジカル

　生体内における身近なフリーラジカルとして，1章で活性酸素ラジカルをあげたが，炭素ラジカルも活性種として体内で重要な働きをしている．その代表はビタミン B_{12} の関与した反応である．

12.1　ビタミン B_{12}

　ビタミン B_{12} は肝臓に ppm レベルで含まれており，コバルトに環状テトラピロール骨格が配位した錯体で，いわゆるコリン核をもつ．かつて Woodward が全合成に成功し，世界中の有機化学者を感動させた補酵素であるが，構造は図 12.1 に示したように非常に複雑である．

　生体内では，炭素–炭素結合の組替え（1,2–アシル転位），炭素–窒素結合の組替え，およびメチル化反応に関わっている．これらいずれも炭素ラジカルが関与しているとされている．生体内の代表的な 1,2–アシル転位としてグルタミン酸から β–メチルアスパラギン酸の生合成例を式 12.1 に示した．

　これらの生合成は環拡大反応（3章）のところで述べたシクロプロパノキシルラジカルの形成とその β 開裂による環拡大反応や，β–ケトエステルの γ–ケトエステルへの転位反応等と機構論的に密接に関係している．1,2–アシル転位反応も式 12.1 に示したようにシクロプロパノキシルラジカルの形成が鍵になっている．式 12.2 の反応はビタミン B_{12} に近いモデル化合物を用いた反応である．つまり，ビタミン B_{12} のコリン核をもつ Co^{3+} 錯体（**A**）を還元（電解あるいは $NaBH_4$）し，求核性の高い Co^+（super nucleophile）を発生させ，エノン（enone）鎖をもつ臭化アルキル（RBr）と反応させる

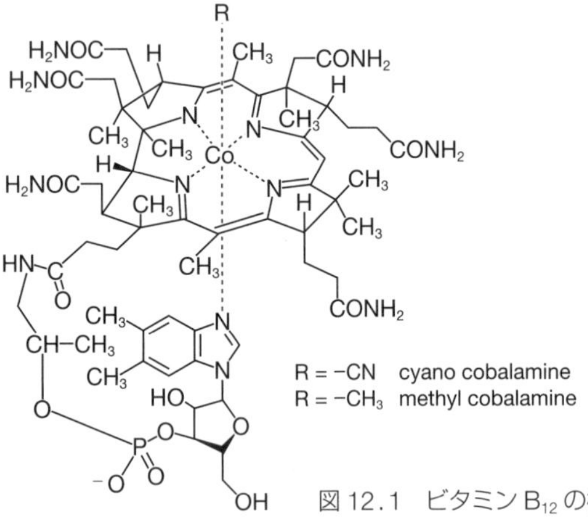

図 12.1 ビタミン B$_{12}$ の構造

R = −CN　cyano cobalamine
R = −CH$_3$　methyl cobalamine

と，R–Co 錯体が得られ，R• の前駆体となる．R–Co 結合は熱的にも，光化学的にもラジカル開裂しやすい．式 12.2 は生成した sp^3 炭素ラジカルの 6-*endo-trig* 環化によるビシクロ体の生成である．この環化反応は，カルボニル基の電子的効果で熱力学的支配の反応となり，安定な α-ケトラジカルを経由した環化体を生成する[1]．

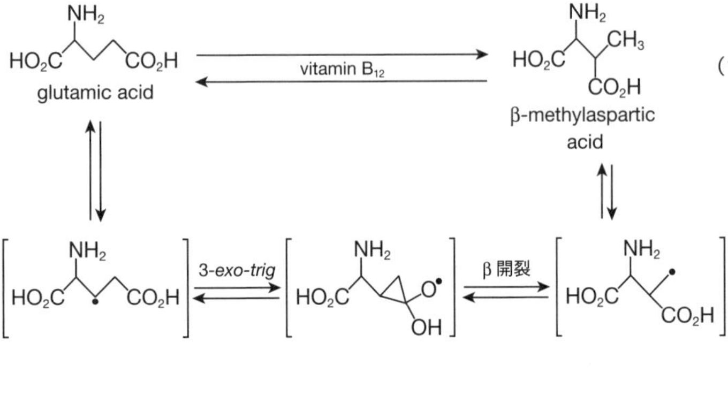

(12.1)

glutamic acid ⇌ β-methylaspartic acid (vitamin B$_{12}$)

[3-*exo-trig*] — [β 開裂]

12.1 ビタミン B_{12}　　281

$$(12.2)$$

ビタミン B_{12} の機構をさらに簡略化したモデルとして，式 12.3 に示したジメチルグリオキシム Co 錯体（**B**）[bis(dimethylglyoximato)(pyridine)cobalt chloride：Co^{3+}・Cl・Py 錯体] がある．このモデルを触媒量存在下，側鎖に三重結合を有する臭化アルキル（RBr）と $NaBH_4$ を反応させると，還元で生じた Co^+ による臭化アルキルへの求核置換反応により R–Co 結合を形成し，熱反応で側鎖に三重結合を有するアルキルラジカルを発生し，Baldwin 則に従った 5-*exo-dig* 環化体を生成する[2]．この場合，ラジカルの電子的効果はないので速度論的支配の環化体を生成する．

$$(12.3)$$

生体内メチルコバラミンをモデル化したメチルラジカルの発生例として，methyl bis(dimethylglyoximato)pyridine Co^{3+} 錯体の Co^+ への還元により発生したメチルラジカルによるチオールエステルの硫黄上での S_H2 反応がある．この反応によりアシルラジカルとメチルスルフィドを生成する．ここで生成するメチルラジカルは TEMPO や活性アルケンでも捕捉できる[3]．

ビタミン B_{12} のラジカル的性質を明確に実証した例として，モデルではなく，実際

のビタミン B_{12} を触媒量用いた活性アルケンへのラジカル付加反応例を式 12.4 に示した．つまり，式 12.4 の反応はビタミン B_{12} の Co^{3+} を亜鉛で Co^+ に還元し，臭化アルキルへの求核置換反応により炭素-Co 結合を形成させ，続くラジカル開裂により，第三級炭素ラジカルを発生させて，フマル酸ジメチルに還元的に付加させた例である[4]．

$$\text{(12.4)}$$

これは，生体内でのビタミン B_{12} の機能がラジカル反応で進行していることを示唆している．

ビタミン B_{12} による 1,2-アシル転位と密接に関連した反応として，式 12.5 に示したように，ethyl α-methyl-α-iodomethylacetoacetate の $(Bu_3Sn)_2$ 存在下での水銀灯光照射による 1,2-アシル転位反応がある．これは，生じた炭素ラジカルによる β 位カルボニル基への 3-*exo-trig* 環化，シクロプロポキシルラジカルの形成とその β 開裂によるアシル基の 1,2-アシル転位反応である．この反応の原動力は，第一級炭素ラジカルからシクロプロポキシルラジカルを経て，熱力学的により安定な第三級炭素ラジカルかつ α-エステルラジカルの生成にある[5]．この種の反応の合成化学的利用は 3 章の環拡大反応でも述べた．

$$\text{(12.5)}$$

12.2 エン・ジイン反応

エン・ジイン反応は生体と直接は関係ないが，それらの高い生理活性から，ここで述べることにする．1985 年頃から相次いで発見されたエン・ジイン系抗生物質は

画期的で芸術的な抗腫瘍活性の機構を示すことがわかってきた．これらの活性種はエン・ジイン骨格のBergman反応により生成したp-フェニレンビラジカル（p位に二つのsp^2炭素ラジカルをもち，ともにσラジカル）がDNAなどの切断を引き起こす．Bergman反応は共役6π系電子環状反応である．図12.2に示したエスペラマイシン（Esperamicin），ダイナマイシン（Dynemicin），カリチアマイシン（Calicheamicin），ネオカジノスタチン（Neocarzinostatin）は複雑な構造を有するが，糖部や芳香環部がDNAを認識して会合していき，特定構造をとったときに，このビラジカル活性種を発生するという芸術的な化合物である[6]．

これらの化合物の生物活性発現機構は大雑把には，式12.6に示したような経路で進

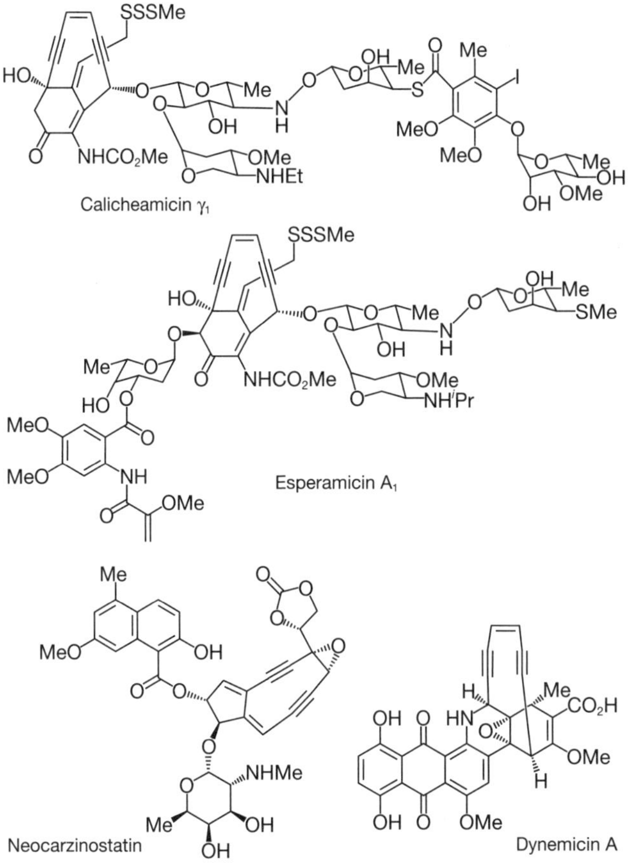

図12.2 天然エン・ジイン化合物

行する.つまり,Bergman 反応により発生した p-フェニレンビラジカルが DNA 糖部の 4′ 位あるいは 5′ 位の水素原子を引き抜き,生成した sp^3 炭素ラジカルが酸素分子と反応して酸化され,最終的にグルタチオンのチオール(SH)基などの還元的作用で糖部とリン酸部が開裂し,一次結合が切断される.酸素分子が存在しなくても結果的には糖部とリン酸部が切断される.この反応の原動力は,反応性の高い sp^2 炭素ラジカルから,それより安定な sp^3 炭素ラジカルを生成することにある.ベンゼンの (sp^2)C–H 結合解離エネルギーが 112 kcal mol^{-1} に対し,(sp^3)C–H 結合解離エネルギーは 91~98 kcal mol^{-1} なので,sp^2 炭素ラジカルが sp^3 炭素に結合した水素原子を引き抜くと,約 15 kcal mol^{-1} の発熱反応となる.

(12.6)

　図 12.3 はエスペラマイシンと DNA の会合状態を NMR で解析した結果である.エスペラマイシンのアグリコン E 部は DNA の $C_{7'}$–G_2 と $C_{6'}$–G_3 間にインターカレートし,エン・ジインの C3 部が DNA のシトシン C_6 ヌクレオチドの糖部 C5′–H に 2.6 Å と接近している.一方,エン・ジインの C6 部が DNA のシトシン $C_{6'}$ ヌクレオチドの糖部 C1′–H に 2.1 Å と接近している.

　ここで,Bergman 反応が生じれば,シトシン C_6 糖部 C5′–H とシトシン $C_{6'}$ 糖部 C1′–H の水素原子が引き抜かれることになる[7].実に芸術的である.微生物がこれほどの芸術的な有機化合物を体内で合成していることに驚くとともに,この作用機構には感動するばかりである.ここで,Bergman 反応の反応性を簡単なモデルで比較してみると式 12.7a~式 12.7c のようになる[8].

12.2 エン・ジイン反応　285

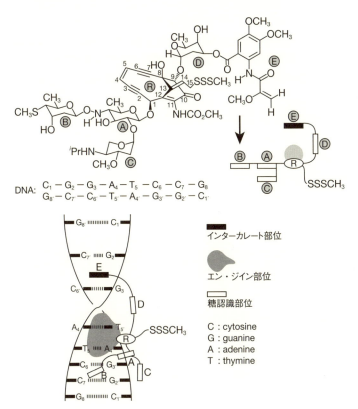

DNA: $C_1-G_2-G_3-A_4-T_5-C_6-C_7-G_8$
$G_{8'}-C_{7'}-C_{6'}-T_{5'}-A_{4'}-G_{3'}-G_{2'}-C_{1'}$

インターカレート部位
エン・ジイン部位
糖認識部位

C : cytosine
G : guanine
A : adenine
T : thymine

図 12.3　エスペラマイシンと DNA の相互作用
[N. Ikemoto, *et al*., *J. Am. Chem. Soc.* **116**, 9387 (1994) を参考に作成]

不安定　1,4-cyclohexadiene　　　　$E_a = 32$ kcal mol^{-1}　　(12.7a)

1,4-cyclohexadiene　　　　$E_a = 23.8$ kcal mol^{-1}　　(12.7b)

1,4-cyclohexadiene　　　　$E_a = 25.1$ kcal mol^{-1}　　(12.7c)

もっとも基本的構造を有する cis-hex-3-ene-1,5-diyne の Bergman 反応は約 32 kcal mol^{-1} の活性化エネルギーをもち，156℃で 10^{-4} s^{-1} の環化反応速度定数を有する．これに種々の置換基を導入していくと，活性化エネルギーは徐々に低下していく．Bergman 反応の律速段階は最初のエン・ジイン骨格から p-フェニレンビラジカル骨格への環化反応のところであり，生成した sp^2 炭素ラジカルによる水素原子引抜き反応はきわめて速い．式 12.8 に示したように，生成した p-フェニレンビラジカルは TEMPO によっても捕捉でき，最終的に N-O 結合の均一開裂が伴い，キノン誘導体を生成する[9]．

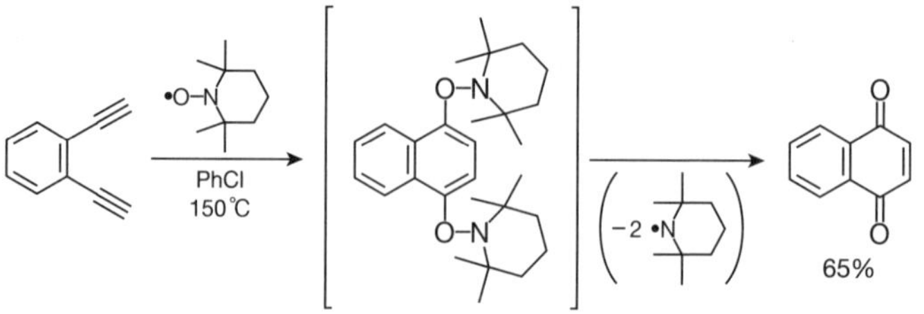

(12.8)

図 12.4 の化合物はピレン骨格をもつ縮環系エン・ジイン (**C**) で，DNA 塩基部にピレン環がインターカレートできる大きな planar π 系をもっている．これをプラスミド DNA 存在下で光照射すると，ピレン環が DNA 塩基部層間にインターカレートしてから，Bergman 反応が生じて DNA 糖部の水素原子を引き抜き，プラスミドを切断していく[10]．

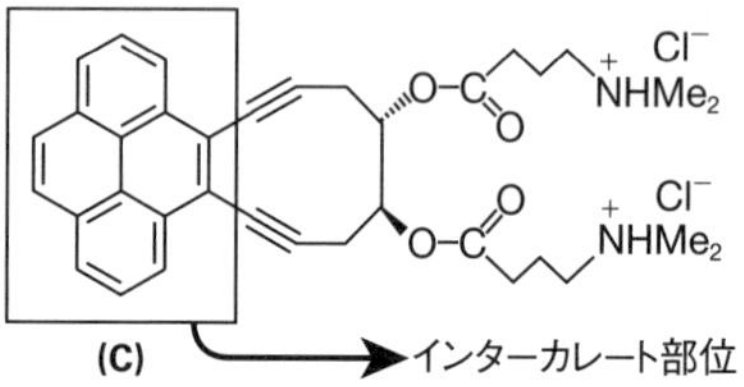

図 12.4 ピレン骨格をもつエン・ジイン

p-フェニレンビラジカルとは異なるが，sp^2 炭素ラジカルによる水素原子引抜きという点では基本的に似た手法として，式 12.9a に示した芳香族ジアゾエステルがある．この化合物は生体系に近い pH = 7.2 の水溶液で徐々にジアゾカルボン酸に加水分解され，続く脱炭酸および酸化により反応性の高いフェニルラジカルを発生する．また，式 12.9b に示したように，1,4 位に二つの芳香族ジアゾニウム基をもつ化合物の Cu$^+$

による一電子還元で，形式的に p-フェニレンビラジカルのように二つの sp^2 炭素ラジカルを発生させる方法もある．いずれも，エスペラマイシンよりはるかに簡単な構造ではあるが，プラスミド DNA を pH = 7.6 の生体条件下で切断することができる[11]．

$$\text{C}_6\text{H}_5-\text{N}=\text{N}-\text{CO}_2\text{C}_2\text{H}_5 \xrightarrow{\text{pH}=7.2} \text{C}_6\text{H}_5-\text{N}=\text{N}-\text{CO}_2\text{H} \xrightarrow{(-\text{CO}_2)}$$

$$[\text{C}_6\text{H}_5-\text{N}=\text{NH}] \xrightarrow[(-\text{N}_2)]{\text{O}_2} [\text{C}_6\text{H}_5\cdot] \quad (12.9\text{a})$$

(式 12.9b: ビスジアゾ化合物 $\xrightarrow[(-2\text{N}_2)]{\text{CuCl}}$ 1,4-biradical)　(12.9b)

最近は式 12.10 に示されたような p-ブロモアセトフェノン誘導体が水銀灯光照射下で sp^2 炭素ラジカルを発生し，supercoiled DNA を切断することが知られてきた[12]．

(式 12.10) 　(12.10)

$R = $ ピロール含有側鎖，$n = 1\sim3$

酸素ラジカルによる DNA 切断例として，酸素分子の一電子還元により $\text{O}_2^{\cdot-}$ を発生させ，DNA 糖鎖の水素原子を引き抜いて，DNA を切断していく手法がある．代表的な化合物として，図 12.5 上側の鉄錯体であるブレオマイシン（**D**），および図 12.5 下側のフラーレン C_{60} 誘導体（**E**）および（**F**）がある．いずれも，酸素分子の一電子還元により $\text{O}_2^{\cdot-}$ を発生させ，DNA を切断していく[13]．

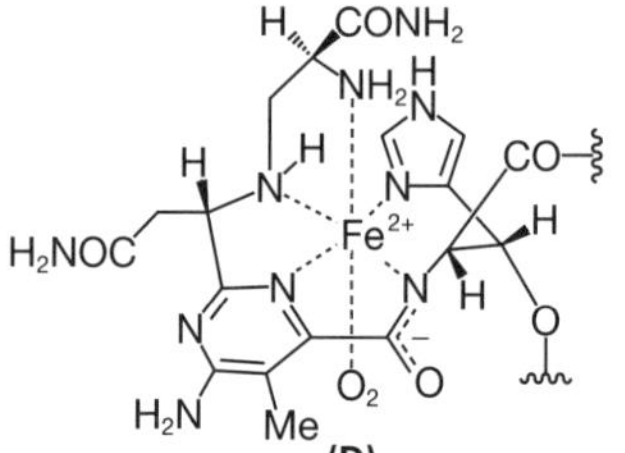

(D)
iron-O_2 complex of Bleomycin

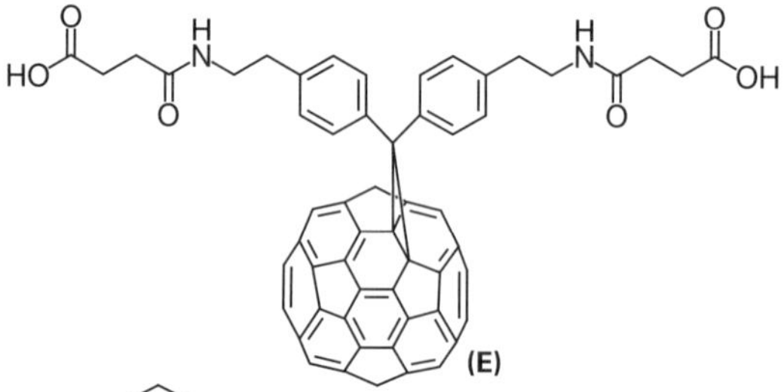

(E)

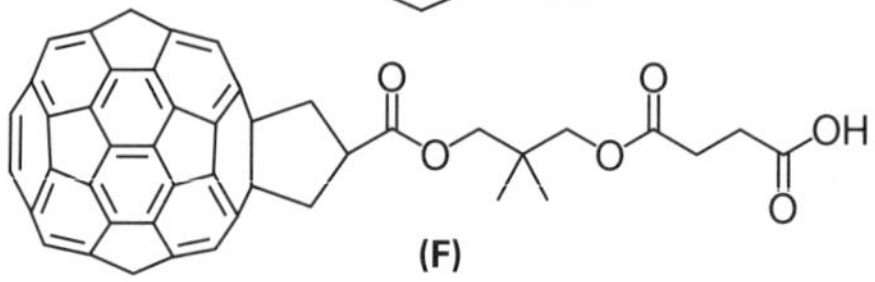

(F)
fullerene carboxylic acids

図 12.5　ブレオマイシンとフラーレン誘導体

12.3　1,2-転位反応

イオン反応には Wagner-Meerwein 転位反応や Stevens 転位反応のようなアルキル基の 1,2-転位反応がよく知られているが，ラジカルでも 1,2-転位反応がある．これは DNA，RNA の起源とも関係しており興味深い．式 12.11a～式 12.11d は β-ブロモエステル，β-ブロモリン酸エステル，β-ブロモ硝酸エステル，および β-ブロモスルホン酸エステルと Bu_3SnH/AIBN/加熱（高度希釈系）から発生した β-acetoxyalkyl ラジカル，β-phosphatoxyalkyl ラジカル，β-nitroxyalkyl ラジカル，および β-sulfonatoxyalkyl ラジカルの 1,2-転位反応の機構であり，転位を伴った還元生成物を定量的に与える[14]．

12.3 1,2-転位反応

(反応式 12.11a, 12.11b, 12.11c, 12.11d)

$\xrightarrow{\;\;\circ\;\;}$: 1,2-転位反応

これらの反応から,アセトキシ基,リン酸基,およびスルホン酸基が容易に 1,2-転位反応することがわかる.これら 1,2-転移反応速度は大体 $10^2\,\mathrm{s}^{-1}$（75 ℃）程度で進行する（式 12.12）.これらの反応の原動力は,第一級炭素ラジカルから第二級炭素ラジカルあるいはベンジル系炭素ラジカルが生じるという熱力学的支配の反応である.また,式 12.13 に示したように,1-bromo-3,4,6-tri-O-acetyl-2-O-benzoyl-D-glucose を同様に処理すると,ベンゾイロキシ基の 1,2-転位反応が生じる.ここでは転位する前も転位した後も,ともに第二級の炭素ラジカルである.この転位反応は,生じた $B_{2,5}$（舟形）配座をもつ 3,4,6-tri-O-acetyl-2-O-benzoyl-D-glucosyl ラジカルから,ベンゾイロキシ基の 1,2-転位反応による安定な $^4C_1$（いす形）配座への立体配座の安定化効果（conformational stabilization effect）が原動力となっている.この転位反応機構は,式 12.13 に示された ^{18}O-ラベル実験より,おもに五員環遷移状態（**G**）を経て転位していることがわかった[15].

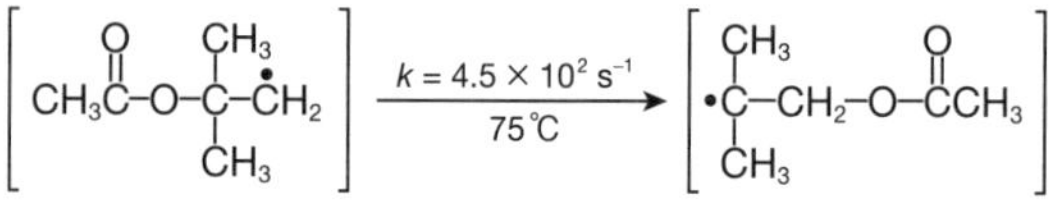

$$\left[CH_3\overset{O}{\underset{}{C}}-O-\underset{CH_3}{\underset{|}{\overset{CH_3}{\overset{|}{C}}}}-\overset{\bullet}{C}H_2 \right] \xrightarrow[75°C]{k = 4.5 \times 10^2 \text{ s}^{-1}} \left[\overset{\bullet}{C}\underset{CH_3}{\underset{|}{\overset{CH_3}{\overset{|}{C}}}}-CH_2-O-\overset{O}{\underset{}{C}}CH_3 \right] \quad (12.12)$$

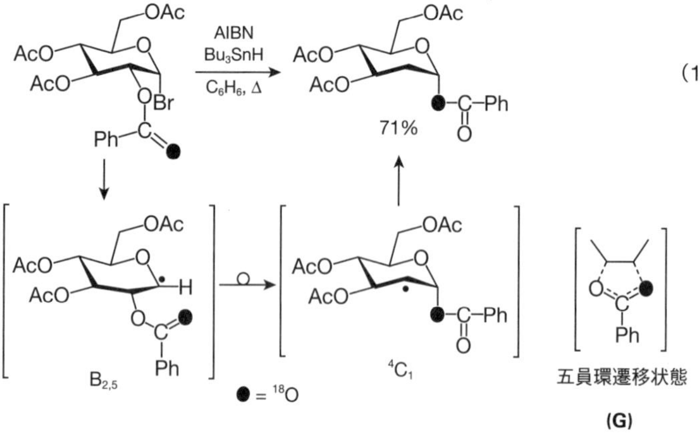

(12.13)

B$_{2,5}$ ● = ^{18}O $^4C_1$ 五員環遷移状態 (G)

Bu$_3$SnH の代わりに，式 12.14 に示したように 2,2,2-trichloroethyl benzoate を CuCl と 2,2′-ビピリジル配位子存在下で反応させると，CuCl から基質への SET を伴い，生じた α,α-ジクロロ炭素ラジカルの 1,2-アシロキシ転位反応が生じ，塩素原子の β 脱離反応が伴い，安息香酸ビニル誘導体を生じる[15]．また，式 12.15 は Bu$_3$SnH を用いた二環系六員環ヨウ化物の二環系五員環への 1,2-アシロキシ転位を伴った還元的反応であり，式 12.16 は Bu$_3$SnH を用いた七員環状の臭化リン酸エステルの六員環状のリン酸エステルへの 1,2-リン酸転位を伴った還元的反応である[15]．これらの反応では，生じた sp^3 炭素ラジカルがイオン的に β 開裂反応して，環縮小した環化体にイオン結合で環化し，還元体を生じる．これら反応の原動力は，第二級炭素ラジカルからより安定なベンジル系炭素ラジカルを生じることにある．

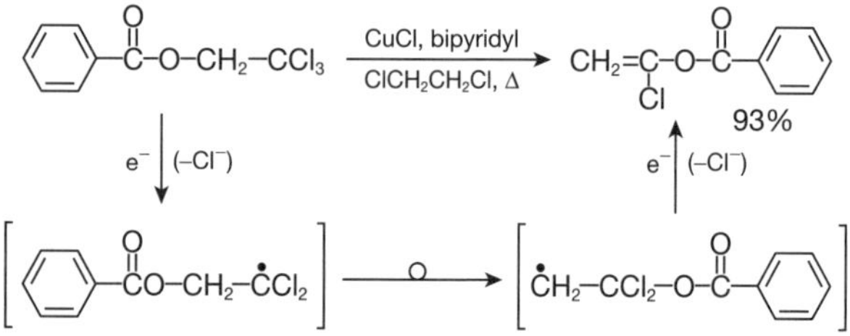

(12.14)

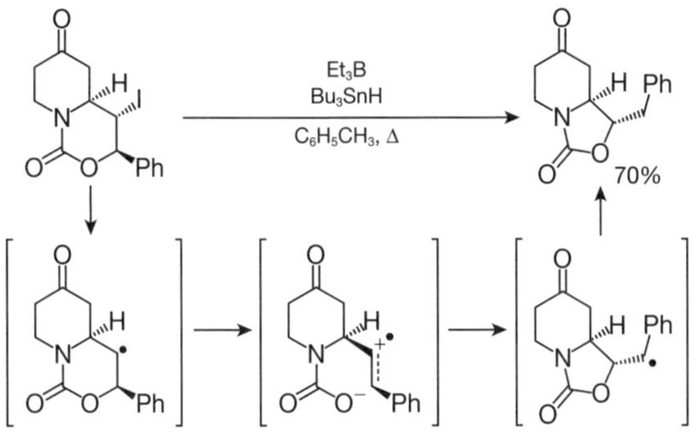

12.3 1,2-転位反応

(12.15)

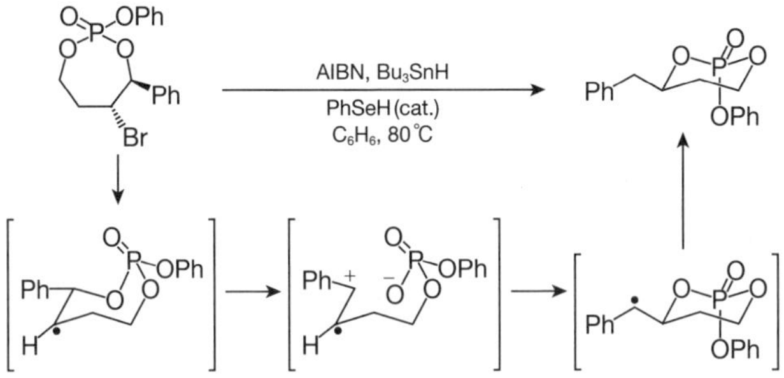

(12.16)

　この反応の興味深い点は，リボース骨格からアノマーラジカルを経て2-デオキシリボース骨格に変換できることにある[16]．グルコース骨格からもアノマーラジカルを経て，2-デオキシグルコース骨格にも変換できる．これは生体内でのRNAからDNAへの進化的な化学的変換と関係しているように思える．

　さて，$O_2^-\cdot$ やHOO・は，体内で病原菌に対する免疫活性種として重要な活性酸素ラジカルである．これらが病原菌に対してのみに作用すれば，体内は正常に維持される．しかし，発生してはいけないところでこれらの活性酸素ラジカルが発生すると，脂質を酸化したり，DNAを切断したりするので，老化やがんを引き起すことになる．式12.17は4′位に炭素ラジカルを生じたヌクレオチドラジカルであり，$O_2^-\cdot$ やHOO・により4′位の水素原子が引き抜かれて生じる[17]．4′-ヌクレオチドラジカルは酸素分子と反応して環状ヘミアセタール構造となり分解し，DNAの機能を失ってしまう．式12.18は exo-メチレン基をもつヌクレオチドにPhS・を付加させ，4′-ヌクレオチドラジカル（H）を発生させ，その分解速度と生成物を分析した結果である．4′-ヌクレオチドラジカルの3′位リン酸基がイオン的にβ脱離して，3′-リン酸基がアニオン脱離したヌクレオチド（下側由来のヌクレオシド）とジヒドロフラン環をもつヌクレオシド（上

側由来のヌクレオチド）とに分解することがわかる[17]．その β 脱離反応速度は 10^8 s^{-1} と非常に速い．

$$\text{(式 12.17)}$$

$$\text{(式 12.18)}$$

同様に，式 12.19 に示したように，4′-PhSe 基をもつヌクレオチドを水銀灯光照射しても，4′-ヌクレオチドラジカル（I）が発生し，その 3′ 位リン酸基がイオン的に β 脱離して DNA が切断されることが知られている．これは，DNA の 4′ 位にラジカルが発生すると，速やかにリン酸基のイオン的な β 脱離反応が生じて，DNA の一次結合が切断されることを示している[17]．

■実験項

【実験 12.1】 1-bromo-3,4,6-tri-*O*-acetyl-2-*O*-benzoyl-[^{18}O]-α-D-glucose の 1,2-転位反応(式 12.13)

アルゴンガス雰囲気下, 3,4,6-tri-*O*-acetyl-2-*O*-benzoyl-[^{18}O]-α-D-glucopyranosyl-1-bromide (3.80 mmol) を還流したベンゼン (80 mL) 溶液に, Bu$_3$SnH (4.8 mmol) と AIBN (0.49 mmol) のベンゼン (20 mL) 溶液を 8 時間かけて滴下する. 反応後, 溶媒を除去し, 残留を再結晶 (*t*-ブチルメチルエーテル:ヘキサン = 1:1) すると 71% の収率で 3,4,6-tri-*O*-acetyl-1-*O*-benzoyl-[^{18}O]-2-deoxy-α-D-glucose が得られる.

[H. G. Korth, *et al.*, *J. Org. Chem.*, **53**, 4364 (1988)]

【実験 12.2】 2,3,4,6-tetra-*O*-acetyl-α-D-glucopyranosyl-1-bromide の 1,2-転位反応

アルゴンガス雰囲気下, 2,3,4,6-tetra-*O*-acetyl-α-D-glucopyranosyl-1-bromide (20 mmol) を還流したベンゼン (80 mL) 溶液に, Bu$_3$SnH (24 mmol) と AIBN (2.5 mmol) のベンゼン (14 mL) 溶液を 10 時間かけて滴下する. 反応後, 溶媒を除去し, 残留をシリカゲルカラムクロマトグラフィー処理すると 80% の収率で 1,3,4,6-tetra-

O-acetyl-2-deoxy-α-D-arabinohexapyranose が得られる.
[B. Giese, et al., Angew. Chem. Int. Ed., **26**, 233 (1987)]

参 考 文 献

1) R. Scheffold, et al., J. Am. Chem. Soc., **102**, 3642 (1980).
2) M. Okabe, M. Tada, Chem. Lett., **1980**, 831; M. Okabe, M. Abe, M. Tada, J. Org. Chem., **47**, 1775 (1982); V. F. Patel, G. Pattenden, J. J. Russell, Tetrahedron Lett., **27**, 2833 (1986); J. E. Baldwin, C. S. Li, Chem. Commun., **1987**, 166; B. Giese, et al., Tetrahedron Lett., **33**, 4545 (1992); M. Tada, Reviews on Heteroatom Chem., **20**, 97 (1999).
3) V. F. Patel, G. Pattenden, Chem. Commun., **1987**, 871; B. P. Branchaud, M. S. Meier, Y. Choi, Tetrahedron Lett., **29**, 167 (1988); V. F. Patel, G. Pattenden, Tetrahedron Lett., **29**, 707 (1988); M. Tada, T. Hirokawa, T. Tohma, Chem. Lett., **1991**, 857; T. M. Brown, et al., J. Chem. Soc., Perkin Trans. 1, **1993**, 2131; H. Huang, C. J. Forsyth, Tetrahedron Lett., **34**, 7889 (1993).
4) G. A. Kraus, T. M. Siclovan, B. Watson, Synlett, **1995**, 201.
5) W. M. Best, et al., J. Chem. Soc., Perkin Trans. 1, **1986**, 1139.
6) M. Konishi, et al., J. Antibiot., **38**, 1605 (1985); K. Edo, et al., Tetrahedron Lett., **26**, 331 (1985); M. D. Lee, et al., J. Am. Chem. Soc., **109**, 3464 (1987); M. D. Lee, et al., J. Am. Chem. Soc., **109**, 3466 (1987); N. Zein, et al., Science, **240**, 1198 (1988); M. Konishi, et al., J. Antibiot., **42**, 1449 (1989); N. Zein, et al., Science, **244**, 697 (1989); H. Strittmatter, et al., Angew. Chem. Int. Ed., **38**, 135 (1999).
7) N. Ikemoto, et al., J. Am. Chem. Soc., **116**, 9387 (1994).
8) R. R. Jones, R. G. Bergman, J. Am. Chem. Soc., **94**, 660 (1972); T. P. Lockhart, C. B. Mallon, R. G. Bergman, J. Am. Chem. Soc., **102**, 5976 (1980); K. C. Nicolaou, et al., J. Am. Chem. Soc., **110**, 4866 (1988); K. C. Nicolaou, et al., J. Am. Chem. Soc., **110**, 7247 (1988); D. L. Boger, J. Zhou, J. Org. Chem., **58**, 3018 (1993); J. W. Grissom, T. L. Calkins, J. Org. Chem., **58**, 5422 (1993); J. W. Grissom, et al., J. Org. Chem., **59**, 5833 (1994); M. F. Semmelhack, T. Neu, F. Foubelo, J. Org. Chem., **59**, 5038 (1994); C. S. Kim, K. C. Russell, Tetrahedron Lett., **40**, 3835 (1999); T. Kaneko, M. Takahashi, M. Hirama, Tetraheron Lett., **40**, 2015 (1999).
9) J. W. Grissom, G. U. Gunawardena, Tetrahedron Lett., **36**, 4951 (1995).
10) R. L. Funk, et al., J. Am. Chem. Soc., **118**, 3291 (1996).
11) D. J. Jebaratnam, et al., Tetrahedron Lett., **36**, 3123 (1995); D. P. Arya, D. J. Jebaratnam, Tetrahedron Lett., **36**, 4369 (1995); R. Braslau, M. O. Anderson, Tetrahedron Lett., **39**, 4227 (1998).
12) P. A. Wender, R. Jeon, Org. Lett., **1**, 2117 (1999).
13) S. H. Friedman, et al., J. Am. Chem. Soc., **115**, 6506 (1992); M. Otsuka, H. Satake, Y. Sugiura, Tetrahedron Lett., **34**, 8497 (1993); E. Nakamura, et al., Bull. Chem. Soc. Jpn., **69**, 2143 (1996).
14) L. R. C. Barclay, J. Lusztyk, K. U. Ingold, J. Am. Chem. Soc., **106**, 1793 (1984); S. Saebo, A. L. J. Beckwith, L. Radom, J. Am. Chem. Soc., **106**, 5119 (1984); A. L. J. Beckwith, P. J. Duggan, Chem. Commun., **1988**, 1000; D. Crich, Q. Yao, J. Am. Chem. Soc., **115**, 1165 (1993); D. Crich, G. F. Filzen, Tetrahedron Lett., **34**, 3225 (1993); D. Crich, Q. Yao, Tetrahedron Lett., **34**, 5677 (1993); D. Crich, G. F. Filzen, J. Org. Chem., **60**, 4834 (1995); A. L. J. Beckwith, et al., Chem. Rev., **97**, 3273 (1997); D. Crich, X. Huang, M. Newcomb, Org. Lett., **1**, 225 (1999); D. Crich, K. Ranganathan, X. Huang, Org. Lett., **3**, 1917 (2001); A. L. Williams, T. A. Grillo, D. L. Comins, J. Org. Chem., **67**, 1972 (2002).
15) H. G. Korth, et al., J. Chem. Soc., Perkin Trans. 2, **1986**, 1453; B. Giese, et al., Angew. Chem. Int.

Ed., **26**, 233 (1987); H. G. Korth, *et al.*, *J. Org. Chem.*, **53**, 4364 (1988); B. Giese, *et al.*, *Liebigs Ann. Chem.*, **1988**, 615; T. Gimisis, *et al.*, *Tetrahedron Lett.*, **36**, 6781 (1995); D. Crich, *et al.*, *J. Org. Chem.*, **67**, 3360 (2001); D. Crich, *et al.*, *J. Org. Chem.*, **67**, 3360 (2002); R. N. Ram, N. K. Meher, *Org. Lett.*, **5**, 145 (2003).

16) A. Koch, *et al.*, *J. Org. Chem.*, **58**, 1083 (1993).

17) D. Schulter-Frohlinde, C. Sonntag, *Isr. J. Chem.*, **10**, 1139 (1972); B. Giese, *et al.*, *J. Am. Chem. Soc.*, **114**, 7322 (1992); B. Giese, X. Beyrich-Graf, J. Burger, *Angew. Chem. Int. Ed.*, **32**, 1472 (1993); B. Giese, *et al.*, *Angew. Chem. Int. Ed.*, **33**, 1861 (1994); B. Giese, *et al.*, *Tetrahedron Lett.*, **35**, 2683 (1994); D. Crich, X. C. Mo, *J. Am. Chem. Soc.*, **119**, 249 (1997); F. Wackernagel, U. Schwitter, B. Giese, *Tetrahedron Lett.*, **38**, 2657 (1997); S. Peukert, R. Batra, B. Giese, *Tetrahedron Lett.*, **38**, 3507 (1997); H. Strittmatter, *et al.*, *Angew. Chem. Int. Ed.*, **38**, 135 (1998); H. Togo, W. He, Y. Waki, *Synlett*, **1998**, 700.

13

医薬や天然物合成への利用

　有機ラジカル反応は，結合解離エネルギーが反応性に影響するため，結合エネルギーの強いヒドロキシ基やアミノ基は反応に関与しない．つまり，ラジカルの生成しやすさが反応を左右するため，アリル位やベンジル位，ヘテロ原子のα位水素原子などのC-H 水素原子が引き抜かれやすい．

　式 13.1 に示した反応はインフルエンザ薬 Tamiflu の合成で，アリル位の臭素化反応に NBS と触媒量の AIBN を用いている．アリル位の臭素化後は，臭素原子をアセトアミド基に求核置換反応させている[1]．

$$\text{(13.1)}$$

式 13.2 は (+)-Strongylin A の合成で，ヒドロキシ基の脱酸素化として優れた手法である Barton-McCombie 反応を用いている．つまり，ヒドロキシ基をキサンテートエステルにしてから，Bu_3SnH と触媒量の AIBN で還元している[2]．

式 13.3 は Vincorine の合成で，Barton 脱炭酸反応から生じた第二級炭素ラジカル，あるいはテルロールアシルエステルの C(=O)–TePh の均一開裂と続くアシルラジカルの脱一酸化炭素により生じた第二級炭素ラジカルによる三重結合への $S_{H}i'$ 反応による環化反応で，$^tBuS•$ が脱離し，アレン鎖となる[3]．

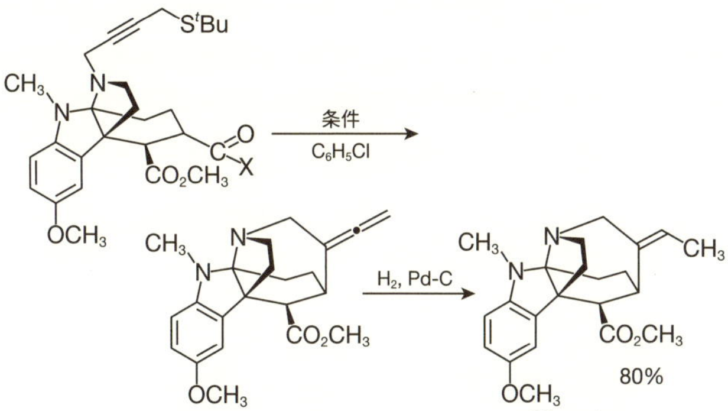

13 医薬や天然物合成への利用

(13.3)

X	条件	収率(%)
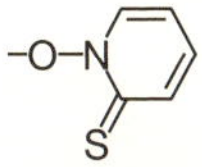 -O-N(pyridinethione)	120 ℃, 1 h	18
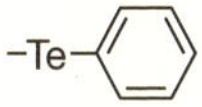 -TePh	200 ℃, 0.5 h	51

式 13.4 は Merrilactone A の合成であり,四環系の合成段階で Bu_3SnH と触媒量の AIBN を用いたビニルラジカルの生成と,その α,β-不飽和ラクトンへの 5-*exo-trig* 環化を伴ったラジカル Michael 付加反応である[4].

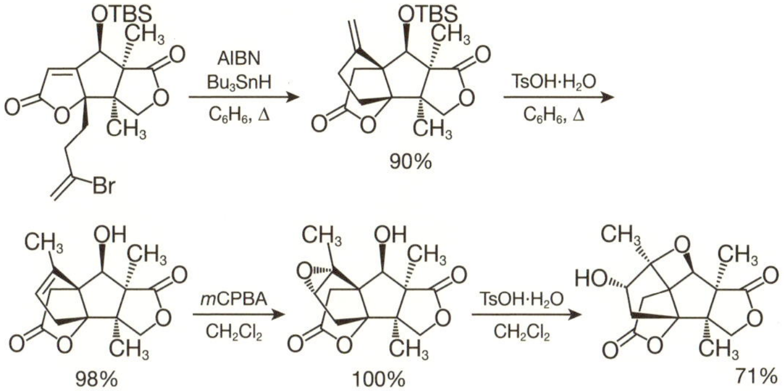

(13.4)

式 13.5 は (+)-Vinblastine の部分合成で，Bu_3SnH と触媒量の AIBN を用いて o 位にビニル基をもつチオアミドからインドール骨格を構築している．$Bu_3Sn\cdot$ はチオアミドの C=S 結合に硫黄側で付加し，生じた炭素ラジカルがビニル基に 5-*exo-trig* 環化し，Bu_3Sn-SH が脱離して芳香環化したインドール骨格となる[5]．

(13.5)

式 13.6 は $(Bu_3Sn)_2$（非還元的試剤）を光照射して $Bu_3Sn\cdot$ を発生させ，ヨードフェニル基からフェニルラジカルを生じさせて，環状 α,β-不飽和ケトンへの 5-*exo-trig* 環化を伴ったラジカル Michael 付加反応をすることによる，スピロ骨格をもつアルカロイドである Acutumine 前駆体の合成である[6].

(13.6)

式13.7はインドール系セスキテルペンであるLecanindole Dの合成で,シクロプロピルケトン骨格の一電子還元で,シクロプロピルメチルラジカルを生じ,そのラジカル β 開裂反応によりメチルシクロペンタノン骨格を形成している[7]。

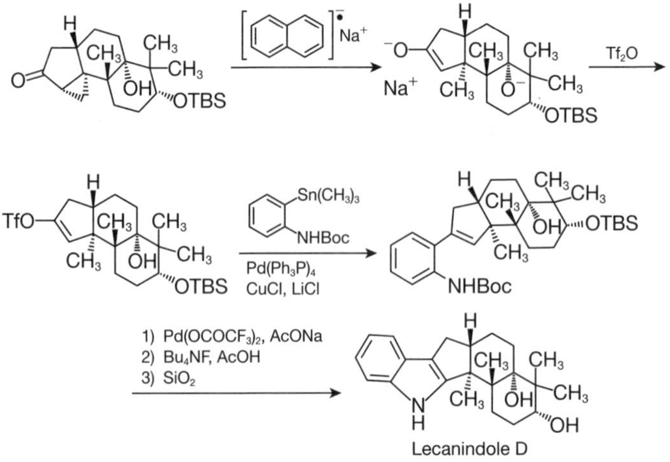

(13.7)

式13.8は糖鎖2,3位に電子密度の高い二重結合をもつグリカールに求電子的な $\cdot CF_2CO_2C_2H_5$ がラジカル分子間付加し,付加したアノマーラジカルは Cu^{2+} でアノマーカチオンとなり β プロトンを放出して,3位に置換基を導入したグリカールを生じる[8]。

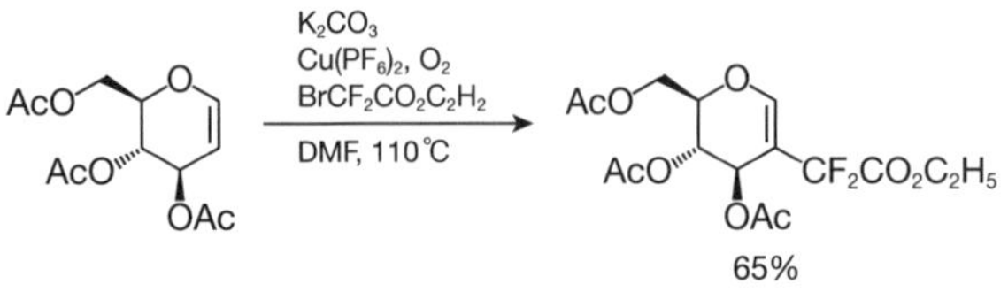

(13.8)

式 13.9 は Leucomitosanes の合成で，o 位にアジド基をもつアリルベンゼンに Et_3B と $ICH_2CO_2C_2H_5$ から S_H2 反応で生じた求電子的な $\cdot CH_2CO_2C_2H_5$ が末端アルケンに分子間ラジカル付加し，生じた炭素ラジカルがアジド基と反応して 5-*exo* 環化し，窒素分子を放出して 2,3-ジヒドロインドール骨格を生じる[9]．

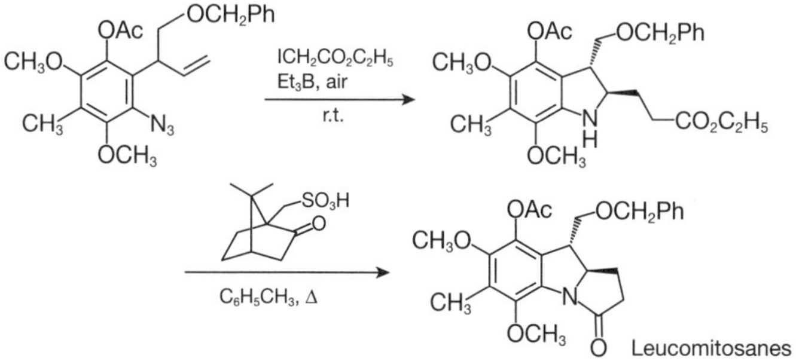

(13.9)

式 13.10 は (+)-Fawiettimine の合成で，アリルトリブチルスズと触媒量の AIBN を用いた分子内の 5-*exo-trig* 環化と生じた α-ケトラジカルの S_H2' 反応によるアリル化反応を利用している[10]．

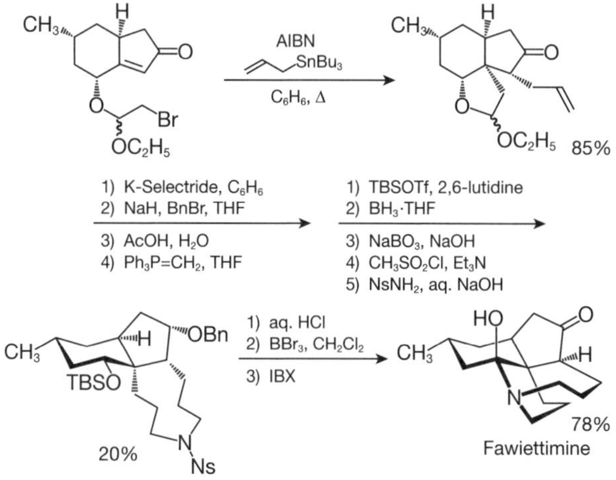

(13.10)

式 13.11 は Magellaninone の合成で，同様のアリルトリブチルスズと触媒量の AIBN を用いた分子内の 5-*exo-trig* 環化，続いて生じた α–ケトラジカルのアリルトリブチルスズへの S_H2' 反応によるアリル化反応である[11]．

(13.11)

13　医薬や天然物合成への利用　305

式 13.12 ではエン・イン基質に Bu$_3$SnH と触媒量の AIBN を用いて，三重結合の末端に Bu$_3$Sn• をラジカル付加させ，生じたビニルラジカルから 6-*exo-trig* 環化させ，生じた *exo*-メチレン SnBu$_3$ 化合物をシリカゲル処理し，*exo*-メチレン体を得ている（収率 32%）[12]．

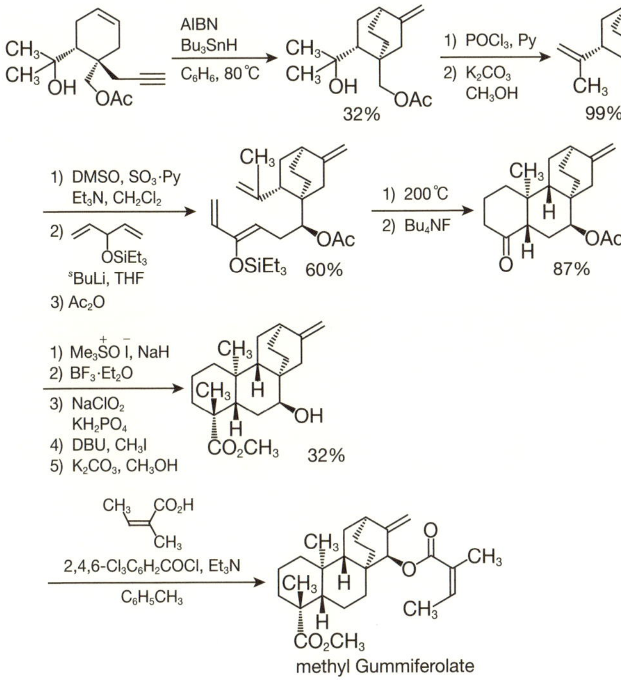

(13.12)

methyl Gummiferolate

式 13.13 は Halichlorine の部分合成で，ブロモベンゼン誘導体に Bu₃SnH と触媒量の AIBN を用いて，生じたフェニルラジカルが 1,5-H シフトし，さらに生じた炭素ラジカルが 5-*exo-trig* 環化してスピロ骨格を生じ，Halichlorine 骨格を構築している[13]．

(13.13)

式 13.14 は Zedoarondiol 骨格の構築で，シクロペンテノンと α-アセトキフェニルセレニド，アリルトリブチルスズ，および触媒量の AIBN 溶液を加熱することにより，求核的な α-アセトキシラジカルが生じ，シクロペンテノンにラジカル Michael 付加反応する．ここで生じた α-ケトラジカルが求電子的にアリルトリブチルスズに S_H2' 反応して，3 成分付加体を生じる[14]．

置換反応として式 13.15 に示したように，インドール骨格の 1 位および 3 位をアルキル置換したマロン酸エステル誘導体の Mn(OAc)₃ による酸化的ラジカル環化反応があげられる[15]．この反応は五員環や六員環の形成に適用できる．

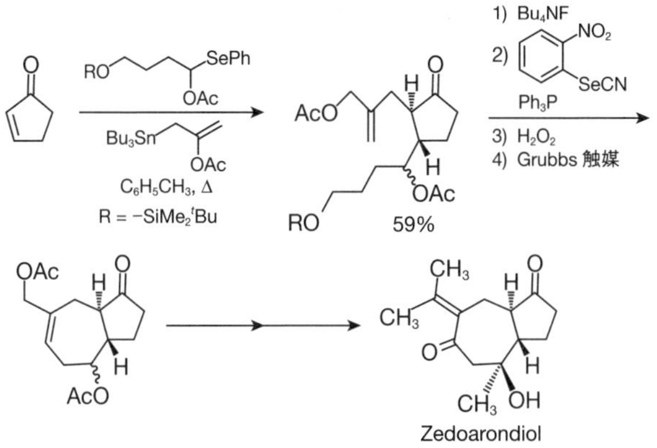

13 医薬や天然物合成への利用

(13.14)

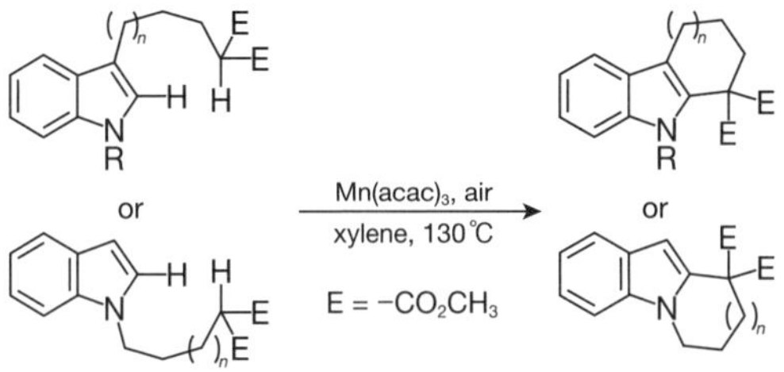

Zedoarondiol

(13.15)

$E = -CO_2CH_3$

生成物	収率 (%)
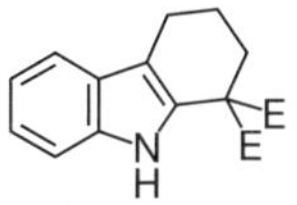 (indoline with E,E)	84
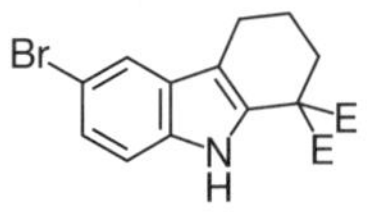 (Br-indoline with E,E)	74
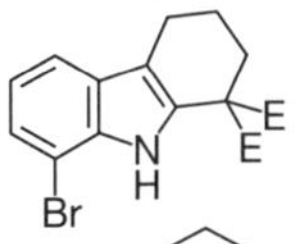 (Br-indoline with E,E)	74
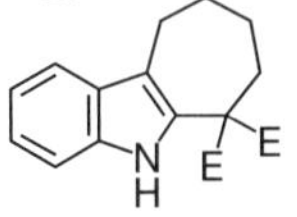 (7-ring indoline with E,E)	20
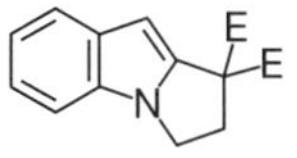 (pyrrolo-indole with E,E)	58

式 13.16 は Barton 脱炭酸反応を利用して，生じた炭素ラジカルをキノンにラジカル置換反応させ，Ilimaquinone を合成している[16]．

(13.16)

最近の天然物合成におけるラジカル反応を紹介したが，骨格構築の鍵段階でラジカル反応が効果的に利用されていることがわかる．このようにラジカル反応は，還元反応，付加反応，環化反応，および置換反応に機動的かつ特異的に利用できるため，今後も有機合成の鍵段階として活用されていくであろう．

参 考 文 献

1) Y. Yeung, S. Hong, E. J. Corey, *J. Am. Chem. Soc.*, **128**, 6310 (2006).
2) T. Kamishima, T. Kikuchi, T. Katoh, *Eur. J. Org. Chem.*, 4558 (2013).
3) B. D. Horning, D. W. C. MacMillan, *J. Am. Chem. Soc.*, **135**, 6442 (2013).
4) V. B. Birman, S. J. Danishefsky. *J. Am. Chem. Soc.*, **124**, 2080 (2002).
5) S. Yokoshima, *et al.*, *J. Am. Chem. Soc.*, **124**, 2137 (2002).
6) F. Li, S. L. Castle, *Org. Lett.*, **9**, 4033, (2007).
7) A. Asanuma, *et al.*, *Tetrahedron Lett.*, **54**, 4561 (2013).
8) M. Belhomme, T. Poisson, X. Pannecouke, *Org. Lett.*, **15**, 3428 (2013).
9) F. Brucelle, P. Renaud, *J. Org. Chem.*, **78**, 6245 (2013).
10) N. Itoh, *et al.*, *Chem. Eur. J.*, **19**, 8665 (2013).
11) T. Kozaki, N. Miyakoshi, C. Mukai, *J. Org. Chem.*, **72**, 10147 (2007).
12) M. Toyota, M. Yokota, M. Ihara, *Org. Lett.*, **1**, 1627 (1999).
13) K. Takasu, H. Ohsato, M. Ihara, *Org. Lett.*, **5**, 3017 (2003).
14) D. Urabe, *et al.*, *Org. Lett.*, **14**, 3842 (2012).
15) K. Oisaki, J. Abe, M. Kanai, *Org. & Biomol. Chem.*, **11**, 4569 (2013).
16) T. Ling, *et al.*, *Org. Lett.*, **4**, 819 (2002).

索 引

欧数字

1,2-H シフト　212
1,5-H シフト　85, 90, 94, 115, 122, 205-210, 212-217, 305-306
1,5-Ph シフト　218
1,6-H シフト　101, 205, 210, 212
1,9-H シフト　102

acyloin 縮合反応　47
AIBN　12, 41, 50, 53-57, 70-73, 78, 82, 89, 104, 115, 142-146, 148, 158-159, 165, 172-174, 194-195, 218, 224-230, 232, 255, 265, 288, 297, 299, 303, 305-306
anti-Markovnikov 則　7
atom-transfer　105, 108, 110, 145, 148, 150, 153, 161-162, 164, 171, 275

Baldwin 則　28-31, 68, 74, 82, 126, 173, 281
Barton-McCombie 脱アミノ化反応　232
Barton-McCombie 反応　56, 77, 114, 116, 223, 228, 298

室温下の——　227
Barton 脱炭酸反応　14, 41, 82, 91, 96, 165, 172, 191, 193, 237-251, 265, 298, 308
Barton 反応　11, 205, 207, 209, 215
Bergman 反応　283-284, 286
BPO　41, 50
Brook 転位反応　97
$(Bu_3Sn)_2$　108, 155, 163, 282, 301
Bu_3SnD　53
Bu_3SnH　12, 50-57, 68-79, 82-83, 86-104, 106-109, 111-113, 115-118, 122-129, 142-147, 152-153, 172-176, 194-195, 207-208, 216-218, 224-225, 227-230, 232, 247, 265-266, 272, 288-291, 298-300, 305-306

CAN　81, 168-169
$[(CH_3)_3Si]_3SiH$　50-51, 53-56, 68, 78, 93, 105, 112, 123, 125, 146-147, 173, 194, 218, 225, 228, 266
chain carrier　255
chelation-control　265
Claisen 縮合反応　111
conformational stabilization effect　289

Dieckmann 縮合反応　111

Ei 反応　242, 249, 274
endo-dig　29
endo-tet　29
endo-trig　29, 106
5-*endo-trig*　74, 79, 90, 126–127, 216, 272
6-*endo-trig*　29–31, 68, 75, 126, 128–129, 147, 173, 275, 280
7-*endo-trig*　75, 108, 111
8-*endo-trig*　107–108
9-*endo-trig*　108
10-*endo-trig*　108
14-*endo-trig*　107
18-*endo-trig*　110
22-*endo-trig*　108
endo 環化　34, 68–69, 106
ESR　22, 58, 110, 238, 262
Et$_3$B　50, 54, 72, 125, 148, 156, 163, 193, 198, 225, 228, 231, 265–267, 270, 272–273, 275
exo-dig　29
5-*exo-dig*　70–72, 79, 81, 87, 89, 101, 127, 129, 162, 165, 281
exo-tet　29
3-*exo-tet*　86
5-*exo-tet*　207
exo-trig　29
3-*exo-trig*　30, 85, 111–112, 282
4-*exo-trig*　74, 82–83
5-*exo-trig*　29–31, 68, 70–71, 73–78, 80–81, 87, 89–92, 94–96, 98–103, 105, 114–117, 122–129, 147, 163–165, 171, 173–176, 210, 216, 243, 250, 259–260, 272–274, 299–301, 303–306
6-*exo-trig*　73, 75, 77–78, 89, 91, 96–98, 123, 129, 243, 305
7-*exo-trig*　107, 176
exo 環化　34, 68–69

Fenton 系　16

Fenton 反応　187, 257
Friedel–Crafts 反応　185, 198

Grignard 試薬　25, 35, 50
g 因子　24

Hofmann–Löffler–Freytag 反応　11, 212–215
HOMO　13, 27, 152
Hund 則　2, 16
Hunsdiecker 反応　10, 13–14, 41, 172, 241

induction period　261
ipso 位　93

Kolbe 電解酸化反応　13, 47

LUMO　13, 27, 147, 152–153, 260, 262

Markovnikov 則　7
McConell の式　24
*m*CPBA　59

n–π$^*_{CO}$ 電子遷移　13
n–π* 電子遷移　85, 101, 153, 196
n–σ* 軌道間相互作用　239
NBS　58, 70, 255, 297
NIS　207
Norrish I　15
Norrish II　15, 85

Oxone　25

Pauli の排他原理　1
PhSiH$_3$　97
(Ph$_2$SiH)$_2$　93
Ph$_3$SnH　126–127, 175, 231
(Ph$_2$SiH)$_2$　51, 72, 112, 152, 194, 218, 227–229
Pummerer 転位反応　246

radicophile　249

索 引

radicophilicity　91

SET　48, 58, 79-80, 85, 96, 101, 117, 147-148, 152-153, 171, 196, 259-263
SET試剤　49
S_H2反応　4-6, 28, 56, 101, 148, 156-158, 188, 193, 198, 241, 249, 268, 273, 275, 281, 303
S_H2'反応　157-161, 270, 303-304, 306
S_Hi反応　91, 104, 163
S_Hi'反応　298
SmI_2　82, 86, 96, 117, 129, 147, 193
S_N2反応　53, 59, 157
S_N2'反応　157
SOD酵素　21
SOMO　27
SOMO-HOMO軌道間相互作用　73, 82-83, 96, 107, 141, 198, 245
SOMO-LUMO軌道間相互作用　31, 40, 70, 77, 82, 106-107, 141, 198, 207, 245, 247
sp混成　29
sp炭素ラジカル　96
sp^2混成　29
sp^2炭素ラジカル　48, 51, 68, 86-87, 89, 92-94, 96, 103-104, 107, 127, 144, 152, 186, 196, 216, 274, 283-284, 286-287
sp^2ビニルラジカル　111
sp^3混成　29
sp^3炭素ラジカル　68, 86-87, 89-90, 94, 99-100, 104, 106-107, 111, 115, 118, 122, 125, 127, 129, 163-165, 171, 173, 185, 195, 206-207, 212, 215, 217-218, 229, 240, 280, 284, 290

TEMPO　41, 50, 286

Wohl-Ziegler反応　12, 255
Wurts反応　47

α開裂反応　60

β開環反応　117
β開裂反応　9-11, 34, 41, 110-111, 114-119, 123-124, 129, 158, 163, 172, 188, 197, 210, 290, 302
β脱離反応　34, 91, 92, 99, 115, 123, 154, 160, 229, 292

πラジカル　3, 24, 49, 86-87

$σ_{C-H}-p_π$軌道間相互作用　4
σラジカル　3, 86

あ 行

アキシアルラジカル　143, 239
アシルカチオン　185
1,2-アシル転位反応　279, 282
アシルラジカル　40, 48, 54, 58, 77, 104, 108, 127, 146, 162, 172, 187-188, 196, 198, 298
N-アシロキシ-2-チオピリドン　191
アシロキシルラジカル　209
アニオンラジカル　3, 58, 60, 262
アノマーカチオン　169
アノマーラジカル　143, 169, 193, 239, 249, 291, 302
アミジルラジカル　76
α-アミドラジカル　79, 83, 123, 126, 170
アミニウムラジカル　34, 40, 212-213, 250
アミニルラジカル　34, 250
アルカロイド　72
アルキルカチオン　185
アルキルラジカル　56, 185, 187, 189, 192, 194, 198, 237-238, 241, 243, 250
アルコキシカルボニルラジカル　188
アルコキシルラジカル　41, 124, 173, 205-208, 210, 212, 250
安定ラジカル　27

イソニトリル　57
一重項状態　16
一電子還元　287
一電子還元剤　48, 148
一電子酸化剤　151

312　索　引

イミノラジカル　195

エクアトリアルラジカル　144, 239
α-エステルラジカル　82-83, 116, 126, 147,
　　　162, 212, 267, 270, 275, 282
エン・ジイン反応　282

か　行

開始段階　5-6, 224
カタラーゼ酵素　21
カチオンラジカル　3, 124
活性化エネルギー　286
　　　環化反応の——　68
　　　ラジカル同士のカップリング反応の——
　　　　　　41, 47
活性酸素ラジカル　2, 17-20
カップリング反応　47-50, 153
　　　N-ヒドロキシ-2-チオピリドン O-アシル
　　　　　エステルによる——　244
カプトデーティブ　74, 126
カルバモイルラジカル　78
カルボカチオン　81
カルボキシルラジカル　188, 192, 237
カルボニルラジカル　78
α-カルボニルラジカル　74
環化反応　11, 67
　　　小員環への——　68-106
　　　中大員環への——　106-110
環化反応速度定数　31

軌道間相互作用　27-28, 31
求核的ラジカル　9, 39
求電子置換反応　185
求電子的ラジカル　9, 40
キレート制御　99, 265, 268, 272

グルタチオン　19
グルタチオンペルオキシダーゼ　21

ケチルラジカル　16, 48, 193

結合解離エネルギー　4-5, 36
　　　C-Br の——　6, 72
　　　C-C の——　86
　　　C-I の——　6, 72
　　　H-Br の——　6
　　　H-I の——　6
　　　Si-H の——　39
　　　Sn-H の——　39, 51
β-ケトエステルラジカル　109
α-ケトラジカル　127, 160-161, 267, 303-304,
　　　306

互変異性化　57, 205
孤立電子対　1

さ　行

三重項基底状態　16
三重項状態　2
酸素ラジカル　31, 97

ジアステレオマー　266-270, 274
磁気モーメント　23-24
軸性キラリティー　274
シクロプロピルメチルラジカル　302
α,α-ジクロロアセチルラジカル　110
1,3-ジケトラジカル　120
脂肪族カルボキシルラジカル　41, 172, 209
シリルラジカル　34

スーパーオキシドアニオンラジカル　17, 19
スピン密度　24
スルホニルラジカル　105

生成熱　31, 36, 41
成長段階　5-6, 224

速度論的支配　11, 29, 173, 281
速度論的安定化　22

た 行

脱酸素化反応　71
脱炭酸反応　61
脱二酸化硫黄反応　92
炭素ラジカル　31, 39, 58, 61, 71, 73, 81-82,
　　97, 100-102, 108, 120, 142, 154, 156, 158, 172,
　　186, 215, 230, 266, 268, 282, 289, 303, 306, 308

置換反応　4, 194
　　N-ヒドロキシ-2-チオピリドン O-アシル
　　　エステルによる――　247
窒素ラジカル　31, 119
中性ラジカル　3
超共役効果　4, 8

停止段階　6, 224
1,2-転位反応　288-289
電子スピン共鳴（ESR）　22

同位体効果　213

な 行

ニトロキシルラジカル　22, 25-26
二量化反応　47

熱力学的支配　74, 106, 126, 280
熱力学的安定化　22

は 行

反応速度定数　34, 172
　　Bu$_3$Sn• の――　51
　　^{n}C$_3$F$_7$• の――　40
　　^{n}C$_8$H$_{17}$• の――　41
　　Et$_3$Si• の――　39
　　RO• の――　37
　　アシルラジカルの脱一酸化炭素の――　55
　　アルキルラジカルと Bu$_3$SnH の――　52

　　アルキルラジカルと [(CH$_3$)$_3$Si]$_3$SiH の――
　　　52
　　環化――　31
　　付加――　40-41
　　ラジカルと芳香族化合物との――　186
反マルコフニコフ則　7

光反応　13
非共有電子対　1
ビタミン B$_{12}$　279-282
ビタミン C　17-19, 21, 37
ビタミン E　17, 19, 21, 37, 104
ヒドリドイオン　259, 263
N-ヒドロキシ-2-チオピリドン O-アシルエ
　　ステル　237, 242, 248
　　――によるカップリング反応　244
　　――による置換反応　247
　　――によるハロゲン化反応　240
　　――による分子間付加反応　245
　　――の半減期　238
ヒドロキシルラジカル　16, 21, 187, 257
1,4-ビニル転位反応　92
ビニルラジカル　36, 94, 122, 170, 176, 305
ビラジカル　2

フェニルラジカル　36, 123, 198, 286, 301, 306
p-フェニレンビラジカル　283-284, 286-287
付加-脱離反応　154-156
付加反応　146, 245
付加反応速度定数　40-41
不斉収率　276
不対電子　1-3, 23-24, 27
プランク定数　24
フリーラジカル　1-2, 22
分子内 $ipso$ 位置換反応　195

芳香族カルボキシルラジカル　41, 172, 209

ま 行

マイクロ波領域　23

マルコフニコフ則　7
α-マロニルラジカル　83, 166

メチルキサンテート　223, 227

や　行

誘起効果　8

誘導期間　261

ら　行

ラジカル Michael 付加反応　142, 159, 270, 299, 301, 306
ラジカル反応開始剤　41
ラジカル捕捉　23
ラジカル捕捉剤　41

連鎖反応　5-6, 108, 156, 161, 196, 205, 238

著者略歴

東郷 秀雄（とうごう ひでお）
1956年　茨城県生まれ
1978年　茨城大学理学部卒業
1983年　筑波大学大学院博士課程化学研究科修了
　　　　（理学博士）
1983年　スイス、ローザンヌ大学博士研究員
1984年　フランス、国立中央科学研究所（CNRS）
　　　　博士研究員
1989年　千葉大学理学部助手
2005年　千葉大学大学院理学研究科教授
現在に至る

有機合成のためのフリーラジカル反応
〜基礎から精密有機合成への応用まで〜

平成27年1月5日　発行

著作者　　東　郷　秀　雄

発行者　　池　田　和　博

発行所　　丸善出版株式会社
　　　　〒101-0051　東京都千代田区神田神保町二丁目17番
　　　　編集：電話(03)3512-3262／FAX(03)3512-3272
　　　　営業：電話(03)3512-3256／FAX(03)3512-3270
　　　　http://pub.maruzen.co.jp/

© Hideo Togo, 2015

組版・株式会社 エヌ・オフィス／
印刷・富士美術印刷株式会社／製本・株式会社 星共社

ISBN 978-4-621-08902-6　C3043　　　　Printed in Japan

|JCOPY|〈(社)出版者著作権管理機構　委託出版物〉
本書の無断複写は著作権法上での例外を除き禁じられています．複写される場合は、そのつど事前に、(社)出版者著作権管理機構（電話03-3513-6969, FAX 03-3513-6979, e-mail : info@jcopy.or.jp）の許諾を得てください．